可编程片上系统

（PSoC™6）原理及实训

叶朝辉　华成英　主编

赵晓燕　　　　参编

清华大学出版社

北京

内 容 简 介

本书全面介绍可编程片上系统 PSoC6(Programmable System on Chip,PSoC™,简称为 PSoC)的特点、结构、原理、编程方法和实现方法,具有完整的体系结构,使读者能够全面了解 PSoC6。本书注重实践,设计了大量的实验,包括基本实验、提高实验、综合实验和创新实验,力图通过实训使读者较快掌握利用 PSoC6 设计和实现电子系统的方法,以及利用 PSoC6 实现创新应用的方法。

本书可以作为有关课程的教科书,也可以作为教师、学生和工程技术人员开发和研究 PSoC6 的参考书。

图书在版编目(CIP)数据

可编程片上系统(PSoCTM6)原理及实训/叶朝辉,华成英主编;赵晓燕参编.—北京:清华大学出版社,2023.7

ISBN 978-7-302-63469-0

Ⅰ.①可… Ⅱ.①叶… ②华… ③赵… Ⅲ.①微型计算机-系统设计 Ⅳ.①TP360.21

中国国家版本馆 CIP 数据核字(2023)第 083741 号

责任编辑:王一玲 赵 凯
封面设计:刘 键
责任校对:韩天竹
责任印制:宋 林

出版发行:清华大学出版社
　　　　　网　　　址:http://www.tup.com.cn,http://www.wqbook.com
　　　　　地　　　址:北京清华大学学研大厦 A 座　　　邮　　编:100084
　　　　　社 总 机:010-83470000　　　　　　　　　邮　　购:010-62786544
　　　　　投稿与读者服务:010-62776969,c-service@tup.tsinghua.edu.cn
　　　　　质量反馈:010-62772015,zhiliang@tup.tsinghua.edu.cn
　　　　　课件下载:http://www.tup.com.cn,010-83470236
印 装 者:小森印刷霸州有限公司
经　　销:全国新华书店
开　　本:185mm×260mm　　印　张:18.25　　　　字　　数:448 千字
版　　次:2023 年 9 月第 1 版　　　　　　　　　　印　　次:2023 年 9 月第 1 次印刷
印　　数:1~1500
定　　价:79.00 元

产品编号:097808-01

片上系统(System on Chip,SoC)的概念是在20世纪90年代提出的,随后成为微电子芯片技术发展的热点。但是,SoC不能满足模拟和数字混合系统的需求,它的应用远不如想象的那样广泛。2003年美国赛普拉斯半导体公司(2019年被德国英飞凌科技股份公司收购)推出了可编程片上系统(Programmable System on Chip,PSoC™,本书简称为PSoC),它不但集8位微控制器、可编程数字阵列和可编程模拟阵列为一体,而且实现了"在系统可编程"。既满足了一般电子系统的资源要求,又顺应了现代电子设计方法的发展方向。随着微电子技术的发展,PSoC功能越来越强大,发展出了不同类型,不同类型所具有的资源和功能也不同,本书主要介绍最新的PSoC6。

本书是以作者多年的教学经验和开发实践为基础而编写的教材,全面介绍PSoC6的结构、原理、编程方法和实现方法,具有完整的体系结构,并设计大量的实践环节,力图通过实训使读者较快掌握利用PSoC6设计和实现电子系统的方法,以获得适用于不同应用领域的专用芯片。因此,本书可以作为有关课程的教科书,也可以作为教师、学生和工程技术人员开发和研究PSoC6的参考书。

本书力图在总体结构和内容编排上具有系统性、科学性、启发性、实用性和适用性,做到由浅入深、循序渐进、易于入门、便于自学、适于教学、利于深入研究。

本书内容包括PSoC6基本结构、PSoC6开发环境、PSoC6实验和PSoC6原理共四部分,编写指导思想如下:

(1)为了使读者能够尽快认识PSoC6,第一部分首先介绍PSoC6的特点、基本结构、应用、开发步骤、不同系列和选型、常用用户模块。

(2)为了使读者能够尽快掌握PSoC6的开发流程和使用方法,突出实用性,第二部分介绍了PSoC6的集成开发环境、实验套件的使用方法、应用程序设计方法和开发流程,第三部分则以实验为例,详细介绍PSoC6的基本开发方法及PSoC6集成开发环境的详细使用方法。

(3)读者在掌握PSoC6的基本开发方法之后,还需要理解PSoC6原理才能开发高级应用,因此本书第四部分介绍PSoC6原理。

各部分内容主要特点如下:

第一部分针对第三部分实验所用到的PSoC6的常用用户模块(即外设),详细说明它们的功能、特点、主要参数和输入/输出端口,便于读者理解,读者在阅读第二部分时可以参考。

第二部分针对第三部分实验所需要的实验套件和开发环境,以实用和易于自学为原则,详细介绍实验套件的各部分内容以及外部接口,同时以设计流程为线索介绍开发环境PSoC Creator各个功能部分的使用。

第三部分实验遵循循序渐进的思想，分为基本实验、提高实验、综合实验、创新实验，使读者逐步掌握 PSoC6 的开发方法，最后达到灵活和创新运用 PSoC6 开发实际系统的程度。

第四部分在介绍 PSoC6 各部分原理时先介绍常用的及本书实验部分用到的资源，而将其他资源单独编为第 11 章置于最后，读者可根据需要查阅。

为利于自学，第一、二、四部分的每章章末均安排了自测习题。

本书由叶朝辉、华成英、赵晓燕编著。

叶朝辉负责全书定稿，并编写第 1、4、5 章。华成英撰写序言。赵晓燕编写第 2 章、第 3 章的一部分和第 7 章 7.1 节的一部分。清华大学自动化系硕士研究生汪锦籼、程雪珂编写第 3 章的其余部分、第 6 章、第 7 章其余部分、第 8 章～第 11 章，在此感谢他们的辛勤劳动和对本书的贡献。另外，第 7 章的创新实验均由清华大学自动化系的各届本科生设计，在此表示感谢。

在本书的编写过程中，得到了德国英飞凌科技股份公司特别是其北京办事处的王佳经理的支持和帮助，在此一并表示深深的谢意。

由于我们的能力和水平所限，书中定有疏漏、欠妥和错误之处，恳请各界读者多加指正。

作　者

2023 年 4 月

于清华园

目录
CONTENTS

第一部分　PSoC6 基本介绍

第二部分　PSoC6 开发环境

第三部分 PSoC6 实验

第四部分 PSoC6 原理

第一部分

PSoC6基本介绍

本部分的第 1 章为概述，重点介绍 PSoC 的特点、基本结构、应用、开发步骤和选型；第 2 章为 PSoC6 结构，介绍 PSoC6 三个不同系列芯片的外部引脚、内部结构、系统功能和性能指标；第 3 章为常用用户模块，介绍 PSoC6 提供的常用用户模块，如计数器、脉宽调制（Pulse Width Modulation，PWM）、模数转换器（Analog to Digital Convertor，ADC）、数模转换器（Digital to Analog Convertor，DAC）等。用户模块在其他文献中常称为外部设备。

第1章

PSoC6概述

　　美国赛普拉斯半导体公司(2019年被德国英飞凌科技股份公司收购)于2003年推出的PSoC(Programmable System on Chip)器件是一种可"在系统编程"的片上系统,它将一个或两个微控制器MCU(Microcontroller)与可编程数字模块和模拟模块集成在一个芯片上,也称为可配置型混合信号阵列。其特点在于既具有微控制器的处理能力,又具有组成多种可编程数字或模拟用户模块的能力。经过近二十年的发展,PSoC推出了不同类型的版本,功能越来越强大,本章主要介绍最新的PSoC6。

　　本章主要介绍PSoC6的特点、基本结构、应用、开发步骤和选型。

1.1　PSoC6 的特点

　　PSoC6是集ARM(Advanced RISC Machine)Cortex-M处理器、高性能可编程模拟模块、可编程数字模块、可编程互联和布线、电容触摸感应(CapSense)于一体的可编程嵌入式片上系统。

　　与现场可编程门阵列(Field Programmable Gate Array,FPGA)和在系统可编程模拟器件(In-System Programmable Analog Circuit,ispPAC)相比,PSoC6具有如下特点:

　　(1) PSoC6综合FPGA和ispPAC的功能为一体,既具有类似FPGA的可编程数字模块功能,又具有类似ispPAC的可编程模拟模块功能,也就是具有处理数字和模拟两种信号的能力。此外,PSoC6所具有的ADC、DAC用户模块解决了模拟和数字模块的接口问题。

　　(2) 与FPGA和ispPAC相同,PSoC6能够在系统运行过程中编程,以修改和重构电子系统,因而使用灵活方便。

　　同时,也可将PSoC6看成为微控制器MCU或单片机。但与一般MCU或单片机不同的是,它几乎不需要外部电路,一片PSoC6就可实现一个电子系统。例如,手机的控制系统、家电的操作系统等。而且PSoC6具有比一般MCU或单片机更多的内部资源,如密码加速器(Cryptography Accelerator)、真随机数生成函数(True Random Number Generator Function)、硬件哈希安全启动认证(Secure Boot with Hardware Hash-based Authentication)等。另外,PSoC6同时具有片内和片外系统时钟源,可以不需要外部晶体振荡器即可自行工作。

PSoC6 的以上特点使得其在小型系统设计方面得到广泛应用。

1.2 PSoC6 的基本结构

PSoC6 的基本结构示意图如图 1.1 所示，主要包括中央处理器（Central Processing Unit，CPU）子系统、数字系统和模拟系统，它们通过系统总线传递数据，通过 I/O（Input and Output）子系统与外界交换数据。

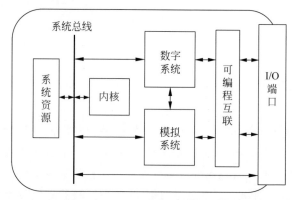

图 1.1 PSoC6 的基本结构示意图

CPU 子系统包括内核和系统资源。内核是 PSoC6 的核心部分，主要包括一个或两个 100MHz 以上的 32 位 ARM Cortex-M4 和/或 Cortex-M0＋微控制器。系统资源提供了系统设计所需的基本片内资源，包括时钟源、程序存储器和数据存储器、直接内存访问控制器（Direct Memory Access，DMA），以及一些特殊的片内资源如双核处理器间通信（Inter-Processor Communication，IPC）、密码加速器、真随机数生成函数、硬件哈希安全启动认证等。

数字系统包括可编程数字模块（Digital Block）和通信接口模块（Communication Interface）。数字系统可用于实现计数器、定时器、PWM、全速 USB（Universal Serial Bus）、通用异步收发器（Universal Asynchronous Receiver/Transmitter，UART）、串行外围接口（Serial Peripheral Interface，SPI）、串行存储器接口（Serial Memory Interface，SMIF）等。

模拟系统包括可编程模拟模块（Analog Block）。模拟模块可用于实现运算放大器（简称运放）、电压比较器、12 位模数转换器、12 位数模转换器等嵌入式系统常用的模拟功能，以及 CapSense 功能。

I/O 子系统包括可编程互联和 I/O 端口，可编程互联用于实现内部数字系统和模拟系统与系统总线及外部端口的互联。

1.3 PSoC6 的应用

PSoC 6 建立在超低功耗架构之上，其内核采用低功耗设计技术，可将电池供电应用的寿命延长至不间断工作整整一周。PSoC 6 具有单核 ARM Cortex-M4 架构或者双核高性能 ARM Cortex-M4 和低功耗 Cortex-M0＋架构，双核架构让设计人员可以同时优化功耗和性能。双核结构的 PSoC6 结合可配置存储器和外设保护单元,可提供由 ARM 平台安全架构(Platform Security Architecture,PSA)定义的最高级别的保护。PSoC6 采用最新一代业界领先的 CapSense 技术,可实现稳健可靠的现代触摸和基于手势的应用。

PSoC6 可用于各种嵌入式应用。例如,消费类电子产品如家电、医疗仪器如血压测试仪、婴儿监护器等,汽车电子领域如电子锁、汽车黑匣子、检测系统等,工业领域如烟雾感应器、水/电/气表、测试设备、语音发生器等。PSoC6 还特别适合低功耗的应用,例如智能家居设备、物联网设备、游戏控制器、智能手机、VR(Virtual Reality)设备、运动设备、工业传感器和逻辑控制器等。

PSoC6 提供快速的嵌入式混合信号解决方案,主要应用特点如下:

(1) 可重配置性:用模拟模块和数字模块能实现多种可重配置的模拟元件、数字元件和模数混合元件。不仅节省了设计时间,而且缩减了板级空间,降低了系统功耗和成本。

(2) 动态可重构性:由于 PSoC6 资源(如可编程数字和模拟模块阵列)的配置信息是由寄存器保存的,因此可以在系统动态运行时进行修改或重建,即所谓的动态可重构。由于能够在系统运行的不同时刻针对不同的功能对同一 PSoC6 进行重构,因此设计人员在许多情况下可以实现超过 100% 的资源利用率。

(3) 低功耗:超低工作电压且范围宽,为 1.71～3.6V。具有睡眠、低功耗睡眠、深度睡眠和休眠模式,可实现精细电源管理。

(4) 提供多种先进功能:如 CapSense、USB、蓝牙无线、密码加速器等功能。

1.4　PSoC6 的系统开发特点

PSoC6 的系统开发遵循一般电子系统的设计步骤,开发流程如图 1.2 所示。其中,系统需求分析、确定整体方案、系统调试、测试和分析与一般系统设计相同,而方案设计和方案实现与一般的系统设计有差别,具体如下:

(1) 在方案设计阶段,一般系统设计需要根据系统功能划分为模块,各模块单独进行电路设计和器件选型,最后再进行整体设计。由于 PSoC6 是一个片上系统,因此器件选型主要就是 PSoC6 芯片的选型。

(2) 在方案实现阶段,由于 PSoC6 是一个可编程系统,用模拟模块和数字模块能实现多种模拟、数字和模数混合设备,并通过互联组成一个系统。当实现的设备在系统调试或者测试阶段不满足要求时,可快速修改,节省设计时间。另外由于 PSoC6 可动态重构,因此提高了资源利用率。最后,由于整个系统是通过一片 PSoC6 芯片实现的,因此缩减了板级空间、降低了系统功耗和成本。

PSoC6 系统设计和实现是通过其集成开发环境 PSoC Creator 实现的,PSoC Creator 是一种功能全面的基于图形用户接口的设计工具,采用模块化设计思想,提供丰富的模拟和数字用户模块如 CapSense、运放、ADC、DAC、定时器、计数器、PWM,设计时选择用户模块,放置到设计界面,进行配置和连线后即可完成系统设计。PSoC Creator 编程简单,可以快速完成从构思到嵌入式系统的实现。

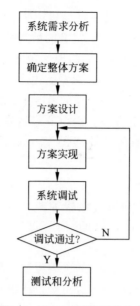

图 1.2　PSoC6 系统开发流程

习题

1.1　什么是 PSoC？

1.2　比较 PSoC6 与 FPGA 和 ispPAC 的相同和不同之处，说明它有何特点。

1.3　PSoC6 基本结构包括哪些部分？简述各自的功能。

第2章

PSoC6结构

2.1 PSoC6 简介

Cortex-M 系列是 ARM 公司针对成本和功耗敏感的 MCU 和终端应用推出的微架构，PSoC6 为了兼顾性能、成本和功耗的需求，采用了最低功耗的 Cortex-M0 与性能较高的 Cortex-M4 的双核架构，使用 40nm 工艺制造，两个核分别以 $15\mu A/MHz$ 和 $22\mu A/MHz$ 电流工作。除此以外，为了实现更为灵活的设计，PSoC6 还包含了丰富的模拟和数字外设，而且可以为 MEMS(Microelectro Mechanical System)传感器、电子墨水显示器等组件创建自定义的(或定制的)模拟前端(Analog Front-End, AFE)或数字接口。同时，PSoC6 MCU 通过使用双核与可配置内存以及外围保护单元，可以提供 ARM 平台安全架构(Platform Security Architecture, PSA)定义的最高级别保护。

PSoC6 包含四个系列，分别是 PSoC61 系列、PSoC62 系列、PSoC63 系列和 PSoC64 系列，每一系列都有各自的特点。PSoC61 相较于普通的 MCU 具有更为灵活的可编程性；PSoC62 由于采用双核设计，因此较 PSoC61 具有更高性能；PSoC63 侧重于实现低功耗蓝牙无线连接；而 PSoC64 则侧重于安全性，力求在硬件、云应用程序和服务器以及最终用户和服务之间建立安全性连接。

下面分别具体介绍 PSoC6 四个系列各自的主要组成。

2.2 PSoC61 系列

PSoC61 系列基于超低功耗 40nm 平台构建，具有单核 ARM Cortex-M4 CPU，是高性能微控制器与低功耗闪存技术、数字可编程逻辑、高性能模数转换和标准通信的组合。PSoC61 系列包括以下子系统，系统组成框图如图 2.1 所示。

MCU 子系统包括：

(1) 150MHz ARM Cortex-MF4 CPU；

(2) 可选择超低功耗(0.9V)或低功耗(1.1V)的内核逻辑操作模式；

(3) 高达 1MB 闪存和 288KB SRAM，带 DMA 控制器。

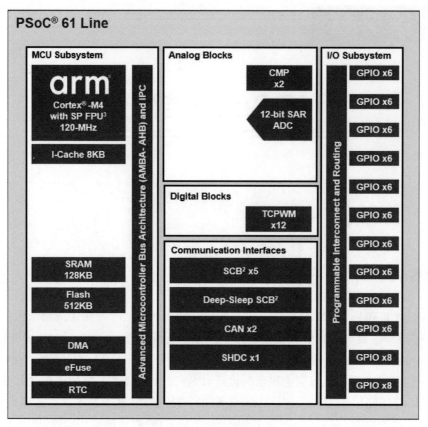

图 2.1 PSoC61 系统组成框图

可编程模拟和数字子系统包括：

（1）两个低功耗比较器 CMP、12 位 1Msps 的 SAR ADC；

（2）CSD(CapSense Sigma-Delta)电容感应模块；

（3）32 个定时器/计数器/脉宽调制器（TCPWM）模块；

（4）8 个串行通信模块 SCB(Serial Communication Block)，1 个深度睡眠 SCB 模块。

I/O 子系统包括：

（1）多达 100 个 GPIO；

（2）124 引脚球栅阵列 BGA(Ball Grid Array)封装和 80 引脚晶圆级芯片（Wafer Level Chip Scale Packaging，WLCSP)封装。

2.3 PSoC62 系列

PSoC62 是 PSoC6 中基于双核 ARM Cortex-M4 和 ARM Cortex-M0＋的具有高性能特性的微控制器系列。该系列结合了 ARM Cortex-M4 和 ARM Cortex-M0＋CPU 的特点，具有低功耗闪存技术、可编程数字和模拟资源，以及用于触摸和接近感应应用的 CapSense 技术，通过硬件加密加速器、内存和外围保护单元将安全性内置于硬件平台中。PSoC62 可用于设计可穿戴设备、智能家居、工业物联网、便携式医疗设备等。PSoC62 系列主要包括以下子系统,系统组成框图如图2.2所示。

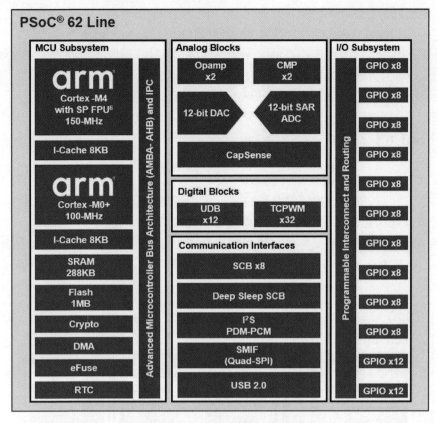

图2.2 PSoC62系统组成框图

MCU子系统包括:

(1) 双核架构:150MHz ARM Cortex-M4 和 100MHz ARM Cortex-M0+;

(2) 可选择超低功耗(0.9V)或低功耗(1.1V)的内核逻辑操作模式;

(3) 高达 2MB 闪存和 1MB SRAM,带 DMA 控制器。

可编程模拟和数字系统包括:

(1) 两个运算放大器、两个低功耗比较器 CMP、12 位 1-Msps 的 SAR ADC;

(2) 12 位 DAC、CapSense 电容感应模块;

(3) 12 个通用数字模块 UDB;

(4) 24 个 16 位和 8 个 32 位定时器/计数器/脉宽调制器 TCPWM 模块;

(5) 8 个串行通信块 SCB,深度睡眠模块 SCB;

(6) 带有 I^2S 和 PDM(Pulse Density Modulation)-PCM(Pulse Code Modulation)转换器,串行内存接口 SMIF;

(7) USB 2.0(主机和设备两种模式)。

安全平台架构包括:

(1) 高级密码协处理器 Crypto;

(2) 真随机数发生器 TRNG;

(3) 用于安全密钥存储的一次性可编程 eFuse。

I/O 子系统包括：

（1）多达 104 个 GPIO；

（2）124 引脚 BGA 封装和 80 引脚 WLCSP 封装。

由于 PSoC62 增加了性能较高的 Cortex-M4，采用双核，同时将闪存增大到 2MB，使得性能较 PSoC61 大大提升，同时在模拟模块中增加了运放模块、数模转换模块，数字模块中增加了 UDB 模块，通信接口增加了 USB2.0 模块，使得设计更为灵活。

2.4 PSoC63 系列

PSoC63MCU 系列采用双核微控制器（150MHz ARM Cortex-M4F CPU 和 100MHz Cortex M0＋CPU），包括低功耗闪存和数字可编程逻辑、高性能模数和数模转换器、低功耗比较器以及标准通信和定时外设，并提供低功耗蓝牙（Bluetooth Low Energy，BLE）5.0 兼容的无线连接，可用于开发各种创新型物联网应用、可穿戴设备、个人医疗设备和无线音箱等，也可支持机器学习。PSoC63 系列包括主要以下系统，系统组成框图如图 2.3 所示。

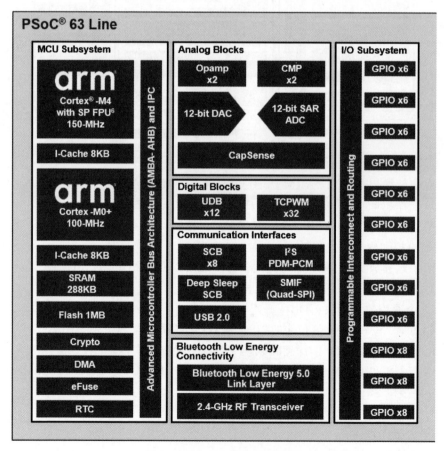

图 2.3 PSoC63 系统组成框图

1. 32 位双 CPU 子系统

(1) 150MHz ARM Cortex-M4F(CM4)CPU,具有单周期乘法、浮点和存储器保护单元 MPU;

(2) 具有单周期乘法的 100MHz ARM Cortex-M0+(CM0+)CPU;

(3) 可选择超低功耗(0.9V)或低功耗(1.1V)的内核逻辑操作模式;

(4) 两个 DMA 控制器,每个 16 通道。

2. 可编程模拟和数字子系统

(1) 两个低功耗比较器可用于深度睡眠和休眠模式;

(2) 内置温度传感器连接到 ADC;

(3) 一个 12 位电压模式数模转换器(DAC),建立时间<2μs;

(4) 两个具有低功耗工作模式的运算放大器;

(5) 12 个可编程逻辑模块,每个都具有 8 个宏单元和 8 位数据路径;

(6) 可使用基本元件如逻辑门、寄存器,或 Verilog 可编程模块;

(7) 使用 UDB 实现通信外设[例如,LIN(Local Interconnect Network),UART,SPI, I^2C,S/PDIF 和其他协议]、波形发生器、伪随机序列(Pseudo Random Sequence,PRS)生成等功能。

3. 低功耗蓝牙 BLE 子系统

(1) 具有 50Ω 天线驱动的 2.4GHz 射频收发器;

(2) 数字物理层;

(3) 支持主从模式的链路层引擎;

(4) 可编程发射功率:高达 4dBm;

(5) 接收灵敏度:-95dBm;

(6) RSSI(Received Signal Strength Indicator):4dB 分辨率;

(7) 5.7mA 的 TX(0dBm)和 6.7mA 的 RX(2Mbps)电流,3.3V 电源和内部单输入多输出(Single Input Multiple Output,SIMO)降压转换器;

(8) 链路层引擎同时支持四个连接;

(9) 支持 2Mbps 数据速率。

4. I/O 子系统

I/O 系统包括多达 84 个可编程 GPIO。

相比较 PSoC62 系列,PSoC63 系列主要增加了蓝牙低功耗模块,可以实现低功耗的蓝牙通信。

2.5　PSoC64 系列

PSoC64 是 PSoC6 中基于双核 ARM Cortex-M4 和 ARM Cortex-M0+以安全互联为特点的微控制器系列。PSoC64 采用双核架构建立相互隔离的处理环境。Cortex-M4 处理器用于建立非安全处理环境（Non-Secure Processing Environment，NSPE），Cortex-M0＋使用 PSoC64 中内置的保护单元来建立安全处理环境（Secure Processing Environment，SPE）。可信软件（Trusted Firmware-M）通过处理器间接口（Inter-Processor Interface，IPC）与 NSPE 通信。PSoC64 非常适合需要进行用户数据保护和安全软件更新的云连接设计，包括个人健康管理设备、医疗和慢性疾病管理设备以及家庭安全设备。PSoC64 支持这些设计在硬件内建立起强大的安全性，消除了由于软件薄弱环节受到攻击而造成的设备运行风险。PSoC64 系统组成框图如图 2.4 所示，具有以下主要特征：

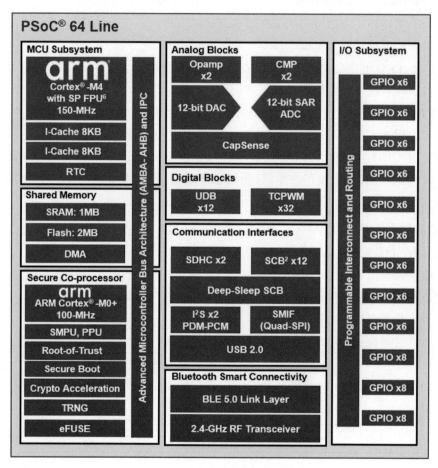

图 2.4　PSoC64 系统组成框图

（1）32 位 ARM Cortex-M4F 和 ARM Cortex M0＋双核子系统；

（2）硬件加速加密功能；

（3）安全启动系统；

（4）基于硬件的可信软件；

（5）集成片上闪存；

（6）带有 I^2S 接口和两个 PDM（Pulse Density Modulation）通道的音频子系统；

（7）具有动态加密和解密的串行存储器接口；

（8）支持安全数字 SD（Secure Digital）、安全数字输入输出 SDIO（Secure Digital Input

Output)和嵌入式多媒体卡 eMMC(embedded Multimedia Card)接口的安全数字主机控制器 SDHC(Secure Digital Host Controller)模块；

(9) 低功耗模式；

(10) 可配置的数字外设；

(11) 可编程数字逻辑；

(12) 高性能模拟系统；

(13) 灵活且可编程的互联；

(14) 电容式触摸感应(CapSense)；

(15) 可编程 GPIO。

区别于其他 PSoC6 系列，PSoC64 系列的 Cortex-M0＋仅用于安全操作，所以默认情况下不需要添加代码。而对于自定义安全配置，可以选择添加相应代码或更改默认操作。相较 PSoC63 系列，PSoC64 系列除了将 Cortex-M0＋作为安全协处理器，还增加了共享内存保护单元 SMPU、外设保护单元(Peripheral Protection Units,PPU)、信任固件、安全启动、加密加速器、真随机数产生器模块来提高硬件内置的安全性，同时通信接口还增加了安全数字主机控制器，提供了与物联网无线设备和外部存储的连接。

2.6　PSoC6 选型

目前 PSoC6 的四种常用系列的型号如表 2.1 所示，每个系列名称中的'x'代表该系列几种不同的型号。

PSoC6 系列又分为通用型、CapSense 型和 USB 型。不同类型的 PSoC6 其内部结构略有不同，不同系列的 PSoC6 其系统资源不同，如表 2.1 所示。同一系列的 PSoC6 有不同型号，同一型号的 PSoC6 芯片具有不同的封装形式和不同的引脚数目。

在芯片选型上，首先可以根据不同的应用需求初步来选择芯片，如果有加密和定制需求，可选用可编程单核 PSoC61 系列；如果有无线连接需求（如可穿戴设备），可选择蓝牙低功耗 PSoC63 系列；如需灵活性和高性能，可选择 PSoC62 系列；如安全性要求比较高，则可选择 PSoC64 系列。

其次可以根据所需性能参数，例如根据所需 FLASH SRAM 大小、GPIO 个数，以及是否需要 I^2S、PDM-PCM、数模转换器 DAC、运放 Opamp、片上 BLE 等设备在表 2.1 中选择所需芯片。

芯片选型还可以通过英飞凌官网提供的产品选择指南工具来完成，该工具可以根据期望实现的外设功能来简化最佳 PSoC6 器件的选择。当用户在该工具的用户界面中进行选择时，符合条件部件的"结果"字段会动态缩小范围，首先显示最匹配的部件。输入搜索条件后，还可以选择要比较的设备。

表 2.1 PSoC6 系列参数对照表

共同特性	产品系列	Flash(KB)	SRAM(KB)	GPIOs	音频(I2S,PDM-PCM)	CAN-FD	DAC	Op-Amp	片上蓝牙
• 双核 CPU 架构(150MHz Arm Contex-M4,100MHz Arm Contex-M0p) • DMA 控制器 • QSPI 外部存储 I/F • CapSense • I2C • UART • SPI • USB-FS • 12 位 SAR ADC • 低功耗比较器 • 计时器,计数器,PWM • 分段式 LCD • 密码加速器(DES/TDES,AES,SHA,CRC,TRNG,RSA/ECC) • SWD/JTAG 编程调试接口 • OTP 存储 • −40℃~85℃	PSoC61(编程系列)-单核 CPU(Arm Contex M-4)								
	CY8C61 xA,CY8C61 x8	1024~2048	512~1024	102	√				
	CY8C61 x7,CY8C61 x6	512~1024	128~288	100	√		√	√	
	CY8C61 x6	512	256	64		√	√		
	CY8C61 x5	256	128	62			√	√	
	PSoC62(性能系列)-双核 CPU(Arm Contex M-4,Arm Contex M0p)								
	CY8C62 xA,CY8C62 x8	1024~2048	512~1024	102	√				
	CY8C62 x7,CY8C62 x6	512~1024	128~288	100	√		√	√	
	CY8C62 x6	512	256	64		√	√		
	CY8C62 x5	256	128	62			√	√	
	PSoC63(连接系列)-双核 CPU(Arm Contex M-4,Arm Contex M0p),BLE								
	CY8C63 x7,CY8C63 x6	512~1024	128~288	84	√	√	√	√	√
	PSoC62(安全系列)-双核 CPU(Arm Contex M-4,Arm Contex M0p)								
	CYS06644A	1856	944	100	√			√	
	CYB06644A	1856	944	100	√			√	√
	CYB06447	832	176	100	√		√	√	
	CYB06447-BL	832	176	84	√		√	√	√
	CYB06445	384	176	53		√	√	√	√

习题

2.1　PSoC6 有哪些系列？

2.2　PSoC6 各系列有何特点和区别？

第3章

PSoC6用户模块

用户模块是 PSoC6 预先定义和配置好的设备,采用数字或模拟模块实现,或由系统资源提供。本章主要介绍 PSoC6 常用的及本书第三部分实验用到的用户模块的功能、结构和原理,包括数字用户模块、通信用户模块、模拟用户模块、模数混合用户模块、其他用户模块。其中,数字用户模块主要包括 PWM、SmartI/O,通信用户模块主要包括 UART、SPI、I²C、BLE,模拟用户模块主要包括运算放大器、电压比较器,模数混合用户模块主要包括 ADC、DAC、CapSense,其他用户模块主要包括 DMA、Interrupt。

3.1 数字用户模块

3.1.1 PWM

1. PWM 简介

PWM 用户模块可用于产生任意数字波形。PWM 用户模块如图 3.1 所示,该模块主要由计数寄存器、周期寄存器以及比较寄存器决定 PWM 波的输出状态,并触发比较(Compare)事件、溢出(Overflow)事件以及下溢(Underflow)事件。此外,当启用 start、reload、kill、swap 或 count 端口后,用户可通过外部信号控制 PWM 用户模块的启动、重置、停止、交换、计数等行为。

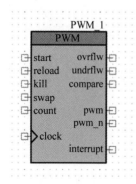

图 3.1 PWM 用户模块图

计数寄存器的计数模式可配置为向上计数模式、向下计数模式及向上/向下计数模式,在不同模式下,触发的事件以及输出的 PWM 波稍有不同。当配置计数寄存器为向上计数模式时,计数寄存器将从 0 开始向上计数,且初始时 pwm 输出为高电平。当计数寄存器计数值增加到与比较寄存器的值相等时,将发生比较事件,compare 引脚的输出电平将拉高一个周期,且 pwm 输出反相,变为低电平。计数寄存器继续向上计数,当计数值等于周期寄存器的值后,计数寄存器的值将由周期值变为 0,此时将发生溢出事件,ovrflw 引脚输出电平将拉高一个周期,且 pwm 输出再次反相,变为高电平,成功产生一个周期的

PWM波。向上计数模式示意图如图3.2所示,设周期寄存器值为4,比较寄存器值为2。

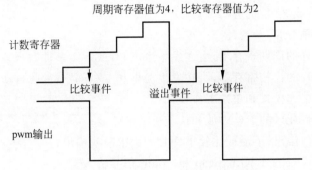

图 3.2　PWM 模块向上计数模式示意图

当配置计数寄存器为向下计数模式时,计数寄存器将从周期寄存器的值开始向下计数,且初始时 pwm 输出为低电平。当计数值减小到与比较寄存器的值相等时,将发生比较事件,且 pwm 输出反相,变为高电平。计数寄存器继续向下计数到 0 之后,计数寄存器的值将由 0 变为周期值,此时将发生下溢事件,undrflw 引脚输出电平将拉高一个周期,且 pwm 输出再次反相,变为低电平,成功产生一个周期的 PWM 波。PWM 向下计数模式示意图如图 3.3 所示。

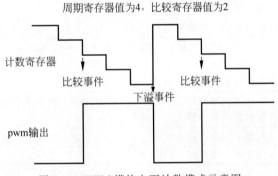

图 3.3　PWM 模块向下计数模式示意图

当配置计数寄存器为向上/向下计数模式时,计数寄存器将从 1 开始向上计数到周期寄存器的值,再向下计数到 0,事件的发生和 pwm 输出过程与向上计数模式、向下计数模式相同。

设 PWM 模块输入时钟的频率为 f_{clk},且不进行时钟预分频,设置周期寄存器 Period 参数值为 p,设置比较寄存器参数值为 c。在向上计数模式下,输出 PWM 波形频率为 $f_{clk}/(p+1)$,占空比为 $c/(p+1)$。在向下计数模式下,输出 PWM 波形频率为 $f_{clk}/(p+1)$,占空比为 $(c+1)/(p+1)$。在向上/向下计数模式下,输出 PWM 波形频率为 $f_{clk}/(2p)$,占空比为 $(p-c)/p$。

除了产生正常的 PWM 波形之外,还可配置 PWM 用户模块产生带死区的 PWM 波以及伪随机 PWM 波。带死区的 PWM 波与正常 PWM 波的区别在于,当正常 PWM 波变为高电平之后,带死区的 PWM 波需要经过死区时长后才可能变为高电平。而在伪随机 PWM 波模式下,计数寄存器的值是由线性反馈移位寄存器获得的伪随机数,因此输出 PWM 波的周期以及占空比都是伪随机的。

2. PWM 主要特点

（1）支持 16 位或 32 位的分辨率；

（2）支持时钟预分频；

（3）两个可编程的周期寄存器,可在发生溢出和/或下溢事件时自动交换值；

（4）两个可编程的比较寄存器,可在发生溢出和/或下溢事件时自动交换值；

（5）支持连续工作模式和单次工作模式；

（6）支持输出带死区的 PWM 波和伪随机 PWM 波；

（7）支持在产生溢出、下溢或比较事件时产生中断或输出；

（8）支持 Start、Reload、Kill、Swap 和 Count 信号输入。

3. PWM 主要参数

PWM 用户模块主要参数及其含义如表 3.1 所示。

表 3.1　PWM 用户模块主要参数及其含义

参 数 名	参 数 含 义
PWM Mode	设置 PWM 模块的工作方式。可设置为"PWM",代表产生正常 PWM 波；可设置为"PWM Dead Time",代表产生带死区的 PWM 波；可设置为"PWM Pseudo Random",代表产生伪随机 PWM 波
Clock Prescaler	设置输入时钟的分频比例
PWM Resolution	设置 PWM 模块所用寄存器的位数。可设置为 16 位或 32 位
Run Mode	设置 PWM 模块的运行方式。可设置为"Continuous",代表该模块会不断运行；设置为"One Shot",代表该模块只运行一个周期然后将停止工作
Period 0	设置计数器的周期值,即周期寄存器 0 的值
Enable Period Swap	勾选该选项框后,如果发生了 Swap 事件,在下一个溢出/下溢事件时,两个周期寄存器的值将发生交换
Period 1	设置周期寄存器 1 的值
Compare 0	设置比较寄存器 0 的值
Enable Compare Swap	勾选该选项框后,如果发生了 Swap 事件,在下一个溢出/下溢事件时,两个比较寄存器的值将发生交换
Compare 1	设置比较寄存器 1 的值
Interrupt Source	设置中断信号的触发事件。可设置为"Overflow/Underflow"即发生溢出或下溢事件时触发中断；可设置为"Compare",即当计数存储器值等于比较寄存器 0 的值时触发中断；也可设置为"Overflow/Underflow or Compare",即上述两种情况下都触发中断

4. PWM 输入输出端口定义

PWM 用户模块的输入端口定义如表 3.2 所示。

表 3.2　PWM 用户模块输入端口定义

端 口	描 述
clock	用于定义 PWM 模块的时钟输入
start	当启用 Start Input 参数后该端口会出现。该端口输入信号用于启动 PWM 模块
reload	当启用 Reload Input 参数后该端口会出现。该端口输入信号用于初始化计数寄存器的值,并启动 PWM 模块

续表

端　口	描　述
kill	当启用 Kill Input 参数后该端口会出现。该端口输入信号用于停止计数器或者抑制 PWM 波的输出
swap	当启用 Swap Input 参数后该端口会出现。该端口输入信号用于触发 Swap 事件,以控制两个周期寄存器和两个比较寄存器什么时候发生交换
count	当启用 Count Input 参数后该端口会出现。该端口输入信号用于触发 Count 事件,以增加或减小计数寄存器的值

PWM 用户模块的输出端口定义如表 3.3 所示。

表 3.3　PWM 用户模块输出端口定义

端　口	描　述
pwm	该端口输出 PWM 波
pwm_n	该端口输出 PWM 波的互补波形
interrupt	该端口用于输出 PWM 模块的中断信号,只能与中断模块相连
ovrflw	当计数寄存器的值由周期值变为 0 时,将产生溢出事件。此时该端口输出信号会拉高
undrflw	当计数寄存器的值由 0 变为周期值时,将产生下溢事件。此时该端口输出信号会拉高
compare	当计数寄存器的值等于比较寄存器的值时,将产生比较事件。此时该端口输出信号会拉高

3.1.2　SmartI/O

1. SmartI/O 简介

智能 I/O(SmartI/O)模块是一种可编程逻辑结构,位于高速 I/O 矩阵和 GPIO 引脚之间,可以对从 PSoC6 内部传输到 GPIO 引脚的信号或从 GPIO 引脚传输到 PSoC6 内部的信号进行布尔代数运算。SmartI/O 模块的可编程逻辑结构可以是纯组合的,也可以是需要时钟信号触发的。SmartI/O 用户模块图示例如图 3.4 所示。

SmartI/O 模块内部主要包括时钟/复位部分、同步器部分、查找表部分以及数据单元部分。时钟/复位部分用于决定智能 I/O 模块的时钟及复位信号。SmartI/O 模块的 GPIO 输入信号或 PSoC6 内部输入信号都可以以异步或同步的方式使用,为了同步使用输入信号,同步器部分使用两个触发器对输入信号进行同步。查找表部分包括 8 个三输入查找表,可以用于实现"与""或""非""异或""同或"等布尔代数运算。数据单元则可用于实现更复杂的可编程逻辑功能,如简单的递增、递减、移位、数据"与或"操作等。其模块内部结构示意图及配置窗口如图 3.5 所示。

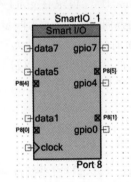

图 3.4　SmartI/O 用户模块图

2. SmartI/O 主要特点

(1) 在 I/O 端口间提供可编程逻辑功能;

(2) 支持低功耗的深度睡眠模式;

(3) 低确定性延迟。

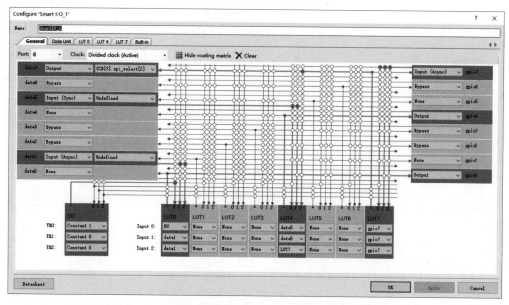

图 3.5　SmartI/O 模块内部结构示意图及配置窗口图

3. SmartI/O 主要参数

1）设备内部信号相关参数

SmartI/O 模块有 data[7：0]共 8 路 PSoC6 内部信号端口，可分别设置每一路信号的数据源为受支持的外设或 UDB 信号，如定时器/计数器/PWM（Timer/Counter/PWM，简称为 TCPWM）信号、通信模块 SCB 信号以及 CapSense 模块的 CSD 信号等。还可设置每一路信号端口的数据传输方向，例如设置为同步或异步输入、输出、旁路（Bypass）等。

2）GPIO 信号相关参数

SmartI/O 模块有 gpio[7：0]共 8 路 GPIO 信号端口，可分别设置每一路信号端口的数据传输方向，例如设置为同步或异步输入、输出、旁路等。

3）时钟/复位部分参数

通过设置 Clock 可以设置 SmartI/O 模块的时钟及复位信号。

（1）可以选择 GPIO 输入信号 gpio[7：0]中任一路作为时钟信号，选择该时钟将不会有复位信号。

（2）可以选择内部高速 I/O 矩阵输出信号 data[7：0]中任一路作为时钟信号，选择该时钟将不会有复位信号。

（3）可以选择由系统高频时钟（High Frequency Clock，HFCLK）分频的时钟作为时钟信号，并可选择 Active、Deep-Sleep 以及 Hibernate 三种模式。三种不同模式会在不同条件下产生复位信号。

（4）可以选择系统低频时钟（Low Frequency Clock，LFCLK）作为时钟信号。

（5）可以选择设置为 Asynchronous。当 SmartI/O 模块只用于组合逻辑时可以选择该选项，可以不使用时钟来降低功耗。

（6）可以选择设置为 Clock gated。选择该选项会禁用时钟连接，该选项只应在关闭 SmartI/O 模块时，或在对时钟敏感的应用程序中重新配置 SmartI/O 模块时使用。

4）查找表部分参数

SmartI/O 模块包含 8 个三输入查找表，每个查找表均可分别配置三路输入信号、工作模式（Mode）以及查找表实现的逻辑功能。输入信号可设置为 GPIO 信号 gpio、PSoC6 内部信号 data、查找表输出信号以及数据单元输出信号。工作模式可设置为 Combinatorial，表示该查找表是纯组合逻辑；Gated Input 2 表示该查找表的第三路输入会被触发器暂存；Gated Output 表示该查找表的输出会被触发器暂存；Set/reset flip-flop 表示该查找表的输入以及真值表会被用于控制一个异步 SR 触发器。查找表实现的逻辑功能则通过真值表进行配置。

5）数据单元部分参数

SmartI/O 模块包含一个数据单元，该数据单元有三路输入触发信号，且触发信号高电平有效，可分别配置三路触发信号的来源。

通过配置 DATA0 参数可以设置数据单元的 DATA0 寄存器的数据源，DATA0 寄存器的值通常用于数据单元工作寄存器的初始值和复位值。通过配置 DATA1 参数可以设置数据单元的 DATA1 寄存器的数据源，DATA1 寄存器的值通常用于数据单元工作寄存器的比较值。数据单元预定义了部分逻辑运算功能，如递增、递减、循环右移等，通过设置 Opcode 参数可以决定数据单元具体实现的逻辑运算功能。

4. SmartI/O 输入输出端口定义

SmartI/O 模块的端口包括 clock 引脚，gpio[7：0]端口引脚以及 data[7：0]端口引脚。当选择使用高频时钟的分频时钟作为时钟信号时，将出现 clock 引脚。当 GPIO 信号端口及设备内部信号端口的数据传输方向设置为输入或输出时将出现相应的 gpio 引脚和 data 引脚，端口引脚是作为输入信号还是输出信号也由设置而定。

3.2 通信用户模块

3.2.1 UART

1. UART 简介

UART 用户模块可用于实现全双工的异步串行通信，其波特率最多可达 1Mbps，其模块图如图 3.6 所示。UART 用户模块可支持标准 UART 协议、智能卡（SmartCard）协议以及红外数据协议（Infrared Data Association，IrDA），其中后两者都是 UART 协议的衍生协议。UART 模块还具备通用 UART 功能，如奇偶校验、中断检测以及帧错误检测等。

典型的 UART 通信线路连接如图 3.7 所示，主要包括 Tx 信号和 Rx 信号。Tx 信号是发送方的输出，而 Rx 是接收方的输入。需要注意：UART 协议是全双工通信协议，因此一个 UART 模块可同时作为发送方和接收方。典型的一次 UART 传输包括一个起始位，后加多个数据位，然后可选择加上校验位，最后是一个或多个停止位。起始和停止位表示数据传输的开始和结束，奇偶校验位用于接收方检测是否发生单比特错

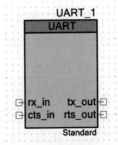

图 3.6 UART 用户模块图

误。由于没有同步时钟，发送方和接收方需要使用一致的波特率，且接收方需要对输入信号进行过采样，以增强抗干扰能力，提高数据传输的可靠性。

图 3.7 典型的 UART 通信线路连接方式

此外，标准 UART 模式还支持流控制。流控制使用 rts 和 cts 信号，其中 rts 信号是接收方的输出信号，用于通知发送方接收方已经准备好接收数据；而 cts 信号是发送方的输入信号，当发送方收到该信号时表示发送方可以发送数据。因此连线时，发送方的 cts 信号引脚与接收方的 rts 信号引脚相连。

智能卡（SmartCard）协议与标准 UART 协议的传输过程相似，但是额外增加了否定确认（NACK），图 3.8 为标准 UART 协议的数据传输过程示意图，图 3.9 为增加 NACK 的智能卡协议的数据传输过程示意图，可以发现智能卡协议在停止位之间增加了否定确认。此外，智能卡协议的 Tx 信号和 Rx 信号通过内部的多路选择器连接到同一条 I/O 线，同一时刻只能有一方驱动该 I/O 线，因此智能卡协议实质是半双工通信协议。

图 3.8 标准 UART 协议数据传输过程示意图

图 3.9 智能卡协议数据传输过程示意图

红外数据（IrDA）协议则在标准 UART 协议的基础上增加了调制方案。在发送方比特位会被调制，而在接收方比特位被解调。

2. UART 主要特点

（1）波特率高达 1Mbps；

（2）支持帧错误检测、奇偶校验、中断信号检测；

（3）可配置为全双工模式、仅发送模式和仅接收模式；

（4）支持硬件流控制；

（5）支持标准 UART 模式、智能卡协议模式以及红外数据协议模式；

（6）支持 DMA。

3. UART 主要参数

UART 用户模块主要参数及含义如表 3.4 所示。

4. UART 输入输出端口定义

UART 用户模块的主要输入端口定义如表 3.5 所示，需要勾选 Show UART Terminals 选项框才会出现相应的输入端口。

表 3.4　UART 用户模块主要参数及含义

参 数 名	参 数 含 义
Com Mode	设置 UART 模块的子模式：包括标准模式、SmartCard 模式以及 IrDA 模式
TX/RX Mode	设置 UART 模块以全双工模式或仅发送、仅接收模式工作
Baud Rate	设置 UART 模块的波特率
Oversample	设置 UART 模块过采样的倍数
Data Width	设置 UART 模块单次数据传输过程中数据元素的位数
Parity	设置 UART 模块奇偶校验的方式。可设置为无校验、奇校验或偶校验
Stop Bits	设置停止位的位数
Enable Digital Filter	勾选该选项后，将对 UART 的输入信号进行三抽头中值滤波，以增强抗干扰能力

表 3.5　UART 用户模块主要输入端口定义

端　口	描　述
clock	当启用 Enable Clock from terminal 后会出现。用于 UART 模块的时钟输入
rx_in	用于从另一个设备接收串行数据
cts_in	当启用清除发送 CTS(Clear to Send)后出现，用于接收另一个设备准备接收数据的通知

UART 用户模块的主要输出端口定义如表 3.6 所示，需要勾选 Show UART Terminals 选项框才会出现相应的输出端口。

表 3.6　UART 用户模块主要输出端口定义

端　口	描　述
interrupt	用于 UART 模块的中断信号输出，只能与中断模块相连
rx_dma	当启用 RX Output 后出现。该信号用于触发 DMA 传输，以从 RX FIFO 获取数据，并且只能连接到 DMA 通道触发输入端
tx_dma	当启用 TX Output 后出现。该信号用于触发 DMA 传输，以将数据输入到 TX FIFO 中，并且只能连接到 DMA 通道触发输入端
tx_out	用于输出串行数据到另一个设备
tx_en_out	当启用 TX-Enable 后出现。该输出端口信号在数据传输过程中将保持为高电平
rts_out	当启用 RTS 后出现。用于通知另一个设备本设备已准备好接收数据

3.2.2　SPI

1. SPI 模块简介

串行外设接口(Serial Peripheral Interface,SPI)用于实现外围设备的串行通信功能，采用主从模式，分为 SPI Master(SPIM)和 SPI Slave(SPIS),SPIM 和 SPIS 分别由 1 个数字模块组成。

最初的 SPI 协议由摩托罗拉定义，它是一个全双工协议，发送和接收同时发生。除了摩托罗拉协议，PSoC6 还支持德州仪器(TI)协议和 National Semiconductors(NS)Microwire 协议，具体协议内容请参考第 11 章。

标准 SPI 接口由数据信号 MOSI(Master Output Slave Input)、数据信号 MISO(Master Input Slave Output)、片选信号 SS、时钟信号 SCLK 四个信号组成，它们具体实现

以下功能：

（1）MOSI：信号主设备输出从设备输入，主设备控制数据线；

（2）MISO：信号主设备输入从设备输出，从设备控制数据线；

（3）SS：从设备选择信号，主设备控制从设备的选择；

（4）SCLK：串行时钟信号，主设备控制时钟。

两个 SPI 设备进行通信时除硬件连接以上四个信号，还需软件设置 CPHA（Clock Phase）时钟相位和 CPOL（Clock Polarity）时钟极性。CPHA 用于定义在 SCLK 的上升沿或是在下降沿对数据进行采样，CPOL 则用来定义不传输数据时的时钟信号 SCLK 的电平值。

SPIM 与 SPIS 通信线路连接如图 3.10 所示，主设备 SPIM 的数据输入 MISO、数据输出 MOSI 分别与从设备 SPIS 的数据输出 MISO、数据输入 MOSI 连接；主设备通过 SS 线来选择从设备，然后在 MOSI 线上发送数据，在 SCLK 线上传输时钟。从设备根据配置任选 SCLK 的一个边沿来捕获 MOSI 线上的数据。从设备也可以驱动 MISO 线上的数据，主设备来捕获这些数据。

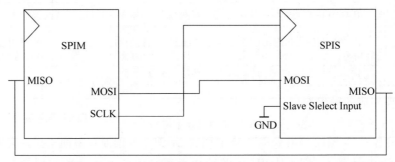

图 3.10　SPIM 与 SPIS 通信线路连接

SPIM 的时钟输入可从系统数字时钟选择，时钟频率应等于其位传输速率的两倍。其时钟输出 SCLK 作为 SPIS 的时钟输入；SPIS 的片选信号 SSI 低电平有效，可直接外接低电平或由 SPIM 所在的 PSoC6 控制。SPI 支持可配置的 4～16 位数据宽度，用于非标准 SPI 数据宽度的通信，SPI 还可提供 DMA 的支持。

2. 摩托罗拉 SPI MOSI 和 MISO 的驱动和捕获方式

摩托罗拉 SPI 协议中对 MOSI 和 MISO 的驱动和捕获方式定义了四种工作模式，如图 3.11 所示，这些模式由时钟极性 CPOL 和时钟相位 CPHA 决定。时钟极性决定了不传输数据时 SCLK 信号的电平。当 CPOL＝0 时，表示当不传输数据时 SCLK 为“0”，即低电平；当 CPOL＝1 时，表示当不传输数据时 SCLK 为“1”，即高电平。CPHA 决定何时驱动和捕获数据。CPHA＝0 表示在 SCLK 时钟前沿采样（捕获数据），而 CPHA＝1 表示在 SCLK 时钟后沿采样，无论该时钟沿是上升沿还是下降沿。由此得到 CPOL 和 CPHA 的四种组合模式：

（1）模式 0：CPOL 为“0”，CPHA 为“0”，在 SCLK 的下降沿发送数据。在 SCLK 的上升沿捕获数据。

（2）模式 1：CPOL 为“0”，CPHA 为“1”，在 SCLK 的上升沿发送数据。在 SCLK 的下降沿捕获数据。

（3）模式 2：CPOL 为“1”，CPHA 为“0”，在 SCLK 的上升沿发送数据。在 SCLK 的下

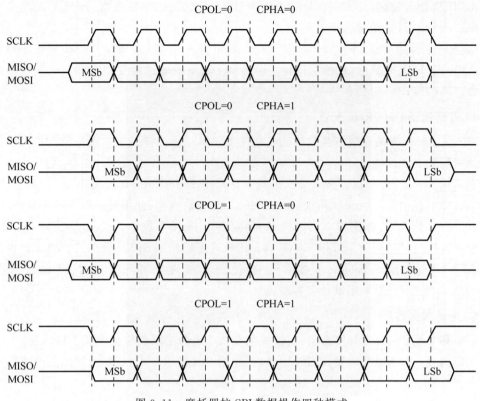

图3.11 摩托罗拉SPI数据操作四种模式

降沿捕获数据。

(4) 模式3：CPOL为"1"，CPHA为"1"，在SCLK的下降沿发送数据。在SCLK的上升沿捕获数据。

3. SPI模块引脚定义

1) 内部引脚

默认情况下，SPI引脚隐藏在模块内部。这些引脚采用专用的连线且不能作为一般信号连线，更改引脚配置的首选方法是在PSoC Creator(参见第6章)中选择Pins选项卡上的Show Terminals选项并配置连接到SPI模块的引脚(参见7.1节 SPI实验)。默认内部引脚包括：从设备引脚SPI_miso_s，SPI_mosi_s，SPI_sclk_s，SPI_ss_s。主设备引脚SPI_miso_m，SPI_mosi_m，SPI_sclk_m，SPI_ss0_m，SPI_ss1_m，SPI_ss2_m，SPI_ss3_m。

2) 外部引脚

默认情况下，SPI模块外部没有外部引脚，需要一定设置条件下才会出现，下面列举常用外部引脚：

(1) clock数字输入引脚：SPI的工作时钟。参数Enable Clock from terminal选中时，该端口出现，使用PSoC6外部时钟。

(2) interrupt数字输出引脚：参数Interrupt选中时，该端口出现，并连接到一个外部中断模块上，或者什么都不连。

(3) rx_dma数字输出引脚：参数RX Output选中时，该端口信号用于触发DMA传输，从 RX FIFO 获取数据，且该端口只能连接到 DMA 的通道触发输入端。该端口的输出由参数 RX FIFO Level 的值来控制。

（4）tx_dma 数字输出引脚：参数 TX Output 选中时，该端口信号用于触发 DMA 传输，从 TX FIFO 获取数据，且该端口只能连接到 DMA 的通道触发输入端。该端口的输出由参数 TX FIFO Level 的值来控制。

4. 数据速率 Date Rate 配置

SPI 模块必须满足连接 SPI 总线的数据速率要求才能正常工作。而从设备和主设备的数据速率配置有所区别。

在从设备模式下，可以直接设置所需的数据速率 Date Rate，此时使用的是 SPI 组件内部时钟。还可以选中 Enable Clock from Terminal 参数选项，使用外接用户可配置的时钟。

在主设备模式下，数据速率由时钟源的频率和过采样系数 Oversample 决定，SCLK 频率等于所连接时钟的频率乘以过采样系数。该模式可以使用 SPI 组件内部时钟。也可以选中 Enable Clock from Terminal 参数选项，使用外接用户可配置的时钟，此时需配置 Oversample 参数，一般采用默认参数即可。

5. 中断服务程序

SPI 模块的中断处理是可选的，通过一个参数来选择中断模块是内置还是外置。

中断内置：中断模块放置在 SPI 模块内，使用 SPI 高级 cy_scb 驱动程序函数来实现中断服务。

中断外置：该设置是在 SPI 模块外部提供了一个输出端口来连接外部中断模块。用参数 Interrupt Source 可以配置一个或多个源来触发中断。这种设置只能使用 SPI 低级 cy_scb 驱动程序函数。外显的输出端口也可以不连接任何中断，此时 SPI 组件不会处理中断。

3.2.3　I²C

1. I²C 简介

飞利浦半导体公司（现在的恩智浦半导体公司）开发了一种简单的双向两线同步串行总线，用于 CPU 与集成电路 IC(Integrated Circuit)以及 IC 与 IC 之间的控制。这种总线被称为 Inter IC 或 I²C(Inter Integrated Circuit)总线。所有 I²C 总线兼容设备都包含一个片上接口，允许它们通过 I²C 总线直接相互通信。I²C 总线上的每个设备都有其唯一的 7 位地址，确保不同设备之间访问的准确性。该总线采用主从模式，分为 I²C Master 和 I²C Slave，主机设备启动 I²C 总线上的所有通信，并为所有从机设备提供时钟。这种设计理念解决了设计数字控制电路时遇到的许多接口问题。

标准 I²C 接口由串行数据线(Serial Data Line,SDA)和串行时钟线(Serial Clock Line, SCL)组成。SDA 负责传输数据，数据可以在主从机之间双向传输；SCL 负责控制数据发送的时序，其高低电平的改变由主机控制。

主机与从机的通信电路连接如图 3.12 所示，每条总线上都要使用一个上拉电阻 R_p。由于 I²C 总线的内部都采用漏极开路电路驱动，因此需要使用上拉电阻将总线电压在悬空时保持为高电平。

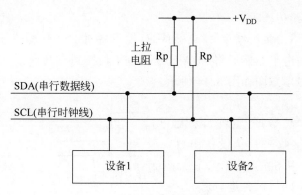

图 3.12　设备到 I^2C 总线的连接

2. I^2C 工作模式

I^2C 具有五种工作模式，按照数据传输速率可以分为标准模式（Standard Mode）、快速模式（Fast Mode）、快速模式＋（Fast Mode Plus）、高速模式（High Speed Mode）和超快速模式（Ultra Fast Mode），其中超快速模式为单向传输，前四种模式均为双向传输。

各模式下的传输速率和上电电阻参考值如表 3.7 所示，其中超快速模式在实际使用中较少涉及，故没有给出相应的电阻值。

表 3.7　不同模式 I^2C 总线传输速率和电阻值

	标准模式	快速模式	快速模式＋	高速模式	超快速模式
最大传输速率	100kbps	400kbps	1Mbps	3.4Mbps	5Mbps
上拉电阻值	$4.7k\Omega,5\%$	$1.74k\Omega,1\%$	$1.74k\Omega,1\%$	$620\Omega,5\%$	—

PSoC Creator 中的 I^2C 模块可以在速度高达 1000kbps 的标准时钟下运行。兼容恩智浦 I^2C 总线规范中定义的 I^2C 标准模式、快速模式和快速模式＋三种工作模式，兼容其他第三方 I^2C 从设备和 I^2C 主设备。

3. I^2C 传输协议

主机和从机在进行数据传输时遵循标准 I^2C 协议，主机和从机之间通过 SDA 数据线传输串行数据，串行数据序列的结构如图 3.13 所示，依次包括起始信号 S，地址位 A6～A0，读写位 $R/\overline{W}$，响应位 $A/\overline{A}$，数据位 D7～D0，停止信号位 P。

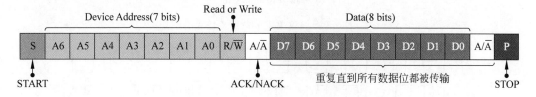

图 3.13　I^2C 协议串行数据序列

下面对 I^2C 协议串行数据序列的结构做出详细说明。

1）起始信号和停止信号

通信由主机开启，开始通讯时，主机对 I^2C 总线进行操作。首先将 SDA 线从高电平切换到低电平。然后将 SCL 从高电平切换到低电平。在主设备发送完起始条件信号后，各从设备被激活,等待后续传输。

与起始类似,通讯由主机结束,结束通信时,主设备对 I^2C 总线进行操作。首先将 SCL 线从低电平切换到高电平。然后将 SDA 线从低电平切换到高电平。

开始和停止信号示意图如图 3.14 所示。

2）地址位

地址位一般为 7 位数据,主机如果需要向从机发送或者接收来自从设备的数据,需要先发送对应从机的地址,以便后续通讯过程中与指定的从设备进行通信。

3）读写位

读写位表示数据传输的方向,以主机为参照。如果主机需要将数据发送到从机,则该位设置为 0;如果主机需要从从机接收数据,则将其设置为 1。

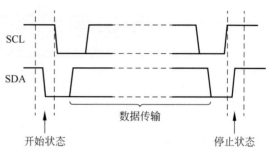

图 3.14 I^2C 协议开始和停止信号

4）响应位

主机每次发送完数据之后会等待从机的响应信号。如图 3.15 所示,在第 9 个时钟信号,如果从机发送响应信号 ACK,则 SDA 会被拉低。如图 3.16 所示,若没有响应信号,即定义为 NACK,则 SDA 会输出为高电平,该情况下,主机将重新开始新的传输或者停止之后的所有传输。

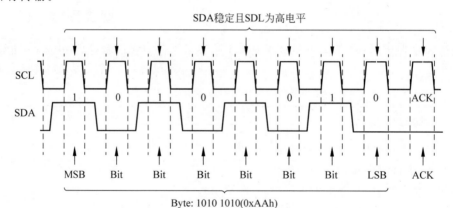

图 3.15 I^2C 协议单字节数据传输且有响应

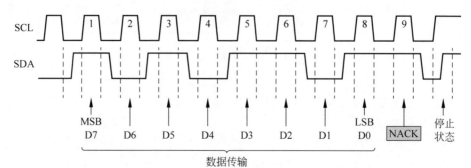

图 3.16 I^2C 协议单字节数据传输且无响应

5) 数据位

每次传输的数据总共有 8 位,由发送方设置,在数据位中排列,传输到接收方。如图 3.14 所示,数据位从最高位开始发送,该图发送的二进制数据为 10101010。在需要发送多位数据时,重复设置数据位,并等待响应位即可。

4. I²C 写入和读取

I²C 协议在进行数据写入时,需要经过如下几个步骤,如图 3.17 所示,首先发送起始信号、从机地址信息和读写位(设置为写),进行从机激活,收到从机返还的 ACK 信号后再发送待写入寄存器的地址信息,收到返还 ACK 信号后以 byte 为单位发送写入的信息并等待从机返还 ACK 信号,所有数据都接收成功后,主机最终发送停止信号,释放总线,结束写入操作。

主机控制SDA线
从机控制SDA线

写入设备中的一个寄存器

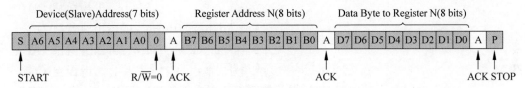

图 3.17 I²C 协议单字节写入

I²C 协议在进行数据读出时,需要经历先写入后读出的过程。经过如下的几个步骤,如图 3.18 所示,首先发送起始信号、从机地址信息和读写位(设置为写),进行激活,收到从机返还的 ACK 信号后再发送待操作寄存器的地址信息,从机返回 ACK。此时主机释放 SDA 线,数据总线转换为从机控制,主机读取 SDA 总线进行数据接收,从机每发送 1 byte 数据,主机会响应 ACK,表示还需要再接收数据。当主机接收完数据后,主机将会返回 NACK,使得从机释放 SDA 总线,随后主机发送停止信号,释放总线,结束读取操作。

5. I²C 配置

在实际应用中,支持 I²C 协议的设备一般固定最大传输速率以及设备地址,在与 PSoC6 实验板连接时,注意最大传输速率以及从机地址与 I²C 设备匹配即可。

对于 PSoC6 的 I²C 模块,需要配置其数据传输速率和从机地址,PSoC Creator 中,支持 1000kbps 以内的传输速率,从机地址可以设置为 0x08 至 0x78(十六进制)。

默认情况下,I²C 模块外部没有引脚,需要一定设置条件下才会出现,以下列举常用外部引脚。

1) clock 时钟

该引脚接入 I²C 的工作时钟,为 I²C 模块增加一个输入端口,当参数 Enable Clock from terminal 选中时,该端口出现,使用 PSoC6 外部时钟。

2) scl_trig

该引脚允许监视 SCL 的状态,为 I²C 模块增加一个输出端口,当参数 Enable SCL trigger output 选中时,该端口出现,可以连接到计数器模块,实现 SCL 的超时监视。

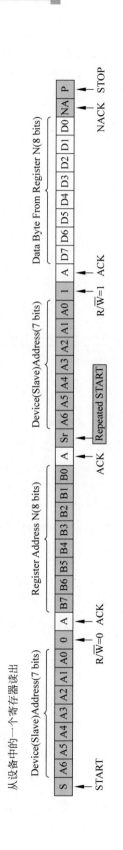

图 3.18 I^2C 协议单字节输出

3）scl_b

该引脚为 I^2C 的串行时钟线 SCL，由主设备产生，当参数 Show I^2C Terminals 选中时，该端口出现，可以连接到数字输入/输出模块，该数字输入/输出模块应配置为开漏驱动低电平(Open-Drain-Drives-Low)模式。

4）sda_b

该引脚为 I^2C 的串行数据线 SDA，用于传输或接收数据信号，当参数 Show I^2C Terminals 选中时，该端口出现，可以连接到数字输入/输出模块，该数字输入/输出模式应配置为开漏驱动低电平(Open-Drain-Drives-Low)模式。

I^2C 模块的参数设置请参见 7.1 节中 I^2C 实验部分。

3.2.4　BLE

1. BLE 模块简介

BLE(Bluetooth Low Energy)是低功耗蓝牙的缩写。当前电子设备中的主流蓝牙模块均为蓝牙 4.0 及以上版本，符合低功耗蓝牙技术规范。

PSoC6 实验板上使用的 BLE 模块符合蓝牙 5.0 规范，支持 2Mbps 的数据传输速率，能够执行蓝牙 4.2 规范允许的多个同步过程。该 BLE 模块具有如下特点：

（1）具有 2.4GHz 射频收发器；

（2）使用数字物理层；

（3）支持主从模式的链路层引擎；

（4）同时支持四个连接的链路层引擎。

2. BLE 功能

BLE 模块多用于在不同设备之间构建通信渠道，实现数据传输。与其他通信模块类似，BLE 的设备角色主要分为两种，即主机(master)和从机(peripheral)，当主机与从机建立连接后才能实现数据的双向传输。主机可以发起对从机的扫描连接，手机或计算机常作为 BLE 的主机设备；从机只能广播并等待主机的连接，智能手环通常作为 BLE 的从机设备。

此外，还有观察者(observer)和广播者(broadcaster)，实际使用中涉及较少。观察者监听空间中的广播事件，但与主机不同的是，观察者不能发起连接，只能持续扫描从机；广播者可以持续广播信息，但与从机不同的是，广播者是不能被主机连接，只能广播数据。

蓝牙协议中没有对设备的角色进行限制，即同一个 BLE 设备，既可以作为主机也可以作为从机。每个 BLE 设备相互对等，都可以发起连接，也都可以被其他设备连接，该情况被称为主从一体。

3. BLE 工作流程

BLE 的工作流程可以分为几个状态，即广播、扫描、连接、通信、断开。

1）广播

广播由从机发起，从机每经过一个时间间隔发送一次广播数据包。该时间间隔称为广播间隔(advInterval)，一般为 20ms～10.24s，广播动作叫做广播事件(Advertising Event)。只有当从机处于广播状态时，主机才能发现该从机，并进行后续的通讯步骤。在每个广播事件中，广播包会分别在 37～39 三个信道上依次广播。此外，如图 3.19 所示，BLE 链路层会在两个广播事件之间添加一个 0～10ms 的随机延时（advDelay），避免多个设备之间的碰撞广播。

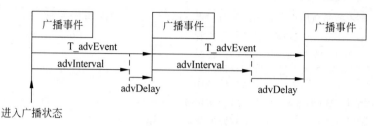

图 3.19 广播时间间隔说明

蓝牙 4.x 版本中，广播数据包最多能携带 31B 的数据，一般包含可读的设备名称、设备是否可连接等信息。蓝牙 5.0 中，添加了额外的广播信道和新的广播 PDU（Protocol Data Unit），可携带数据增加到 255B。当主机收到从机广播的数据包后，再发送获取数据包的请求，从机将广播扫描回应数据包，该数据包也可以携带 31B 的数据。

2）扫描

扫描由主机发起，主机监听从机广播数据包，并发送扫描请求。主机通过扫描获取从机的广播包以及扫描回应数据包，以便后续对已扫描到的从机设备发起连接请求。

可以设置扫描窗口和扫描间隔，扫描间隔为两个连续扫描窗口的起始时间之差。在被动扫描情况下，主机监听广播信道的数据，当接收到广播包时，协议栈将向应用层传递广播包。主动扫描情况下，除了完成被动扫描的动作外，还会向从机发送扫描请求，从机收到该请求时，会再次发送一个扫描回应广播包。

3）连接

在 BLE 连接中，主从设备在特定时间、特定频道上彼此发送和接收数据。这些设备稍后在新的通道（协议栈的链路层处理通道切换）上通过此特定时间进行连接，称为连接事件，用于后续收发数据。若没有要发送或接收的应用数据，则交换链路层数据来维护连接。如图 3.20 所示，脉冲尖刺为连接事件发生的特定时间，两个脉冲尖刺之间为睡眠时间，两个连接事件之间的时间跨度称为连接间隔（Connection Interval），是以 1.25ms 为单位，范围为 7.5ms～4.0s。由图可知，设备在建立连接之后的大多数时间都是处于睡眠，以减小电量消耗。每个连接事件中，都需要由主机发起，再由从机回复。

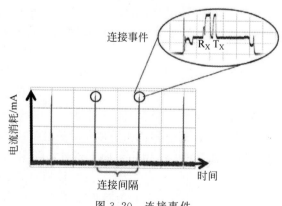

图 3.20 连接事件

　　若从机没有要发送的数据,则可以跳过连接事件,继续保持睡眠,节省电量。最多可以跳过的连接事件数称为从机延迟(Slave Latency)。两次成功连接事件之间的最长时间称为监控超时(Supervision Timeout),如果在此时间内没有成功的连接事件,设备将终止连接,返回未连接状态。监控超时值以 10ms 为单位,监控超时范围为 100ms～32s,且必须大于有效连接间隔(Effective Connection Interval)。有效连接间隔等于两个连接事件之间的时间跨度,假设从机跳过最大数量的连接事件,且允许从机延迟。如果从机延迟设置为 0,则有效连接间隔等于实际连接间隔。公式(3.1)表示各参数之间的关系,即

$$\begin{aligned} \text{Supervision Timeout} &> \text{Effective Connection Interval} \\ &= (1 + \text{Slave Latency}) \times (\text{Connection Interval}) \end{aligned} \tag{3.1}$$

　　上述连接参数由主机发起连接的时候提供,如果从机对连接参数具有要求,可以向主机发送连接参数更新请求。从机可以在连接后的任意时刻发起连接参数更新请求,连接参数更新请求可以修改连接间隔、从机延迟和监控超时。

　　4) 通信

　　从机具有的数据或者属性特征,被称为配置文件(Profile)。在 BLE 通信中,从机内部需要添加配置文件,即定义和存储相关的配置文件,作为 GATT(Generic Attribute Profile)的 Server 端;主机作为 GATT 的 Client 端。

　　如图 3.21 所示,Profile 包含一个或者多个服务(Service),每个 Service 又包含一个或

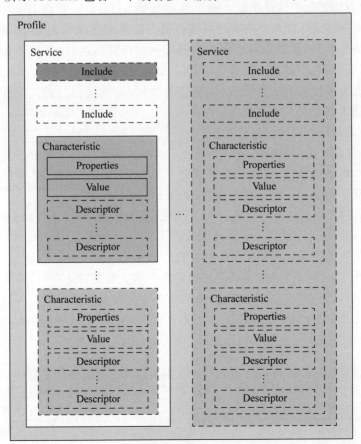

图 3.21　Profile 结构

者多个特征（Characteristic）。主机可以发现和获取从机的服务和特征，然后与其通信。特征是主从通信的最小单元。主机可主动向从机写入（Write）或读取（Read）数据；从机可主动向主机通知（Notify）数据。每个服务和特征值都有自己的唯一标识 UUID（Universally Unique Identifier），蓝牙协议栈中一般采用 16 位，即两个字节的 UUID 格式。

一个从机设备包括一个或者多个服务；一个服务中又可以包括一条或者多条特征值，每个特征值都有自己的属性（Property），属性取值为可读（Read）、可写（Write）和通知（Notify）。可读可写表示该特征值可以被主机读取和写入数据，通知表示从机可以主动向主机发送通知数据。

5）断开

主机或从机都可以发起断开连接请求，对方会收到该请求，然后断开连接恢复连接前的状态。

6）整体流程

整体流程如下：

（1）首先对主机和从机进行上电初始化。主机初始化时，需要设置设备类型、设置用于扫描的相关参数、初始化 GATT 等协议相关的参数。从机初始化时，需要设置设备名称、广播相关参数和从机配置等。

（2）从机初始化后开启广播，一般为立即开始。使用按键按下或其他方式，触发主机扫描从机，此时从机仍然处于广播状态。

（3）当主机扫描到从机时，可以返回已扫描到的从机相关信息，例如从机设备名称、MAC 地址、RSSI（Received Signal Strength Indicator）信号值等数据。部分应用在从机的广播包或者扫描回应包中添加自定义字段，可以被主机通过扫描的方式获得数据。

（4）当主机接收到从机相关信息后，通过从机 MAC 地址向从机发送连接请求。从机在未收到连接请求之前仍然处于自由的广播状态。当从机收到连接请求后，双方成功建立连接，此时双方的状态均变为已连接状态。

（5）随后，主机可以调用协议栈提供的接口函数来获取从机的服务。获取从机服务通常是在连接成功后立即执的，主机向从机发送获取服务的请求。此刻，从机处于已连接状态。响应服务获取请求是在底层自动完成，上层无须理会。

（6）主机成功获取到从机的服务，例如获取到某个服务，该服务有两个特征值，分别是具有读写属性的特征 1，以及具有通知属性的特征 2。读写属性是指主机可以读写该特征的内容。而通知属性是指从机可以通过该特征向主机发送数据。

（7）主机通过特征 1，主动向从机发送自定义数据。数据成功发送后，主机状态变为数据已发送。从机将收到主机发来的数据，从机状态变为收到数据。从机可以通过通知的方式主动向主机发送数据，从机通过特征 2 发送了一条通知。

（8）主机和从机任何一方均可以发起断开连接的请求，对方收到后，状态将变为已断开。

4. BLE 协议栈

BLE 协议栈一般是指芯片厂家依据蓝牙技术联盟 Bluetooth SIG（Bluetooth Special Interest Group）发布的核心协议（Bluetooth Core Specification）实现的软件代码，并提供函数接口，由芯片内部程序调用，可实现 BLE 工作流程等相关功能。如图 3.22 所示，BLE 协议栈结构可以分为两部分，即控制器（Controller）和主控（Host）。

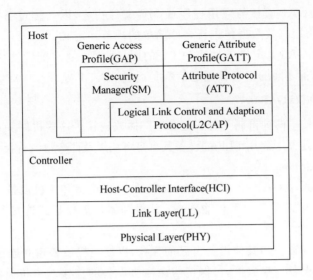

图 3.22　BLE 协议栈结构

1）控制器

控制器中从下至上依次为物理层（Physical Layer，PHY）、链路层（Link Layer，LL）和主机控制接口（Host Controller Interface，HCI）。

物理层用于指定 BLE 所用的无线频段、调制解调方式方法等。BLE 芯片的功耗，灵敏度等指标均取决于物理层。

链路层是整个 BLE 协议栈的核心。链路层作为射频控制器，用于控制设备处于等待、广播、扫描、发起连接、连接这五种状态中的一种。未连接时，某一设备处于广播状态，广播信息，另一设备处于扫描状态，持续扫描。发起状态的设备响应广播，发起连接请求。在广播的设备接收连接请求，该广播者和发起者都进入连接状态。连接设备后，设备可以分为主设备和从设备，发起连接的设备成为主设备，接收请求的设备成为从设备。链路层只负责接收或发送数据，解析数据的工作由上层协议实现。

主机控制接口通过标准化接口提供主机和控制器之间的通信，该层可以通过软件应用程序接口（Application Program Interface，API）或硬件接口（如 UART、SPI 或 USB）实现。

2）主控

主控中从下至上依次为链路逻辑控制和适配协议层（Logical Link Control Adaptation Protocol，L2CAP）、安全管理层（Security Manager，SM）、属性协议层（Attribute Protocol，ATT）、通用访问协议（Generic Access Profile，GAP）以及通用属性协议（Generic Attribute Profile，GATT）。

链路逻辑控制和适配协议层 L2CAP 为上层提供数据封装服务，允许逻辑上的点对点数据通信。

安全管理层 SM 用来管理 BLE 连接的加密和安全，定义了配对和秘钥分配的方式，并为协议栈的其他层提供了与另一设备安全连接和交换数据的功能。

属性协议层 ATT 协议允许设备向另一个设备公开某些数据或属性 Attribute。在ATT 环境中，公开属性的设备为服务器，查看该属性的设备称为客户端，这与链路层的状态是相互独立的。

通用访问协议 GAP 直接与应用程序或配置文件相连，以处理设备发现和与设备连接相关的服务，对链路层有效数据包进行一些简单的规范和定义。

通用属性协议 GATT 定义了使用 ATT 的服务框架，规定配置文件（Profile）的结构。两个建立连接的设备之间的所有数据通信都是通过 GATT 处理。

5. 通用访问协议（GAP）

BLE 设备可以使用两种机制与外界通信：广播或连接。这些机制受通用访问协议 GAP 准则的约束。GAP 定义了启用 BLE 的设备其自身可用以及两个设备直接相互通信的方法。

1）建立联系（Connecting）

设备可以通过采用 GAP 指定广播者、观察者、从机设备和主机设备加入 BLE 网络。广播者和观察值不用显式连接即可传输数据；从机和主机需要显式连接和握手后，才可以传输数据。

从机设备通过广播告知其他设备自己的存在，以便主机设备建立连接。连接后，从机设备不再向其他主机设备广播数据，仅保持与该主机设备的连接。主机设备通过侦听广播包启动与从设备的连接，一台主机设备可以连接到多台从机设备。当主机设备要连接时，向从机设备发送请求连接数据包，如果从机设备接收来自主机设备的请求，则建立连接。

2）连接后（Connected）

只有主机设备能修改连接参数。但是，从机设备可以要求主机设备更改连接参数，需要从机发送更新参数请求。从机设备或主机设备可以终止连接，设备还可以主动与对等设备断开连接。

6. 通用属性协议（GATT）

GATT 分为两种类型，即客户端（Client）和服务端（Server）。GATT 客户端可以发送请求给 GATT 服务端，客户端可以读（Read）/写（Write）服务端的属性（Attributes），通过属性可以通信数据。GATT 服务端是用来存储属性的，客户端发送请求时，服务端会对请求进行响应。

GAP 和 GATT 模型角色基本彼此独立，从机设备或主机设备都可以充当服务端或客户端，服务端或客户端的选取由数据的流动方式决定。一般而言，提取数据的为服务端，读取数据的为客户端，在实际应用时，一般从机是作为 GATT 的服务端，主机作为 GATT 的客户端。

7. BLE 模块参数

对于 PSoC6 中的 BLE 模块，使用 BLE 通信需要进行一定的参数设置，下面介绍 PSoC Creator 中 BLE 模块的参数，详细设置请参见 7.1 节 BLE 实验。

1）基础参数

BLE 模块的基础参数包括 BLE 协议配置，包括最大 BLE 连接数、GAP 角色（主设备、从设备、广播者、观察者）、CPU 内核使用率、是否开启 HCI（Host Controller Interface）模式以及是否允许 BLE 模块代码共享。

2）GATT、GAP、L2CAP 参数

BLE 的 GATT 参数设置包括对 GATT Profile 中 Service、Characteristic 和 Descriptor 的设置以及 GATT 角色设置。可以对常用的 GATT Profile 进行修改，也可以自行添加。

BLE 的 GAP 参数设置包括 GAP 角色配置和安全配置,选定 GAP 角色后,可以进行广播设置、广播数据包设置、扫描回应数据包设置、扫描参数设置、连接参数设置。

还可以对 L2CAP 进行设置,配置 L2CAP 逻辑通道个数、L2CAP 数据包大小等参数。

3) 其他参数

BLE 支持对链路层进行参数修改,包括最大发送/接收载荷(Payload)大小、白名单大小(White List Size)、链路层是否隐私、解析列表长度等。还可以定义低功率模式和外部功率放大的参数,选择更优时钟源和外部引脚。这些参数在实际应用时一般不会更改。

8. BLE 模块引脚

默认情况下,BLE 模块在 PSoC Creator 中没有显示外部引脚,可以通过修改设置添加引脚。下面列举常用引脚。

1) pa_lna_en

当没有无线电活动时,该引脚的输出信号将前端置于睡眠或待机状态。当 PA(Enable external Power Amplifier)控制或 LNA(Low Noise Amplifier)控制是 ON 时,信号是 ON,即当参数 PA 或 LNA 的 chip enable control 选中时,该端口出现。

2) pa_tx_en

该引脚的输出信号在传输过程中打开,在不传输时关闭。该信号比实际传输开始稍早激活,以留出功率放大器上升所需的时间,该延迟可以在 EXT_PA_LNA_DLY_CNFG 寄存器中设置。当参数 Enable external PA Tx control output 选中时,该端口出现。

3) lna_rx_en

该引脚的输出信号用于在旁路路径和 LNA 路径之间进行选择。该信号在接收时为 ON,在接收端为 OFF 时为 OFF。当参数 Enable external LNA Tx control output 选中时,该端口出现。

3.3 模拟用户模块

3.3.1 运算放大器

1. 运算放大器简介

运算放大器用户模块图如图 3.23 所示,既可以实现对输入信号的放大,也可直接将 Opamp 模块输出与 GPIO 引脚之间连接实现跟随器,如图 3.24 所示。该模块提供两种输出电流 1mA 和 10mA,可以分别驱动内部或外部信号,10mA 可以同时驱动内部和外部信号。用户还可以控制不同的功率级别,从而在功率和带宽之间进行权衡。该模块常用于 SAR ADC 模块输入信号的增益调节,或作为高阻抗缓冲器,也可用于通用信号放大器及有源滤波器。

2. 运算放大器用户模块主要特点

(1) 可配置为跟随器或运算放大器,放大器需外接电阻,内部连接可配置成跟随器;

(2) 支持轨到轨输入;

(3) 1mA 或 10mA 输出电流驱动;

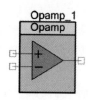

图 3.23　Opamp 用户模块图

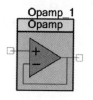

图 3.24　Opamp 模块实现跟随器

（4）多种电源级别；

（5）可工作在深度睡眠模式。

3. 运算放大器输入/输出端口定义

运算放大器有两个输入端和一个输出端,两个输入端分别为正向输入端(同相输入端)和反向输入端(反相输入端)。三个端口的功能和配置如表 3.8 所示。

表 3.8　运算放大器输入/输出端口定义

端　　口	端口类型	描　　述
正向输入端	模拟输入	在 Mode 配置为"Opamp"时,该端口就是标准运放的同相输入端。在 Mode 配置为"Follower"时,该端口就是电压输入端口
反向输入端	模拟输入	在 Mode 配置为"Opamp"时,该端口就是标准运放的反相输入端。在 Mode 配置为"Follower"时,该端口在内部就被连接到输出端,此时该端口是看不见的
输出端	模拟输出	输出可以直接连到芯片管脚或者内部模拟路由结构(Analog Routing Fabric)。驱动力是可选的,10x 或 1x。连接到芯片引脚要求设置为 10x,内部连接可以设置为 10x 或 1x,一般情况下应该设置为 1x

3.3.2　电压比较器

1. 电压比较器用户模块简介

电压比较器用于比较两个模拟输入电压,模块图如图 3.25 所示。参考电压或外部电压可以连接到电压比较器的任一输入端。输入失调在规定的温度和电压范围内小于 1mV。

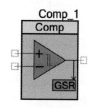

图 3.25　电压比较器
用户模块

该用户模块可以支持 10mV 输入迟滞。输出可以在软件中读取或连接到数字用户模块和外部引脚。

电压比较器适于需要快速响应或软件干预很少的应用,常用于 CapSense、电源或从模拟到数字信号简单转换的应用中。一种常见的配置是创建一个可调比较器,将电压 DAC 的输出连接到电压比较器的负输入端。比较器可以在深度睡眠模式下工作,它的中断可以将 PSoC6 芯片从深度睡眠模式唤醒。有三个速度级别可对处理速度或功耗进行优化。

2. 电压比较器的主要特点

（1）低输入失调；

（2）多个功率/速度级别；

（3）可工作在深度睡眠模式下；

（4）输出可以连接到数字用户模块或外部引脚；

（5）多种中断边沿模式。

3. 电压比较器用户模块输入/输出端口定义

电压比较器用户模块有两个输入端和一个输出端,两个输入端分别为正输入端(同相输入端)和负输入端(反相输入端)。三个端口的功能和配置如表3.9所示。

表 3.9　电压比较器输入/输出端口定义

端　　口	端口类型	描　　述
正输入端	模拟输入	该输入端通常连接被比较的电压,可以连接 GPIO 或者内部信号源
负输入端	模拟输入	该输入端通常连接参考电压,可以连接 GPIO 或者内部信号源
输出端	数字输出	这是一个数字比较输出。当正输入电压比负输入电压大时,输出变高。输出可以被连到其他用户模块的数字输入如中断、定时器等。该数字输出在深度睡眠模式下是有效的,它的值在 Active 模式下被锁存为最后一个值

4. 中断服务程序

PSoC6 的所有比较器都有一个全局中断(Global Interrupt)。因此为了访问比较器的中断,需要在原理图上放置一个全局信号参考(Global Signal Reference,GSR)用户模块,并将它配置为"Combined CTBm Interrupt(CTBmInt)"中断。

3.4　模数混合用户模块

3.4.1　逐次逼近型模数转换器 SAR ADC

1. SAR ADC 简介

SAR(Successive Approximation Register)ADC 用户模块是一个具有 12 位、最大采样速率为 1Msps 的逐次逼近型模数转换器。它包括单端和差分两种输入模式。最多可自动扫描 16 个模拟通道,可根据需要单次或连续地进行模数转换。适用于高采样率连续采样应用和低速率临时触发扫描应用。

PSoC63 的 SAR ADC 主要是由多路复用器(SARMUX)、ADC、定序器控制器(Sequencer Controller,SARSEQ)组成,SARMUX 在 SAR ADC 进行数模转换之前,先将外部引脚信号或内部信号,如内部温度传感器输出信号,选通到 SAR ADC 的内部通道上。而定序控制器控制 SARMUX 和 SAR ADC 对所有启用的通道进行自动扫描,同时还会执行预处理,如对输出数据求平均和累加运算。每个通道的输出结果都进行双缓冲,通过配置可以在一次完整的扫描结束后产生中断信号。

2. SAR ADC 主要特点

（1）最大采样率为 1Msps。

（2）16 个可单独配置的逻辑通道。每个通道具有以下特征:

① 输入来自 8 个专用引脚或内部信号;

② 单端或差分输入模式;

③ 平均和累加运算处理;

④ 双缓冲转换结果。

（3）扫描可以由软件触发，也可以由其他外围设备、外部引脚或 UDB 触发，扫描采用一次性、周期性或连续模式完成。

（4）中断产生：

① SRR ADC 扫描结束；

② 每个通道的饱和检测和超范围检测信号；

③ 扫描结果溢出；

④ 冲突检测信号。

3. SAR ADC 的输入/输出端口定义

SAR ADC 模块图如图 3.26 所示。SAR ADC 包括两种基本的输入方式，单端输入和差分输入，"s/e"表示单端输入，"diff"表示差分输入。

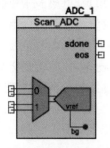

图 3.26　SAR ADC
模块图

下面分别说明不同输入方式下 SAR ADC 用户模块相应的输入、输出端口连接。

1）正输入（＋Input）模拟输入端

正输入端在 SAR ADC 用户模块符号上并没有标出，它始终位于差分输入对的上端，是 SAR ADC 的"正"模拟信号输入端（同相输入端）。无论是差分输入还是单端输入，"正"模拟信号输入端个数与选择的通道个数相同。

2）Vneg 模拟输入端

这是一个常用的负输入参考。仅当一个或多个模拟通道被声明为单端输入且参数 Vneg for S/E 设置为 External 时，此端口才出现。

3）负输入（-Input）模拟输入端

负输入端在 SAR ADC 用户模块符号上也未标出，它始终位于差分输入对的下端，是 SAR ADC 的"负"模拟信号输入端（反相输入端）。它仅适用于已声明为差分输入的通道。在声明为单端通道的所有通道上，ADC 的反相输入连接到 Vneg 信号。"负"模拟信号输入端个数也要与选择的通道个数相同。

4）sdone 数字输出端

该信号在两个 SAR ADC 时钟周期内变为高电平，表明 ADC 已对当前输入通道进行采样。在内部，该信号用于将信号多路复用器推进到下一个通道。

5）eos 数字输出端

eos 在扫描结束输出上升沿表示当前扫描已完成。此时，转换结果寄存器保存了所有启用通道的有效数据。在内部，该输出信号用于提供中断。

3.4.2　数模转换器 DAC

1. DAC 简介

PSoC6 的 DAC 是基于电阻梯形 DAC 的 12 位 DAC。该模块内核与连续时间块 CTB（Continuous Time Block）集成在一起，CTB 通过其中一个运算放大器对 DAC 输出电压进行缓冲。CTB 还提供缓冲输入参考电压和采样/保持功能，在降低功耗的同时保持 DAC 输出。DAC 参考信号可以是 VDDA 或 CTB 运算放大器缓冲后的任意信号，也可以是由 GPIO 引入的外部信号。模块的控制接口提供了 CPU 和 DMA 对 DAC 输出的控制选项。

2. DAC 主要特点

（1）12 位连续时间 DAC(CTDAC)。

（2）可选参考电压：

① 模拟电源电压(VDDA)；

② 缓冲的内部模拟参考电压；

③ 缓冲的外部参考电压。

（3）可选择的输出路径：

① 直接将 DAC 输出连接到芯片引脚或内部用户模块；

② 将缓冲后的 DAC 输出连接到芯片引脚或内部用户模块。

（4）可选择的输入模式：

① 12 位无符号模式；

② 12 位二进制补码模式。

（5）可选的采样和保持电路，可用于低功耗深度睡眠操作。

（6）500ksps 最大可编程更新速率。

（7）DAC 缓冲区为空时，可启动中断和 DMA 触发。

（8）可以在深度睡眠模式下启用。

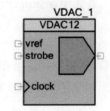

图 3.27 DAC 模块图

3. DAC 的输入/输出端口定义

DAC 的模块图如图 3.27 所示。DAC 有 3 个输入端口和 2 个输出端口，如表 3.10 所示。

表 3.10 DAC 的输入/输出端口定义

端 口	端 口 类 型	描 述
vref	模拟输入端口	当参考电压使用外部信号时，该端口会出现
clock	数字输入端口	该端口用于用户定义的时钟输入，最大时钟频率为 500kHz
strobe	数字输入端口	该端口用于用户定义的选通脉冲输入
trigger	数字输出端口	当 DAC 的值更新完成后会在该端口产生一个触发信号
DAC 输出	模拟输出端口	这是 DAC 的输出端口，该端口总是出现

4. DAC 编码模式与输出电压对应关系

DAC 编码模式与输出电压对应关系如表 3.11 所示。

表 3.11 DAC 编码模式与输出电压对应关系

DAC 编码模式	LSB (Least Significant Bit)	输出电压范围
12 位无符号(12bit unsigned)	Vref/4096	编码 0：$V_{out}=0$ 编码 2048：$V_{out}=0.5 \cdot V_{ref}$ 编码 4095：$V_{out}=V_{ref} \cdot 4095/4096$
12 位二进制补码(12bit two's-complement 有符号)	$V_{ref}/4096$	编码-2048：$V_{out}=0$ 编码 0：$V_{out}=0.5 \cdot V_{ref}$ 编码 2047：$V_{out}=V_{ref} \cdot 4095/4096$

3.4.3 CapSense

1. Capsense 模块简介

CapSense 电容式触摸传感器是一种人机交互设备,它利用人体电容来检测传感器上或传感器附近是否有手指。

PSoC6 实验板上使用的 CapSense 模块支持自电容 CSD(CapSense Sigma Delta)和互电容 CSX(CapSense Crosspoint)触摸感应,使用鲁棒性较好的自电容传感和互电容传感技术,实现较高信噪比的信号采集。该 CapSense 模块具有如下特点:

(1) 对覆盖材料和材料厚度进行了选择,以实现更优性能;

(2) 支持 SmartSense 调优方法,根据用户指定的手指电容自动设置感知参数,并对系统和环境的变化进行补偿;

(3) 支持高距离感应,同时具有液体耐受性,允许在表面有液体情况下进行使用;

(4) 使用伪随机序列时钟源,以降低电磁干扰;

(5) CapSense 模块中的 ADC 可以被重新配置,且支持从 GPIO 引脚 1 上进行 ADC 输入。

2. Capsense 基本技术

如图 3.28 所示,典型的 CapSense 传感器由蚀刻在 PCB 表面上的适当形状和尺寸的铜焊盘组成,并在 CapSense 表面加上非导电覆盖层作为按钮的触摸表面。

图 3.28　电容式触摸感应器

通过 PCB 走线将传感器焊盘连接到 PSoC6 的 GPIO,且该组 GPIO 配置为 CapSense 引脚。如图 3.29 所示,每个电极的自电容为 C_{SX},电极之间的互电容为 C_{MX}。PSoC6 内部的 CapSense 电路将这些电容值转换为等效的数字计数,以检测是否被触摸。

CapSense 还需要使用的外部电容器 C_{MOD} 实现自电容感应,以及外部电容器 C_{INTA} 和 C_{INTB} 实现互电容感应。这些外部电容器连接在专用 GPIO 引脚与地线之间。如果需要对液体较好耐受或允许较远距离感应,可能需要额外的 C_{TANK} 电容器。

没有触摸时传感器的电容称为寄生电容,用 C_P 表示,寄生电容由传感器(包括传感器焊盘、走线和过孔)与系统中的其他导体(例如,接地层、走线和产品机箱或外壳中的任何金属)之间的电场产生。PSoC6 的 GPIO 和内部电容也会产生寄生电容,但与传感器引起的寄生电容相比,该寄生电容可以忽略不计。

1) 自电容

如图 3.30 所示,传感器焊盘周围有一个接地口(Ground Hatch),将其与其他传感器和走线隔离。当手指放在覆盖层上时,由于人体的导电特性和人体较大的质量,会形成一个与传感器垫(sensor pad)平行的接地导电平面,进而在传感器垫和手指之间形成了一个平行板电容器,电容 C_F 计算公式如式 3.2 所示。

$$C_F = \frac{\varepsilon_0 \varepsilon_r A}{d}$$

(3.2)

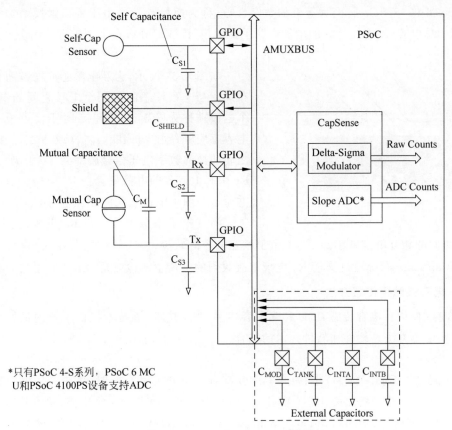

图 3.29 PSoC 与 CapSense 结构

*只有PSoC 4-S系列，PSoC 6 MC U和PSoC 4100PS设备支持ADC

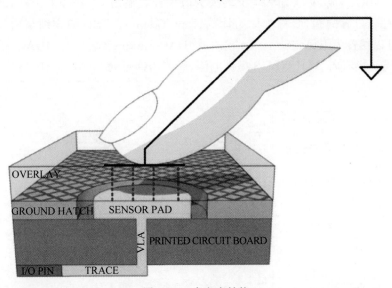

图 3.30 自电容结构

其中，ε_0 为自由空间介电常数；ε_r 为覆盖层的相对介电常数；A 为手指和传感器垫的重叠面积；d 为覆盖层的厚度。C_F 也被称为手指电容。由于寄生电容 C_P 和手指电容 C_F 是平行的，则当手指在传感器上时，传感器的总电容 C_S 为 C_P 和 C_F 之和。

PSoC6 将电容 C_S 转换为等效的数字计数，称为原始计数。由于手指触摸增加了传感器引脚的总电容，故原始计数的增加表明手指触摸，计数部分将在下面进行详细讲解。

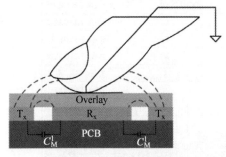

图 3.31 互电容结构

2）互电容

如图 3.31 所示，为互电容感应的按钮传感器布局。互电容传感测量两个电极之间的电容，两个电极被称为发射（T_x）和接收（R_x）电极。在互电容感应系统中，将在 V_{DDIO}（或 V_{DDD}）和 GND 之间切换的数字电压信号施加到 T_x 引脚，并测量 R_x 引脚上接收的电荷量。在 R_x 电极上接收到的电荷量与两个电极之间的相互电容 C_M 成正比。

当一根手指放在 T_x 和 R_x 电极之间时，T_x 与 R_x 之间的相互电容减小到 C_M^1。由于相互电容的减少，接收到的电荷在 R_x 电极上也减少了。CapSense 系统通过测量 R_x 电极上接收到的电荷量来检测是否有手指触碰。

3. 电容式触摸传感方法

PSoC6 使用自电容传感 CSD 和互电容传感 CSX 技术，该技术提供了业内最好的信噪比。这些传感方法是硬件和软件技术的结合。

1）CSD

如图 3.32 所示，在 CSD 中，每个 GPIO 都有一个开关电容电路，将传感器电容转换成等效电流。然后模拟多路复用器（Analog Multiplexer）选择其中一个电流，并将其输入到电流-数模转换器（Current Digital to Analog Converter，IDAC）。该电流-数模转换器由一个 Sigma-Delta ADC 组成，它将输入电流转换为数字计数输出。Sigma-Delta ADC 的数字计数输出是传感器电容的指标，称为原始计数（Raw Count）。CSD 的详细结构如图 3.33 所示，该模块可以配置为 IDAC Sourcing 模式或 IDAC Sinking 模式。在 IDAC Sourcing 模式下，电流-数模转换器向 AMUXBUS 提供电流，而 GPIO 单元从 AMUXBUS 吸收电流。在

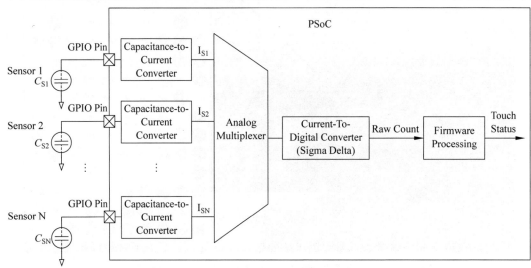

图 3.32 简化的 CSD 自电容结构

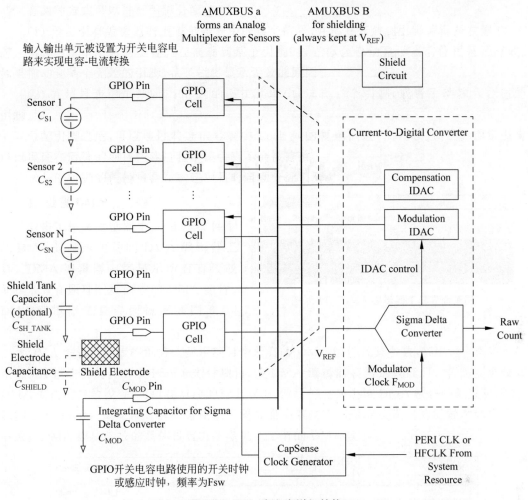

图 3.33　CSD 自电容详细结构

IDAC 灌电流模式下，电流-数模转换器从 AMUXBUS 灌电流，而 GPIO 单元向 AMUXBUS 灌电流。

IDAC 的原始计数 Raw Count 与电极之间的自电容成比例，可以表示为 Raw Count＝ $G_C C_S$，G_C 是 CSD 的电容对数字转换的增益，C_S 是电极间自电容。

如图 3.34 所示，该图为原始计数随时间的变化。当手指接触或者靠近传感器时，C_S 从 C_P 增加到 $(C_P＋C_F)$，原始计数增加。通过将原始计数的变化与预先设定的阈值进行比较，判断传感器是否处于活动状态，即手指是否接触或者靠近。

2）CSX

如图 3.35 所示，在 CSX 中，T_x 引脚上的电压将电荷耦合到 R_x 引脚，即对 R_x 引脚进行充电。该电荷与 T_x 和 R_x 电极之间的互电容成比例。T_x 电极由数字波形（T_x 时钟）激发，该波形在 V_{DDIO}（或 V_{DDD}）和接地之间切换。R_x 电极静态连接到模拟多路复用器，模拟多路复用器选择一个 R_x 通道，并将其输入到电流数字转换器。电流数字转换器的输出计数称为 $Rawcount_{Counter}$，与 R_x 和 T_x 电极之间的相互电容成正比，可以表示为 $Rawcount_{Counter}＝$ $G_{CM} C_M$，G_{CM} 是互容法的电容对数字转换的增益，C_M 是电极间互电容。

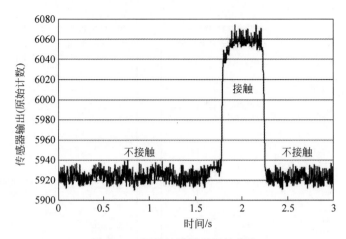

图 3.34　原始计数随时间的变化

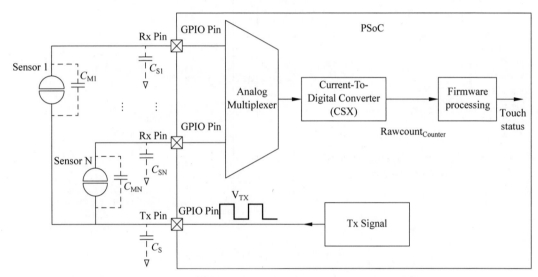

图 3.35　CSX 互电容结构

当手指接触传感器时，C_M 从 C_M 减小到 C_M^1，因此计数器输出值将减小。为了将原始计数标准化，使得当 C_M 减小时原始计数变高，从而使得 CSD 和 CSX 两种方法均保持相同的原始计数表示，即有触摸时原始计数高，无触摸时原始计数低，继而通过将原始计数的变化与预定阈值进行比较，判断传感器是否处于活动状态，即手指是否接触。

根据式（3.3）和式（3.4）对原始计数进行标准化，其中 F_{Mod} 为调制器的时钟频率，N_{Sub} 为子转化次数，F_{TX} 为 T_x 时钟频率。

$$\mathrm{Rawcount}_{Component} = \mathrm{MaxCount} - \mathrm{Rawcount}_{Counter} \tag{3.3}$$

$$\mathrm{MaxCount} = \frac{F_{Mod} N_{Sub}}{F_{TX}} \tag{3.4}$$

4. CapSense 模块参数

下面介绍 PSoC Creator 中 CapSense 模块的参数。

1）基础参数

CapSense 模块的基础参数包括传感器部件类型（按钮或者滑条）、部件名称、该部件传感器模式（CSD 或 CSX）和设计所需的若干部件传感元素（按钮或者滑条个数）。在 CSD 模式下，可以启用 SmartSense 进行参数自动计算。

2）高级参数

可以配置大规模手动调优所需的参数，多为高级参数，包括：

（1）CapSense 模块中所有小部件（按钮或者滑条）的通用参数；

（2）所有 CSD 部件的通用参数；

（3）所有 CSX 窗口小部件的通用参数；

（4）每个部件和感知元素的具体参数；

（5）扫描顺序。

需要说明的是，在 SmartSense 的"自动调优"中，大多数高级参数都是由算法自动调优的，用户不需要通过"手动调优"来设置这些参数的值。因此，高级参数设置一般在手动调优时使用。

3）其他参数

对于有些支持手势识别的实验板，需要勾选 Enable gestures，启动收拾参数配置。还可以修改 ADC 相关的参数，例如，ADC 输入通道数（通道数为 0 即为禁用）、ADC 分辨率等。

5. CapSense 模块引脚

PSoC6 实验板中，CapSense 引脚具有固定的对应端口，具体设置可以参考 7.1 节中 CapSense 实验部分。默认情况下，CapSense 模块在 PSoC Creator 中没有显示外部引脚，但在引脚匹配选项中需要进行设置。以下列举常用引脚。

1）C_{mod}

该引脚连接外部调制器电容器，只有在使用 CSD 传感时才需要设置。

2）$C_{\mathrm{int}}\mathrm{A}$ 和 $C_{\mathrm{int}}\mathrm{B}$

该引脚连接集成电容器，只有使用 CSX 传感时才需要。

3）Sns

该引脚连接 CSD 部件的传感器。传感器的数量取决于用户选择的 CSD 小部件数量。

4）$\mathrm{T_x}$

该引脚输出到 CSX 组件的发射器电极。传感器的数量取决于用户选择的 CSX 小部件数量。

5）$\mathrm{R_x}$

该引脚连接 CSX 小部件的接收器电极。传感器的数量取决于用户选择的 CSX 小部件数量。

3.5　其他用户模块

3.5.1　DMA

1. DMA 简介

DMA 是在不依赖于 CPU 的情况下，在存储器、外设和寄存器之间进行数据传输。

DMA 模块图如图 3.36 所示。每一次数据传输，DMA 都是通过外部触发信号启动，每次 DMA 传输都可以由硬件信号触发，或由软件寄存器写入触发，或这两种触发方式都采用。

图 3.36　DMA 模块

DMA 可以完成多个独立的数据传输，所有数据传输均由通道（Channel）管理。通道各自具有优先级，根据它们各自的优先级进行仲裁。数据传输细节由描述符（Descriptor）来指定。

DMA 一个常见的使用是将数据从内存传输到外设，如 UART。DMA 可以由 UART FIFO not full 信号触发，将数据装入 UART 中，直到 FIFO 装满为止。DMA 还可从 UART 中取出数据再将其放入内存中。例如，DMA 可以由 FIFO not empty 信号触发，只要 FIFO 不为空，DMA 就会一直传输数据。DMA 另一个常见的使用是将 ADC 的数据传输到内存。ADC 的转换结束信号会触发 DMA 将 ADC 结果传输到内存。DMA 还可将内存块从一个内存位置移动到另一个内存位置（RAM 到 RAM，FLASH 到 RAM），但 DMA 不能写入 FLASH。

2. DMA 主要特点

（1）PSoC63 最多支持两个 DMA 硬件模块。

（2）每个 DMA 模块最多支持 16 个通道。

（3）每个通道有 4 个优先级。

（4）支持 8 位、16 位和 32 位数据宽度。

（5）源地址和目标地址可配置。

（6）可配置的传输模式包括：单次传输、一维数据传输（使用 X 循环）和二维数据传输（同时使用 X 和 Y 循环）。

（7）可配置的输入触发操作包括：

① 每次触发传输单个数据元素；

② 每次触发传输一位数组数据；

③ 每次触发传输整个描述符；

④ 每次触发传输整个描述符链；

（8）可配置的输出触发。

（9）可配置的中断生成。

3. 名词术语定义

（1）DMA 控制器（DMA Controller）：PSoC6 中的硬件模块。

（2）DMA 通道：DMA 模块的独立单个通道。DMA 控制器支持由一个通道管理多个独立数据传输。每个通道通过 DMA 控制器外部的触发多路复用器连接到特定的系统触发器上。通道具有介于 0～3 的优先级，0 为最高优先级，3 为最低优先级。

（3）描述符（Descriptor）：描述符用于为 DMA 通道设置传输参数，配置通道中源和目标设备之间的数据传输。每个 DMA 通道都与一个描述符相关。多个描述符可以链接在一起使用。描述符指定的传输参数包括：

① 源地址和目标地址位置以及传输数据的大小；

② 通道动作，例如，生成输出触发和中断；

③ 数据传输类型，可以是单个、一维数据或二维数据。

4. DMA 输入/输出端口定义

DMA 有 1 个数字输入端口和 2 个数字输出端口,如表 3.12 所示。

表 3.12　DMA 输入/输出端口定义

端　口　名	I/O 类型	描　　述
tr_in*	数字输入	为 DMA 用户模块的触发输入信号。 仅当"Trigger input"设置为 True 时可见
tr_out*	数字输出	为 DMA 用户模块的触发输出信号。 仅当"Trigger output"设置为 True 时可见
interrupt	数字输出	用来连接中断用户模块

3.5.2　SysInt

1. SysInt 简介

SysInt(System Interrupt)用户模块提供了一个将硬件信号连接到 CPU 中断请求线上的接口。PSoC6 系列支持 Cortex-M4 和 Cortex-M0＋核的中断和 CPU 异常。任何停止指令正常执行的情况都会被 CPU 视为异常(Exception)。因此,中断请求也被视为异常。中断是指由 CPU 的外设(如定时器、串行通信模块和端口引脚信号)产生的事件;异常是指由 CPU 产生的事件,例如内存访问错误和内部系统定时器事件。中断和异常都会使 CPU 停止当前程序流程的执行,而去执行异常处理程序或中断服务程序(Interrupt Service Routines,ISR)。Cortex-M4 和 Cortex-M0＋核都为中断处理程序和异常处理程序提供了各自的统一的异常向量表。异常向量表存储了 Cortex-M4 和 Cortex-M0＋核中所有异常处理程序或中断服务程序的入口地址,每个异常事件都有一个唯一的异常编号,CPU 使用该编号找到相应的程序地址,进而执行相应的异常处理程序或中断服务程序。

PSoC6 有 147 个各种外设生成的系统中断,例如,TCPWM、串行通信模块、CSD 模块、看门狗、ADC 等。产生的中断通常是不同外设状态的逻辑"或"。

2. SysInt 输入端口

SysInt 模块图如图 3.37 所示,只有一个输入端口,该端口为中断输入端口,在使用 SysInt 模块时,将产生中断的信号连接到该输入端。当该输入端信号值变为高电平时,中断被触发。中断信号可以是脉冲触发,也可以是电平触发。对于电平类型的中断,只要触发信号保持逻辑高电平,中断就会持续触发。

SysInt_1

图 3.37　SysInt 模块

3. 中断处理流程

CPU 响应中断触发信号的过程即中断处理流程如下:

(1)假设所有中断信号最初都是低电平(空闲或非活动状态)并且处理器正在执行主程序。当中断被启用等待 CPU 服务,即处于挂起状态时,嵌套矢量中断控制器(Nested Vectored Interrupt Controller,NVIC)会保存任何信号的上升沿。PSoC6 的中断信号都是由各个内核的 NVIC 来处理,NVIC 负责启用/禁用中断请求(Interrupt Request,IRQ)、优先级解析以及与 CPU 内核的通信。

(2)当 CPU 检测到来自 NVIC 的中断请求信号时,会将 CPU 寄存器中的内容压入堆栈保存当前内容。

（3）CPU 从 NVIC 接收触发中断的异常编号。所有中断都有唯一的异常编号，CPU 使用这个异常编号从向量表中获取特定的异常处理程序地址。

（4）CPU 跳转到这个地址并执行后面的异常处理程序。

（5）异常处理程序完成后，CPU 寄存器使用堆栈弹出操作恢复到原来的状态，并恢复主程序的执行。

4. 中断优先级

当有多个异常需要 CPU 处理时，则需要对异常优先级进行仲裁。复位 Reset、不可屏蔽的中断（Non Maskable Interrupt，NMI）和硬件错误（Hard Fault）异常具有固定的优先级，其他所有异常都可以分配一个可配置的优先级。较低的优先级数字代表较高的优先级。对于 Cortex-M0＋，可配置 0～3 优先级，对于 Cortex-M4 可配置 0～7 优先级。

Cortex-M0＋和 Cortex-M4 都支持嵌套异常，即更高优先级的异常可以阻塞（中断）当前的异常处理程序。如果输入的异常优先级等于或低于当前的异常，则不会发生这种抢占。CPU 在处理较高优先级的异常后恢复执行较低优先级的异常处理程序。PSoC6 中的 CM0＋核最多允许 4 个异常嵌套，而 CM4 核则最多允许 8 个异常嵌套。当 CPU 收到两个或多个相同优先级的异常请求时，最低异常编号的请求首先被处理。

5. 启动和禁用中断

CM0＋和 CM4 内核的 NVIC 都提供寄存器来单独启用和禁用软件中断。如果未启用中断，NVIC 将不会处理该中断的请求。中断设置启用寄存器（Set-Enable Register）（CM0P_SCS_ISER 和 CM4_SCS_ISER）和中断清除启用寄存器（Interrupt Clear-Enable Register）（CM0P_SCS_ICER 和 CM4_SCS_ICER）分别用于启用和禁用中断。

习题

3.1 PSoC6 常用的通信用户模块有哪些？它们有何区别？

3.2 什么是 DMA？有何特点？

3.3 PSoC6 的中断和异常有何区别？

3.4 请说明 PSoC6 的 CPU 中断处理流程。

第二部分

PSoC6开发环境

本部分介绍 PSoC6 软硬件开发环境、应用程序设计、开发软件 PSoC Creator 等。

## 第4章

PSoC6开发系统概述

本章简介 PSoC6 的集成开发环境 PSoC Creator,以及相应的开发套件。

4.1　集成开发环境 PSoC Creator

PSoC Creator 是一种功能全面的基于图形用户接口的设计工具套件,可采用 C 语言编程,最新版本为 4.4。具有如下特点:

（1）采用模块化设计思想,提供丰富的模拟和数字用户模块,如运放、比较器、CapSense、ADC、DAC、定时器、计数器、PWM、SPI、UART 和 BLE 等。设计时选择用户模块后,放置到设计界面中,进行配置和连线后,即可完成系统设计。

（2）提供各用户模块的详细手册(Datasheet),包括用户模块的功能、性能、编程参考等,可快速了解用户模块。

（3）提供很多用户模块的代码示例(Code Example),用户可以参考示例或者直接利用示例建立自己的新项目。

（4）可采用 C 语言编程。

（5）提供基于 C 语言的外设驱动程序库(Peripheral Driver Library,PDL),用户只需调用各用户模块相应的 PDL 函数即可完成对用户模块的编程。

（6）提供在线源代码调试功能,用户可利用单步进、事件触发器和多断点对设计进行调试。

PSoC Creator 的详细应用参见第 6 章和第 7 章。

4.2　PSoC6 实验套件

4.2.1　PSoC6 实验套件简介

PSoC6 实验套件有多种型号,本书介绍和使用的型号为 CY8CKIT-062-BLE,如图 4.1 所示,包括:

（1）PSoC6 BLE(低功耗蓝牙)Pioneer 实验板(以下简称 PSoC6 实验板);

图 4.1　CY8CKIT-062-BLE 实验套件

（2）CY8CKIT-028-EPD E-INK 墨水显示屏；

（3）CY5677 CySmart BLE 4.2 USB 加密狗；

（4）USB Type-A 转 Type-C 线缆；

（5）两根接近传感器线缆（每根 5 英寸长）；

（6）4 根跳线（每根 4 英寸长）；

（7）快速入门指南。

4.2.2　PSoC6 实验板简介

1. PSoC6 实验板部件

PSoC6 实验板正面如图 4.2 所示，数字标注的各部分描述如表 4.1 所示，详细描述和使用方法请阅读参考文献[7]。

实验板采用的 PSoC6 芯片型号为 CY8C6347BZI-BLD53，其特点和资源请参见 2.4 节和 2.5 节。

PSoC6 实验板特点如下：

（1）配备低功耗蓝牙 BLE 连接功能。

（2）CapSense 触摸感应滑条（SLIDER，5 个元件），两个按钮（BTN0，BTN1），所有这些按钮都具有自电容（CSD）和互电容（CSX）操作，以及 CSD 接近传感器。

（3）512Mbit 外部 Quad-SPI 接口 NOR 闪存，为数据和代码提供快速、可扩展的存储器。

（4）KitProg2 板载编程器/调试器，具有大容量存储编程，USB 转 UART/I^{2}C/SPI 桥接功能以及定制应用支持。

（5）一个彩色 RGB LED（LED5），两个用户 LED（LED8，LED9），一个用于 PSoC6 芯片的复位按钮（SW1）和一个用户按钮（SW2）。用于 KitProg2 的两个按钮（编程模式选择按钮 SW3，应用选择按钮 SW4）和三个状态指示 LED（LED1，LED2，LED3）。

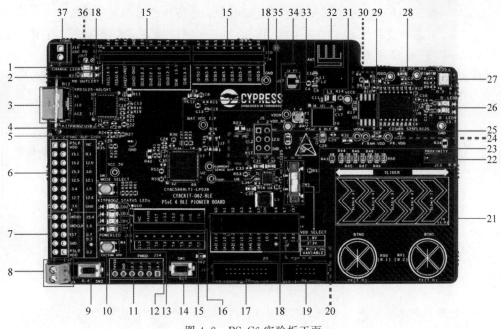

图 4.2　PSoC6 实验板正面

表 4.1　PSoC6 实验板各部分内容

序号	名称（板上符号）	序号	名称（板上符号）
1	电池充电指示灯（LED6）	21	CapSense 滑条（SLIDER,5 个）和按钮（BTN0, BTN1）
2	USB PD 输出电压可用性指示灯（LED7）		
3	KitProg2 USB 连接器（J10）	22	CapSense 接近感应接头（PROXIMITY,J13）
4	USB Type-C 端口控制器（U3）	23	VDD 选择开关（SW5）
5	KitProg2 编程模式选择按钮（SW3）	24	电源监控跳线（J8）（在实验板背面）
6	KitProg2 I/O 接头（J6）	25	ArduinoTM Uno R3 兼容 ICSP 接口（J5）
7	KitProg2 编程/自定义应用接头（J7）	26	用户 LEDs（LED8,LED9）
8	外部电源接头（J9）	27	RGB LED（LED5）
9	用户按钮（SW2）	28	512Mbit 串行 NOR 闪存存储（S25FL512S, U4）
10	KitProg2 应用选择按钮（SW4）		
11	与 Digilent Pmo 兼容的 I/O 接口（J14）	29	串行 Ferroelectric RAM（U5）
12	电源指示 LED（LED4）	30	Vbackup（备份）和 PMIC（Power Management IC,电源管理芯片）控制选择开关（SW7）
13	KitProg2 状态 LEDs（LED1,LED2,LED3）		
14	PSoC6 芯片的复位按钮（SW1）	31	PSoC6 BLE 芯片（CY8C6347BZI-BLD53,U1）
15	I/O 接头（J18,J19,J20）	32	BLE 蓝牙天线
16	ArduinoTM Uno R3 兼容电源接口（J1）	33	外部天线 U.FL 连接器（J17）
17	调试与跟踪接头（J12）	34	主电源芯片（MB39C022G,U6）
18	ArduinoTM Uno R3 兼容 I/O 接口（J2,J3,J4）	35	KitProg2 编程器和调试器（CY8C5868LTI-LP039,U2）
19	编程和调试接口（J11）		
20	KitProg2 编程目标选择开关（SW6）（在实验板背面）	36	电池连接器（J15）（在实验板背面）
		37	USB 充电输出电压（9V/12V）连接口（J16）

（6）与 Arduino Uno 3.3V 开发板和 Digilent Pmod 模块兼容的扩展接头。

（7）PSoC6 芯片支持 1.8～3.3V 的应用，330mF 超级电容为芯片唤醒提供备用电源。

（8）USB Type-C 锂离子充电电池。

使用 PSoC6 实验板时需要设置三个开关的位置，它们是 SW5、SW6、SW7，分别控制选择供电电源、KitProg2 的编程目标、备份和 PMIC 电源控制，具体描述如表 4.2 所示。

表 4.2　电源选择开关

开关（图 4.2 中的数字序号及功能）	实验板上的位置	用　　途	默认位置
SW5（23 VDD 选择开关）	正面	选择 PSoC6 芯片的 VDD 电源：1.8V、3.3V、1.8～3.3V，由 KitProg2 控制	3.3V
SW6（20 KitProg2 编程目标选择开关）	背面	开关拨到 PSoC 6 MCU 位置时，KitProg2 可以对板载 PSoC 6 芯片进行编程；开关拨到外部设备位置时，KitProg2 可以对连接到 J11 的任何 PSoC 4/5/6 器件进行编程	PSoC6 芯片
SW7（30 备份和 PMIC 控制选择开关）	背面	选择 VDDD 或者超级电容作为 PSoC 6 芯片的备份电源。当选择 VDDD 时，可通过 KitProg2 打开/关闭电源。选择超级电容时，PSoC 6 芯片可以打开/关闭电源	VDDD/KitProg2

2. PSoC6 实验板接口

PSoC6 实验板正面接口如图 4.3 所示，背面还有一部分接口如图 4.4 左下角所示。实验常用的接口详细描述在表 4.3 中。需要说明的是，RGB LED 内部是由红、绿、蓝三个 LED 组成的，其颜色取决于三个 LED 的亮度。

表 4.3　PSoC6 实验板实验常用接口

PSoC6 引脚	功能描述	PSoC6 引脚	功能描述
P0_3	RGB LED 红色控制（LED5）	P8_3	CapSense 滑条 0
P0_4	睡眠唤醒	P8_4	CapSense 滑条 1
P1_0	CapSense Tx	P8_5	CapSense 滑条 2
P1_1	RGB LED 绿色控制（LED5）	P8_6	CapSense 滑条 3
P1_5	橙色用户 LED（LED8）	P8_7	CapSense 滑条 4
P5_0	UART 通信接口 rx	P9_6	DAC 的模拟输出引脚
P5_1	UART 通信接口 tx	P11_1	RGB LED 蓝色控制（LED5）
P6_0	I^2C 通信接口 SCL	P12_0	SPI 通信接口 MOSI
P6_1	I^2C 通信接口 SDA	P12_1	SPI 通信接口 MISO
P8_0	Proximity，CapSense 接近感应	P12_2	SPI 通信接口 SCLK
P8_1	CapSense 按钮 0（BTN0）	P12_4	SPI 通信接口 SSEL
P8_2	CapSense 按钮 1（BTN1）	P13.7	红色用户 LED（LED9）

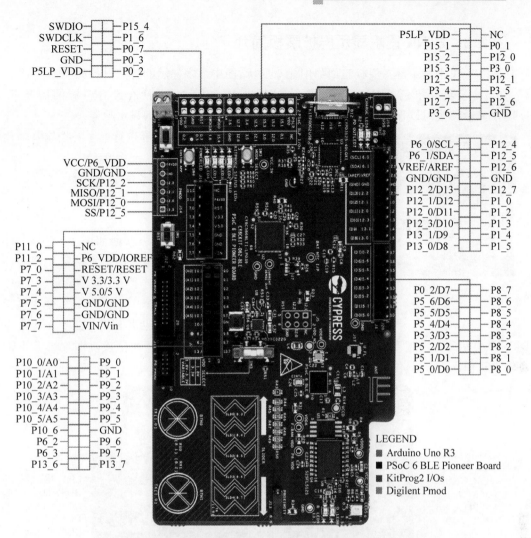

图 4.3 PSoC6 实验板正面接口

图 4.4 PSoC6 实验板背面 UART 和 SPI 引脚接口

4.2.3　E-INK 墨水显示屏扩展板简介

E-INK 墨水显示屏扩展板正面如图 4.5 所示，图中数字标示的特点设备如下：

（1）2.7 英寸单色 E-INK 显示屏，分辨率为 264×176。即使在没有电源的情况下，E-INK 显示器也可以保留其内容，从而提供超低功耗"始终开启"的显示功能。

图 4.5　E-INK 墨水显示屏扩展板正面

（2）热敏电阻，可对显示屏进行温度补偿以及通用温度测量。

（3）3 轴加速和 3 轴陀螺仪运动传感器。

（4）用于语音输入的 PDM(Pulse-Density Modulated) 数字麦克风。

E-INK 墨水显示屏扩展板背面如图 4.6 所示，图中标注了一些接口。下面主要介绍与本书第 7 章实验相关的接口，这些接口用于连接 PSoC6 实验板与 E-INK 墨水显示屏控制芯片，位于图 4.6 右侧，主要包括复位 EDP_RST、忙 BUSY、启动 EPN_EN、静电放电 DISCH、显示边界清晰度控制 BORDER、IO 启用 IO_EN 以及 SPI 通信接口即片选 SSEL、主输出从输入 MOSI、主输入从输出 MISO、时钟 SCLK。

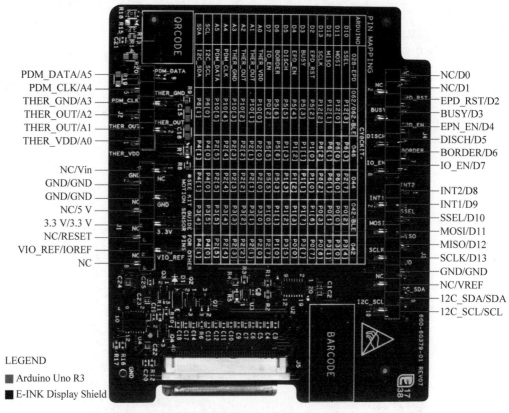

图 4.6　E-INK 墨水显示屏扩展板背面

习题

4.1　PSoC Creator 有何特点？

4.2　PSoC6 实验板有何特点？

第5章

PSoC6应用程序设计

本章简介 PSoC6 的应用程序设计相关部分,包括 C 语言基础、外围设备驱动程序库 (Peripheral Driver Library,PDL)和嵌入式实时操作系统 FreeRTOS。PSoC6 的应用程序 通常采用 C 语言编写,并调用 PDL 提供的相关函数来实现不同的应用,还可以调用 FreeRTOS 来实现任务调度。

5.1 C 语言基础

5.1.1 数据类型

PSoC Creator 的 C 语言编译器支持表 5.1 所述的标准数据类型,其中所有的整型数据 类型都分为有符号和无符号两种形式。

表 5.1 C 语言编译器支持的数据类型

数据类型	所占的字节数	描 述	范 围
char	1	单字符定义	无符号:0～255 有符号:−128～127
int	4	整型数定义	无符号:0～4 294 967 295 有符号:−2 147 483 648～2 147 483 647
short	2	2 字节短整型数据定义	无符号:0～65 535 有符号:−32 768～32 767
long	4	4 字节长整型数据定义	无符号:0～4 294 967 295 有符号:−2 147 483 648～2 147 483 647
long long	8	8 字节长整型数据定义	无符号:0～1 844 674 4073 709 551 615 有符号:−9 223 372 036 854 775 808～ 9 223 372 036 854 775 807
float	4	单精度浮点数	−3.4e+38～3.40e+38
double	8	双精度浮点数	−1.7e+308～1.7e+308
enum	与编译器有关,且根据取值范围为 1 字节、2 字节、4 字节或 8 字节大小	用来定义整数别名的列表	−9 223 372 036 854 775 808～ 1 844 674 4073 709 551 615

5.1.2　操作符

PSoC Creator 支持 C 语言的常用操作符,请参阅 C 语言的有关书籍。

5.1.3　表达式

PSoC Creator 支持所有 C 语言的标准表达式。C 语言标准表达式的详细应用请参阅关于 C 语言的书籍。

5.1.4　语句

语句是构成程序的基本成分。一条语句是一条完整的计算机指令。语句用结束处的一个分号标识。语句有简单语句和复合语句两类。

简单语句主要有:

(1) 声明语句: int a;

(2) 赋值语句: a＝12;

(3) 函数调用语句: printf("%d\n",a);

(4) 结构化语句: while(a＜20) a＝a＋2;

(5) 空语句。

PSoC Creator C 语言编译器支持下列标准语句(包括一些复合结构的语句):

(1) if else: 如果"if"后的判断表达式为真,则执行"if"后面的代码块;否则执行"else"之后的代码块。

(2) switch: 将一个单变量的值与几个常量的值进行比较,如果单变量的值与某一个常量的值匹配,则程序的跳转到该常量后的代码块中执行。

(3) while: 循环执行"while"后的代码块,直到"while"后的表达式值为假。

(4) do...while: 和 while 语句相似,区别在于对表达式值的真假的判断是在代码块执行完以后。

(5) for: 执行一个指定次数的循环。

(6) goto: 将程序的执行顺序跳转到指定的标签处。

(7) continue: 在循环中忽略本次循环中该关键字之后语句,直接进行下一次代码块的执行。

(8) break: 中止当前 switch 结构或者循环结构。

(9) return: 中止当前函数的调用并返回一个值。

(10) struct: 用于结构体的声明和定义。

(11) typedef: 声明一种数据类型。

如果想更详细地了解语句,请参阅关于 C 语言的书籍。

5.1.5　指针

指针是一种变量,它的值是指向其他数据的地址值,因此指针的数值就是它所指向的地址。指针可以指向任何数据类型的地址,例如,int、float、char 等。未知类型的指针类型用"void"来声明,并且能够自由转换为其他指针类型。PSoC Creator C 语言支持函数指针。

对于 PSoC6 系列 32 位的微处理器而言，指针占据 4 字节的存储空间。

5.1.6　处理指令

PSoC Creator C 语言编译器支持表 5.2 所示的预处理指令和 Pragma 指令。

表 5.2　C 语言预处理指示标志

预处理指示	描　　述
♯ define	定义一个常量或者宏
♯ else	如果 ♯ if、♯ ifdef 或者 ♯ ifndef 执行失败，则执行
♯ endif	表示结束 ♯ if、♯ ifdef 或者 ♯ ifndef
♯ if（包含或者不包含代码）	如果后面表达式的值为真，则执行
♯ ifdef（包含或者不包含代码）	如果已经定义了某个常量，则执行
♯ ifndef（包含或者不包含代码）	如果某个常量未被定义，则执行
♯ include	包含一个头文件，如果用头文件<>标示，则说明头文件位于 PSoC Designer 系统文件夹中。如果用""标示，则说明位于工程文件夹中
♯ line	定义下一行源程序的号码
♯ undef	去除一个预处理常量

Pragma 指令可以用于定义寄存器等。

5.2　外设驱动程序库 PDL

PDL 是一个完整的软件开发工具包，它位于 PSoC6 的硬件设备和应用程序之间，给应用程序提供特定设备所必需的文件，以及更高级别的中间件和嵌入式实时操作系统（Real Time Operating System，RTOS）。最新版本 PDLv3.1 的结构如图 5.1 所示，底层是面向硬件设备的头文件、启动代码和设备配置等，上面则是面向用户应用程序的板级支持和配置、设备驱动以及中间件和 RTOS。PDLv3.1 简化了 PSoC6 的软件开发，使用户无须理解硬件设备寄存器的应用即可编写设备控制软件。

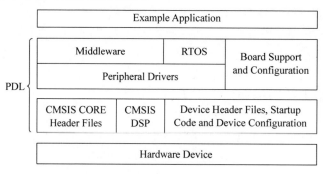

图 5.1　PDLv3.1 的结构

PDL 集成的中间件包括 BLE 库（Bluetooth Low Energy Library）、USB 库（USBFS Device Library）等，集成的嵌入式实时操作系统为 FreeRTOS。

PDL 的设计既全面又灵活，可以用于处理 PSoC6 的任何设备。在大多数情况下，双核

PSoC6 的任一个核的应用程序都可以使用 PDL。

PDL 支持的中间件和外设分别如表 5.3 和表 5.4 所示。

表 5.3　PDL 支持的中间件

中 间 件 库	路　　径	描　　述
Bluetooth Low Energy Library	middleware\ble	蓝牙核心规范（Bluetooth Core Specification）v5.0 兼容协议栈
Emulated EEPROM Library	middlware\em_eeprom	在闪存中创建一个模拟 EEPROM，具有损耗均衡和恢复损坏数据的能力
Segger emWin Library	middleware\emWin	用于嵌入式设备的 GUI 库
USBFS Device Library	middleware\usb_dev	符合全速 USB 2.0 设备框架
FreeRTOS	rtos	一种用于微控制器的小型操作系统
Secure Image	security	在用户闪存和 RAM 中构建安全系统的参考设计
Device Firmware Update	dfu	用于更新固件映像的低级软件开发工具包 SDK（Software Development Kit）
Retarget I/O	utilities\retarget_io	将标准 C 运行库的 I/O 函数重定向为用户定义的目标

表 5.4　PDL 支持的外设

外　　设	描　　述	应用程序接口功能
BLE ECO	BLE ECO Clock Block	管理高精度 BLE 时钟
CRYPTO	Cryptographic Accelerator	对用户指定的数据执行加密操作，PDL 提供公共头文件和二进制库
CTB	Continuous Time Block	配置和管理模拟连续时间块
CTDAC	Continuous Time Digital-to-Analog Converter	配置和管理 12 位连续时间数模转换器
DMA	Direct Memory Access	执行直接内存传输
EFUSE	Electronic Fuses	阅读客户可访问的电子保险丝
FLASH	Flash Memory	管理闪存操作
GPIO	General Purpose I/O Ports	配置和访问设备输入/输出引脚
I2S	Inter-IC Sound	管理到外部 I^2S 设备的数字音频流
IPC	Inter-Processor Communication	管理设备中 CPU 或进程之间的数据传输
LPCOMP	Low-Power Comparator	在所有电源模式下快速比较内部和外部模拟信号
LVD	Low-Voltage Detect	配置和管理低电压检测
MCWDT	Multi-Counter Watchdog Timer	管理计数器以创建自由运行计时器或定期中断
PDM_PCM	PDM to PCM Converter	将一位数字音频流数据转换为 PCM 数据
PROFILE	Energy Profiler	测量受监控操作的相对能耗
PROT	Memory Protection	管理 MPU、共享 MPU（SMPU）和外围保护单元（PPU）
RTC	Real Time Clock	管理日历日期和时钟时间
SAR	Successive Approximation Register Analog-to-Digital Converter	配置和管理 12 位 SAR ADC
SCB	Serial Communication Block	将串行通信管理为 I^2C、SPI 或 UART
SMIF	Serial Memory Interface	管理到外部内存设备的基于 SPI 的接口

外　　设	描　　述	应用程序接口功能
SYSANALOG	System Analog Reference	为模拟子系统生成高精度的参考电压和电流
SYSCLK	System Clock	管理系统和外围时钟
SYSINT	System Interrupt	结合 ARM Cortex 微控制器软件接口标准（CMSIS）嵌套矢量中断控制器（NVIC）API 管理中断和异常
SYSLIB	System Library	用于处理延迟、寄存器读/写、维护（asserts）、软件重置、硬件唯一 ID 等的实用程序功能
SYSPM	System Power Management	管理电源模式并获取电源模式状态
SYSTICK	ARM System Timer	管理 24 位向下计数的计时器
TCPWM	Timer Counter PWM and Quadrature Decoder	管理 16 位或 32 位周期计数器、PWM 或正交解码器
TRIGMUX	Trigger Multiplexer	管理跨多个外围设备触发器输出到特定触发器输入的多路复用
USBFS	USB Full-Speed Device	配置和管理 USB 全速设备
WDT	Watchdog Timer	管理看门狗定时器

5.3　嵌入式实时操作系统 FreeRTOS

5.3.1　FreeRTOS 简介

嵌入式操作系统（Embedded Operating System，EOS）是指用于基于微处理器的嵌入式系统的操作系统，是用于管理嵌入式系统的软件与硬件的资源分配、任务调度、控制和协调并发活动等的系统软件。嵌入式操作系统通常包括与硬件相关的底层驱动软件、系统内核、设备驱动接口，功能强大的嵌入式操作系统还包括通信协议、图形界面、标准化浏览器等。目前在嵌入式领域广泛使用的操作系统有：嵌入式实时操作系统 FreeRTOS、μC/OS-Ⅱ、嵌入式 Linux、Windows Embedded、VxWorks 等，以及应用在智能手机和平板电脑的 Android、iOS 等。

FreeRTOS（Free Real Time Operating System）由 Richard Barry 和 FreeRTOS 团队编写，属于实时工程师有限公司（Real Time Engineers Ltd）。

FreeRTOS 特点如下：

（1）一个完全免费使用的开源 RTOS；

（2）简单但功能强大；

（3）任务数量不限；

（4）任务优先级不限；

（5）内核支持多任务调度，包括抢占式（高优先级抢占低优先级）、协作式（相同优先级的被轮流调度）和时间片（给任务划分执行的时间片段）任务调度；

（6）简单、小巧、易用，通常情况下内核占用 4～9KB 的存储空间；

（7）可裁剪的小型 RTOS 系统；

（8）主要用 C 语言编写，具有高可移植性；

（9）可支持多种微处理器，包括 PSoC6 使用的 ARM Corex-M 系列微处理器。

FreeRTOS 简化结构如图 5.2 所示，包括内核、设备驱动接口。内核主要用于任务管理、时间管理、内存管理、通信管理等。

在 PSoC Creator 中可以集成支持 PSoC6 的外设驱动库 PDL3.1 版本，PDL3.1 包含了 FreeRTOS，因此在 PSoC Creator 中编辑应用程序时可以直接使用 FreeRTOS，调用其接口函数，进行任务创建、优先级分配、任务调度等操作。

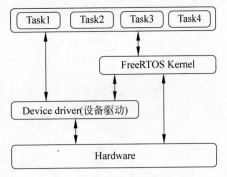

图 5.2　FreeRTOS 简化结构

5.3.2　FreeRTOS 的任务

嵌入式系统的软件通常需要执行一系列操作，这些系统操作需要占用 CPU 和存储器等资源，称为任务。没有操作系统的嵌入式系统的软件通常采用轮询和中断的方式来执行任务，而有操作系统的嵌入式系统的软件通常利用任务调度器来管理任务的执行。FreeRTOS 将根据优先级来调度任务。

FreeRTOS 支持的任务是由 C 语言函数实现的，与一般函数不同的是任务的函数原型必须返回 void，而且带有一个 void 指针参数。例如下面的 vTaskLed1 函数就是一个 FreeRTOS 的任务，控制 LED 灯的亮灭。每个任务都有函数入口，通常会运行在一个死循环中，也不会退出。注意，任务函数中的 while(1)语句为一个死循环，并且没有"return"返回语句。

```
/*******************************************************************
 * 函数名 : vTaskLed1
 * 功能说明: LED1 任务,实现一个周期性的闪烁
 * 参数 : pvParameters,当任务创建的时候传进来,可以没有
 * 返回值 : 无
 *******************************************************************/
void vTaskLed1(void * pvParameters)
{
    /* 任务都是一个无限循环,不能返回 */
    while(1)
    {
        LED2( ON );
    /* 阻塞延时,单位 ms */
        vTaskDelay( 500 );
        LED2( OFF );
        vTaskDelay( 500 );
    }
}
```

在用户的应用程序中或函数中可以调用 FreeRTOS 的 xTaskCreate 函数创建已定义的任务 vTaskLed1，如下面程序所示：

```
/*******************************************************************
 * 函数名 : AppTaskCreate
 * 功能说明:任务创建,为了方便管理,所有的任务创建函数都可以放在这个函数里面
```

```
 *  参数 : 无
 *  返回值 : 无
 ***************************************************************/
static void AppTaskCreate(void)
{
    xTaskCreate(vTaskLed1,                /* 任务函数名 */
                "Task Led1",              /* 任务名,字符串形式,方便调试 */
                512,                      /* 栈大小,单位为字 */
                NULL,                     /* 任务形参 */
                1,                        /* 优先级,数值越大,优先级越高 */
                &xHandleTaskLED1);        /* 任务句柄 */
}
```

上面程序说明了如何创建一个任务,由于 FreeRTOS 支持多任务,因此一般是有多个任务时才会采用 FreeRTOS。如下面程序所示,创建了两个优先级不同的任务 vTaskLed1 和 vTaskBeep。FreeRTOS 将根据优先级来调度两个任务。

```
/***************************************************************
 *  函数名 : AppTaskCreate
 *  功能说明:任务创建,为了方便管理,所有的任务创建函数都可以放在这个函数里面
 *  参数 : 无
 *  返回值 : 无
 ***************************************************************/
static void AppTaskCreate(void)
{
    xTaskCreate(vTaskLed1,                       /* 任务函数名 */
                "Task Led1",                     /* 任务名,字符串形式,方便调试 */
                512,                             /* 栈大小,单位为字 */
                (void *)&task_led3,  // task_led1 - task_led3 可以切换  /* 任务形参 */
                1,                               /* 优先级,数值越大,优先级越高 */
                &xHandleTaskLED1);               /* 任务句柄 */

    xTaskCreate(
                          vTaskBeep,
                          "Task Beep",
                          512,
                          NULL,
                          2,
                          &xHandleTaskBeep);
}
```

习题

5.1　PSoC C 语言编译器支持哪些数据类型？

5.2　PDL 的功能是什么？

5.3　FreeRTOS 有哪些特点？

## 第 6 章

PSoC Creator

本章介绍 PSoC Creator 集成开发环境的使用。PSoC Creator 的详细使用请阅读参考文献[12]，或者打开 PSoC Creator 软件，单击 PSoC Creator 菜单 Help→Documentation 选择打开"PSoC Creator User Guide"即可。

PSoC Creator 可以创建一个项目，并对该项目进行设计、编辑、调试并下载到目标系统。PSoC Creator 系统包括四部分：设备编辑器子系统、应用程序编辑器子系统、调试器子系统以及编程下载子系统。当计算机系统安装了 PSoC 编程下载软件 PSoC Programmer 时，PSoC Creator 可以自动调用该软件进行项目的编程下载。

当一个项目创建和设置后，就可以进行项目设计了。设计包括硬件和软件设计两部分：硬件设计是指用户模块设计，软件设计是指应用程序设计，分别通过"设备编辑器子系统"和"应用程序编辑器子系统"实现。设计好的应用程序可以通过"调试器子系统"进行调试或通过"编程下载子系统"将程序文件下载到目标芯片进行运行。

本章将从项目创建和设置、设备编辑器子系统、应用程序编辑器子系统、调试器子系统以及编程下载子系统五个部分介绍 PSoC Creator 的使用，这五个部分也依次反映了 PSoC 开发的流程，如图 6.1 所示。由于项目设置可在设计的任何阶段进行，因此将项目设置置于本章最后。本章使用的 PSoC Creator 版本为 PSoC Creator 4.4。

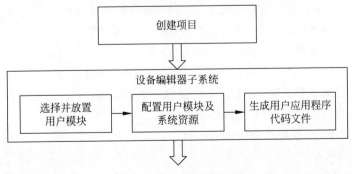

图 6.1　PSoC 软件开发流程

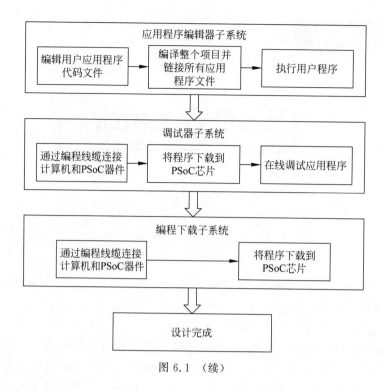

图 6.1 （续）

6.1 项目创建

为了将需要的功能编程写入 PSoC 器件，首先必须创建一个项目以存放相应的文件和设备配置。PSoC Creator 集成开发环境提供了工作区（Workspace）用于管理设计中的各个项目。一个工作区可以包含一个或多个项目。

PSoC Creator 既可以创建一个全新的项目，也可以复制（或称为克隆，英文为 Clone）一个项目，或者创建一个基于已存在的设计的项目。

6.1.1 创建新项目

启动 PSoC Creator，启动后主界面如图 6.2 所示，单击界面左上角图标栏中 图标，或打开菜单 File→New→Project，将弹出新项目创建向导对话框，如图 6.3 所示。

可以基于特定的套件（kit）、模块（module）或设备（device）创建新项目（并附带创建新的工作区）。也可以选择创建一个不包含任何项目的空工作区（Workspace），然后在需要时，再次打开项目创建向导对话框，向工作区内添加一个新项目。

创建一个新项目需要经过以下步骤：

(1) 选择基于套件、模块或设备创建项目；

(2) 选择项目模板；

(3) 选择工作区，输入新项目名称并为其选择存放目录。

创建一个新项目的具体步骤及操作参见 7.1.1 节。

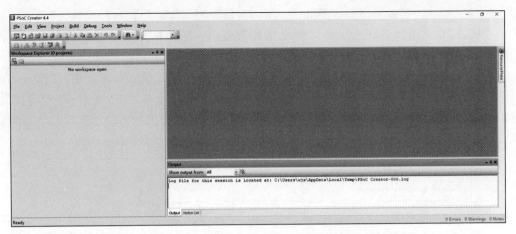

图 6.2　PSoC Creator 启动后主界面

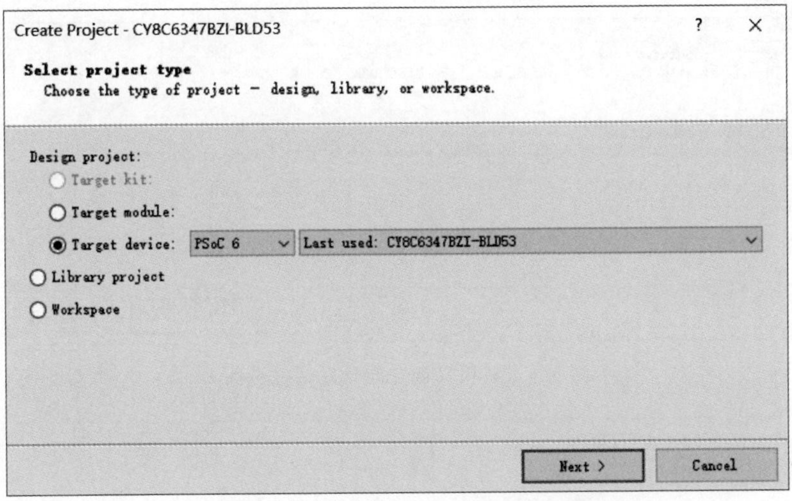

图 6.3　新项目创建向导对话框页面 1

6.1.2　复制一个项目

复制功能可以将一个已经存在的项目转换成另一个项目,即复制已存在的项目到一个新工作区并允许用户对其进行修改,被复制的部分可以看作新项目的基础部分。

在工作区浏览器(Workspace Explorer)窗口中,在要复制的项目上单击右键,然后选择 Copy,完成项目的复制。然后在要粘贴的某个项目或工作区内单击右键,选择 Paste,完成项目的粘贴。

6.1.3　创建一个基于示例的项目

用户还可以创建一个基于示例(Code Example)的项目。一个示例是指一个已经完成了用户模块及其参数、全局资源、引脚的配置,完成了应用程序文件的编辑,可以立即编译并下载运行的项目。创建基于示例的项目,能够让用户有效地使用或重用配置及代码,节省资源和设计时间。

PSoC Creator 提供了许多示例项目。示例项目说明了如何配置各种模块，并包含了相关的代码，以帮助用户更好地了解如何使用某个模块。通过在图 6.2 所示的主界面单击 File→Code Example 可以找到所有的示例项目。

在图 6.3 所示的对话框中单击 Next，切换到如图 6.4 所示的对话框页面，在该页面可以选择创建一个基于示例的项目。单击选择 Code Example 选项之后，弹出选择示例项目对话框，如图 6.5 所示。可以通过 Filter by 输入框输入名称筛选所需的示例项目。选择好所需的示例项目之后，单击 Next，之后的步骤与创建新项目的步骤相同。

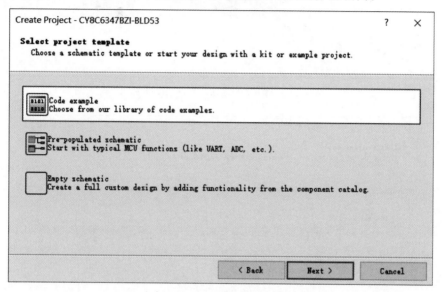

图 6.4　新项目创建向导对话框页面 2

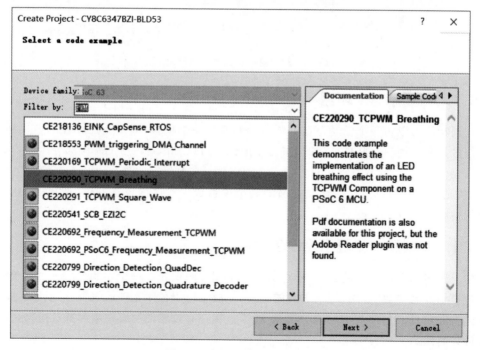

图 6.5　选择示例项目对话框

6.2　设备编辑器子系统

当一个工程创建之后,接下来就可以通过"设备编辑器子系统"进行用户模块的设计。用户模块是 PSoC 预先定义和配置好的片内设备,采用数字或模拟模块实现,或由系统资源提供。用户模块设计过程如下:

(1) 选择并放置用户模块:首先在"组件目录(Component Catalog)"中选择所需用户模块,例如 PWM 模块,然后用鼠标将其拖曳到原理图页面中;

(2) 配置用户模块:配置用户模块参数;

(3) 用户模块线路互联:即实现用户模块之间的连接;

(4) 设置系统资源:即设置系统时钟、中断、用户模块与 PSoC 的引脚连接等各种资源;

(5) 设计规则检查:即检查设计的配置、互联等是否出错;

(6) 生成应用程序文件:最后产生用户应用程序代码文件。

下面分别介绍用户模块设计过程的相关部分。

6.2.1　选择并放置用户模块

选择、配置用户模块及用户模块线路互联都是通过"原理图编辑器"实现的。新建项目后 PSoC Creator 集成开发环境的界面视图如图 6.6 所示。默认情况下,新建项目后将会自动打开原理图编辑器,也可在图 6.6 左侧的工作区浏览器视图中找到并双击 TopDesign.cysch 文件,从而打开原理图编辑器。

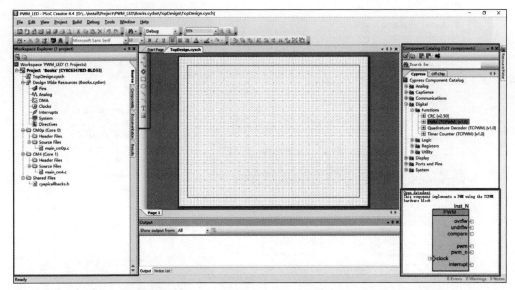

图 6.6　PSoC Creator 创建项目后主界面

在原理图编辑器界面右上方的组件目录窗口中,各组件被分为各个类别,每个类别包含一个树状结构的组件树。通过单击组件目录窗口上方的 图标,可以展开所有类别的组件树。也可通过输入组件名称快速筛选出组件。单击其中一个用户模块(如 PWM 模块),可以在界面右下角的边框中预览组件符号,查看组件的简短说明,并通过单击 Open datasheet

按钮，打开组件的数据手册。数据手册是设计用户模块的重要参考资料，在数据手册中可以了解该组件的功能、各参数的含义及配置方法等。

选择用户模块时，在组件目录窗口中单击一个用户模块，然后用鼠标将其拖曳并放置到原理图页面中，即在项目中添加了一个用户模块。

如果使用的用户模块过多，或需要在不同页面显示原理图的各个部分以便阅读，可以添加原理图页面。右键单击原理图底部的原理图页面选项卡，然后选择 Add Schematic Page，即可完成原理图页面的添加。此外，还可以选择重命名、禁用、删除原理图页面。

6.2.2　配置用户模块

放置用户模块后，接下来需要设置其参数。双击放置在原理图页面中的一个用户模块，例如 PWM 模块，可以在如图 6.7 所示的用户模块配置窗口中查看其参数。

用户模块参数包括模块名、性能参数、输入和输出等，例如，图 6.7 所示的 PWM 用户模块参数包括模块名"Name"、输入时钟预分频器"Clock Prescaler"、周期"Period 0"等。

设置参数时，单击参数栏，窗口右边将会显示该参数的简单描述。更具体的参数含义以及配置方法可以参见模块的数据手册或 PDL（Peripheral Driver Library）文档。在用户模块上单击右键，选择"Open Datasheet"，或者单击如图 6.7 所示的配置窗口左下角的"Datasheet"按钮，可以打开该用户模块的数据手册；在用户模块上单击右键，选择"Open PDL Documentation"可以打开该用户模块的 PDL 文档。

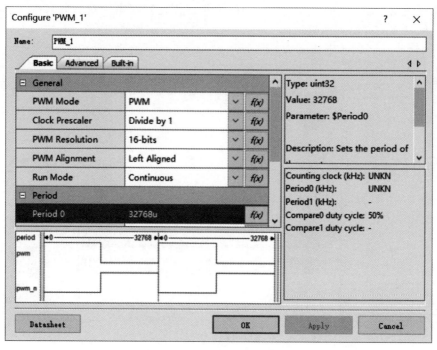

图 6.7　PWM 模块配置窗口

6.2.3　用户模块线路互连

用户模块设计的第三个步骤是在原理图编辑器中进行用户模块线路互联。

用户模块线路互联用于实现已放置的用户模块与其他用户模块或其他资源之间的相互连接。

用户模块线路互联有两种方法。

(1) 在原理图页面中连接：各类型用户模块都可在原理图页面中进行用户模块间的线路互联。

(2) 通过向导设置：有些特殊模块如 DMA(Direct Memory Access，直接内存访问控制器)等可以通过访问向导进行线路互联。

用户模块线路互联主要通过绘制导线工具实现。在如图 6.6 所示的原理图页面左侧的工具栏中单击图标，激活绘制导线工具，然后将鼠标指针移动到某个用户模块终端的接触点，鼠标指针将会变成黑色的 **X**，单击并释放鼠标按键，然后移动鼠标开始绘制导线。当移动到另一个终端接触点附近时，鼠标指针将再次变成黑色的 **X**，再次单击鼠标左键将会在两个用户模块间建立连接。

若要在不同的原理图页面间建立跨页面的连线，可以使用 Sheet Connector 工具。在如图 6.6 所示的原理图页面左侧的工具栏中单击图标，激活 Sheet Connector 工具。使用单击或双击的方式，一次可在原理图页面中放置一个或多个链接器。在要进行跨页面线路互联的多个原理图页面中放置链接器，并使用绘制导线工具连接链接器和用户模块，最后双击导线，给它们起合适的名字，不同页面间相同名称的导线将会连接起来，实现跨原理图页面的用户模块线路互联。

6.2.4　设置系统资源

通过 PSoC Creator 的 DWR(Design-Wide Resources)系统，可以管理项目中的所有资源，如时钟、中断、引脚、DMA 等。每个项目都会提供默认的 Design-Wide Resources 文件(.cydwr)，它们的名称与项目名相同。

在如图 6.6 所示的工作区浏览器的源选项卡(Source)中双击 .cydwr 文件即可访问各种系统资源，它们以选项卡式文档的方式显示。

需要设置的资源主要包括引脚(Pins)、时钟(Clocks)、中断(Interrupts)、DMA、模拟路由(Analog)等。不同的项目使用的资源不同，不一定都需要对各部分进行设置，因此用户需要根据不同的设计进行合适的设置。下面介绍常用的系统资源设置。

1. 设置时钟

双击工作区浏览器中 .cydwr 文件下的 Clocks 选项卡可访问时钟编辑器工具。使用该工具，可以查看所有时钟，并进行添加、删除或编辑。时钟编辑器使用一个列表显示所有时钟，如图 6.8 所示。

PSoC Creator 会自动识别用户创建的时钟是数字时钟还是模拟时钟。如果时钟驱动的是模拟基元，便是模拟时钟；如果时钟未连接到模拟基元，则该时钟被假设为数字时钟。如果时钟连接到数字和模拟基元的混合结构，则会发生 DRC(Design Rule Checker)错误。

在如图 6.8 所示的时钟编辑器列表中双击某一行或单击界面上方的 Edit Clock 按钮，则打开该时钟的配置对话框。通过时钟配置对话框，可以配置时钟的各种特性。

1) 配置本地时钟

时钟编辑器列表中类型为 Local 的是本地时钟，即在原理图中放置或使用的时钟。通

Type	Name	Domain	Desired Frequency	Nominal Frequency	Accuracy (%)	Tolerance (%)	Divider	Start on Reset	Source Clock
System	Clk_AltSysTick	N/A	32 kHz	32 kHz	±10	-	0	☑	Clk_LF
System	IMO	N/A	8 MHz	8 MHz	±1	-	0	☑	
System	PathMux0	N/A	8 MHz	8 MHz	±1	-	0	☑	IMO
System	PathMux1	N/A	8 MHz	8 MHz	±1	-	0	☑	IMO
System	PathMux2	N/A	8 MHz	8 MHz	±1	-	0	☑	IMO
System	PathMux3	N/A	8 MHz	8 MHz	±1	-	0	☑	IMO
System	PathMux4	N/A	8 MHz	8 MHz	±1	-	0	☑	IMO
System	Clk_Timer	N/A	8 MHz	8 MHz	±1	-	1	☑	IMO
System	Clk_Pump	N/A	25 MHz	25 MHz	±2.4	-	4	☑	FLL
System	Clk_Peri	N/A	50 MHz	50 MHz	±2.4	-	2	☑	Clk_HF0
System	Clk_Slow	N/A	50 MHz	50 MHz	±2.4	-	1	☑	Clk_Peri
System	FLL	N/A	100 MHz	100 MHz	±2.4	-	0	☑	PathMux0
System	Clk_HF0	N/A	100 MHz	100 MHz	±2.4	-	1	☑	FLL
System	Clk_Fast	N/A	100 MHz	100 MHz	±2.4	-	1	☑	Clk_HF0
Local	Clock_2	UNKNOWN	1 MHz	1 MHz	±2.4	-	50	☑	Clk_Peri
Local	Clock_1	UNKNOWN	1 MHz	1 MHz	±2.4	-	50	☑	Clk_Peri

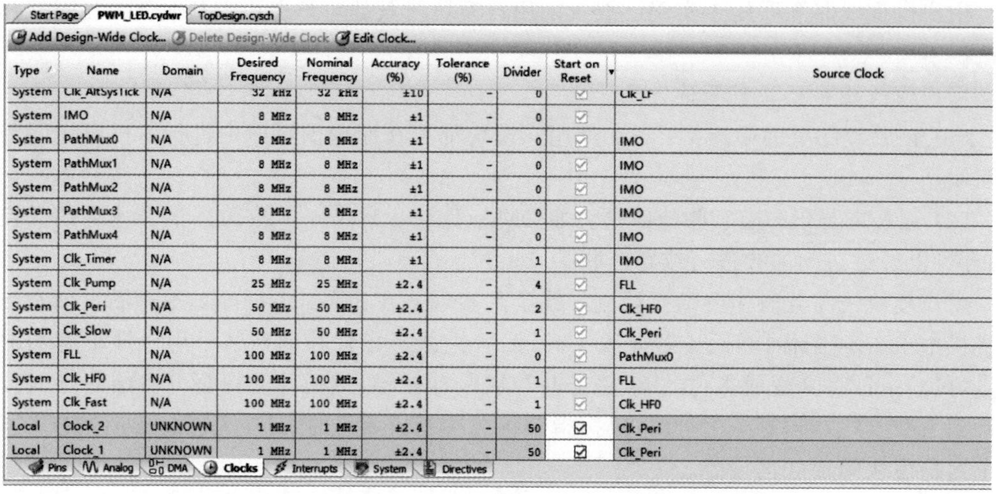

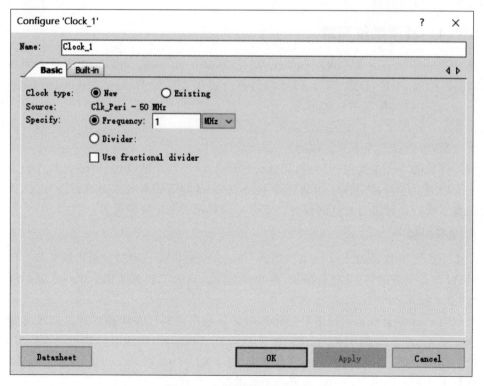

图 6.8　时钟编辑器用户视图

过如图 6.9 所示的本地时钟配置对话框，可以配置本地时钟的名称（Name）、频率（Frequency）等属性。时钟类型 Clock type 可以选择新建时钟或使用现有时钟，选择新建时钟 New 会消耗时钟源，而选择现有时钟 Existing 则不额外使用硬件资源，它们只是已定义时钟的别名。

图 6.9　本地时钟配置对话框

2）配置系统时钟

时钟编辑器列表中类型为 System 的是系统时钟。系统时钟配置对话框显示了各种系统时钟及它们之间的关系,用户界面视图如图 6.10 所示。通过该对话框,可以指定系统时钟的各项特性。时钟显示为灰色表示该时钟被禁用,通过勾选标记可以启用该时钟。时钟之间的线条表示了时钟信号的传输路径,如果线条显示为灰色,表示当前的时钟配置未使用该路径。

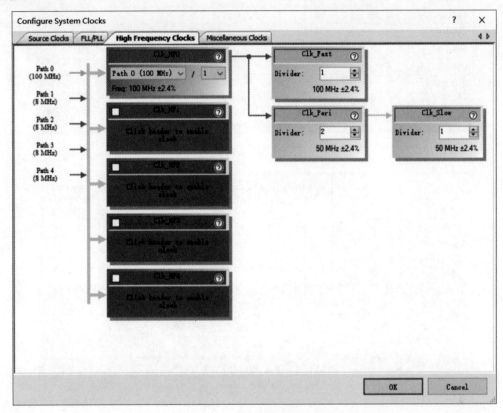

图 6.10　系统时钟配置对话框

2. 设置中断

双击工作区浏览器中. cydwr 文件下的 Interrupts 选项卡可访问中断编辑器工具。通过中断编辑器可以设置各中断服务程序(ISR)的优先级。单核和多核设备的中断编辑器会有所不同。对于单核设备(如 PSoC 3/PSoC 4/PSoC 5LP),中断编辑器界面视图如图 6.11 所示。对于多核设备,如部分 PSoC 6 设备,中断编辑器界面视图如图 6.12 所示。

在中断编辑器表格中实例名称和中断号两列都是只读的,中断号需要完成放置和路由操作后才可用。通过调整 Priority 列的数值可以改变中断的优先级,数值越小优先级越高。

对于多核设备,还可以通过复选框决定是否在特定内核上启用中断,并分别调整在各个内核上的优先级。部分内核没有足够的中断向量来支持设备上的所有中断,此时可以通过Vector 列把中断映射到特定位置。当映射到支持深度睡眠模式的位置时,将会显示支持深度睡眠模式的图标,如图 6.12 中 BLE_bless_isr 行所示。

3. 分配引脚

双击工作区浏览器中. cydwr 文件下的 Pins 选项卡可访问引脚编辑器工具。通过引脚编辑器工具可以进行引脚的分配。引脚编辑器工具界面视图如图 6.13 所示。

Instance Name	Interrupt Number	Priority (0 - 7)
CapSense_IsrCH0	0	7
USBUART_arb_int	22	7
USBUART_bus_reset	23	7
USBUART_dp_int	12	7
USBUART_ep_0	24	7
USBUART_ep_1	1	7
USBUART_ep_2	2	7
USBUART_ep_3	3	7
USBUART_sof_int	21	7

图 6.11　单核设备中断编辑器界面视图

Instance Name	Interrupt Number	ARM CM0+ Enable	ARM CM0+ Priority (1 - 3)	ARM CM0+ Vector (3 - 29)	ARM CM4 Enable	ARM CM4 Priority (0 - 7)
ADC_IRQ	138	☐	--	--	☑	7
BLE_bless_isr	24	☑	3	3	☐	--
CapSense_ISR	49	☐	--	--	☐	--
CY_EINK_SPIM_SCB_IRQ	47	☐	--	--	☑	7
UART_1_SCB_IRQ	46	☐	--	--	☑	7

图 6.12　多核设备中断编辑器界面视图

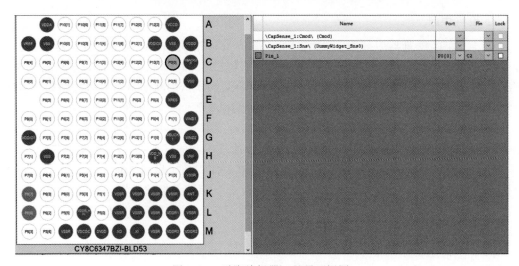

图 6.13　引脚编辑器工具界面视图

有两种方式可以进行引脚分配。

（1）单击引脚编辑器右上方信号表中的某个信号，并将其拖放到引脚编辑器左侧 PSoC 芯片引脚图像中所需的位置。在拖动到某个引脚时，光标会自动显示当前位置是否有效。如果拖动到某个无效的引脚，状态栏将显示无效的原因。

（2）在信号表 Port 列或 Pin 列的下拉菜单中，选择一个引脚，或者手动输入合适的引脚。

分配引脚之后，可以通过勾选信号表中 Lock 列的复选框进行引脚的锁定。锁定引脚可以保证在后续的项目构建过程中该引脚不会被修改。

未分配引脚的信号将会在构建项目时自动分配引脚。

4. 设置 DMA

双击工作区浏览器中 .cydwr 文件下的 DMA 选项卡可访问 DMA 编辑器工具。DMA 编辑器中将显示所有直接或间接放置在原理图页面中的 DMA 组件。DMA 编辑器工具界面视图如图 6.14 所示。

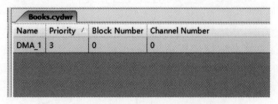

图 6.14 DMA 编辑器工具界面视图

DMA 编辑器以表格的方式显示项目中所有的 DMA 组件及其参数，其中每一行表示一个 DMA 模块实例。对于 PSoC6 器件项目，该 DMA 编辑器表格是只读的。若需要更改某 DMA 模块的参数设置，可以在对应的行上双击，然后将会弹出该 DMA 模块的配置对话框，如图 6.15 所示。该配置对话框与在原理图页面中双击 DMA 模块弹出的配置对话框完全一致。DMA 模块参数的具体设置方法参见 7.1 节的 DMA 实验。

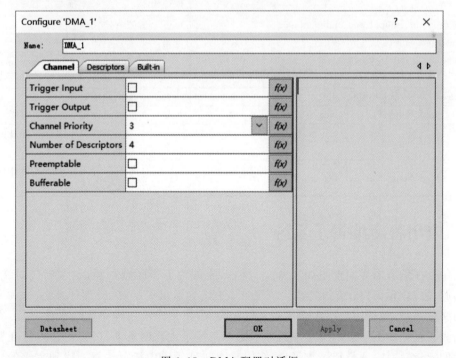

图 6.15 DMA 配置对话框

6.2.5　设计规则检查

用户模块设计的第五个步骤是进行设计规则检查。设计规则检查器（Design Rule Checker,DRC）对项目数据库中的元件基于预定义的规则集合进行检查。DRC 用于检查项目中的潜在错误,运行 DRC 将在 PSoC Creator 界面下部的输出状态窗口中显示评价结果。

PSoC Creator 的 DRC 是自动运行的,无须人工操作。在上述的设计过程中,PSoC Creator 会实时进行设计规则检查,并在界面下方的 Notice List 窗口中给出警告或错误提示。在进行下一步之前,务必检查 DRC 的输出结果,修正项目中的潜在错误。

6.2.6　生成应用程序文件

生成应用程序文件是用户模块设计的最后一步,通过在如图 6.6 所示窗口上方的工具栏中单击生成应用程序图标 ▣ ,或单击菜单栏 Build→Generate Application,即可实现应用程序文件的生成。

生成应用程序文件时,PSoC Creator 系统综合所有的设备配置并更新所有存在的 C 语言源代码,生成应用程序接口（Application Program Interface,API）。

表 6.1 列出了生成的主要的应用程序代码文件,其中"被覆盖"一项表明该文件在生成过程中是否被更新。

需要特别注意的是,若在已经生成应用程序之后添加或删除用户模块,则需要重新生成应用程序文件。

一旦生成应用程序文件过程完成,即可进入应用程序编辑器进行编程。

表 6.1　生成应用程序文件操作所生成的主要代码文件

名　字	被覆盖	描　述
main. c or main_cm0p. c and main_cm4. c	否	主程序代码
…/Generated_Source/…/project. h	是	项目 API 头文件
…/Shared Files/cy_ipc_config. h and cy_ipc_config. c	否	IPC（inter-processor communication）通道设备相关的配置以及代码
…/Shared Files/cyapicallback. h	否	宏回调函数定义文件
…/Generated_Source/…/cydevice_trm. h	是	定义设备配置空间中的所有地址
…/Generated_Source/…/cyfitter. h	是	定义由代码生成过程计算的所有特定实例的地址
…/Generated_Source/…/cyfitter_cfg. h 和 cyfitter_cfg. c	是	包含引导固件用于配置器件所需的定义和方法

6.3　应用程序编辑子系统

应用程序编辑器界面视图如图 6.16 所示,左侧为工作区浏览器,包含源代码文件树;中间为源文件编辑窗口;右边为代码浏览器;下边为输出提示窗口。源代码文件树维护了项目的文件系统,包括用户模块源代码文件和头文件、用户应用程序代码文件 main 在内的文件列表。代码浏览器展示源文件的整个结构。通过代码浏览器,可以快速查看在源文件中定义的宏、结构体、变量和函数等,并使用它跳转到代码中指定位置。找到生成的应用程

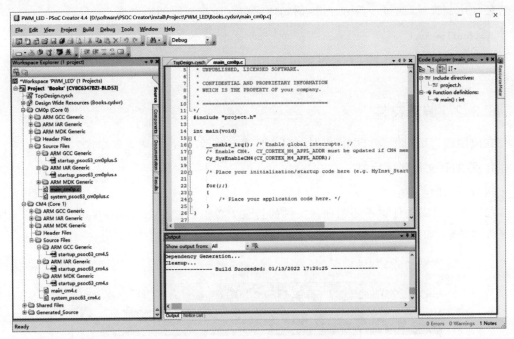

图 6.16　应用程序编辑器界面视图

序 C 语言代码文件并双击,即可进行应用程序代码的编辑。下面主要介绍文件系统和应用
程序编辑的主要操作。

6.3.1　文件系统

PSoC Creator 的文件系统可以通过源代码文件树进行查看。

源代码文件树与 Windows 的文件系统一样,可以通过双击相应的文件访问或者编辑。
打开的文件内容被显示在应用程序编辑器中间的编辑窗口中。

源代码文件树包含下列文件夹:

(1) Generated_Source 文件夹:包括用户模块 API 源文件、PDL 文件以及其他生成的
文件,如 project.h 等。

(2) 各个内核的文件夹:对于多核设备,PSoC Creator 会为每个内核创建单独的文件
夹。文件夹内有 Header Files 和 Source Files 子文件夹。包含各内核的头文件及 C 语言源
文件 main_cm0p.c 或 main_cm4.c 等。这些文件可由系统生成或用户自己添加。

(3) Shared Files 文件夹:该文件夹内的代码会被多核共享。包含宏回调定义文件
cyapicallbacks.h、设备相关的 IPC 通道配置文件 cy_ipc_config.h 等。

源代码文件树中的关键文件描述如下:

main.c 或 main_cm0p.c 和 main_cm4.c

用户应用程序 main 函数内包含了在内核上需要执行的功能代码。重新生成应用程序
时,该文件不会被覆盖。

project.h

该文件包含了 Generated_Source 文件夹及其子文件夹下的所有头文件。该文件是为

了方便使用而设计，通过一条 include 语句便能包含所有生成的头文件。

cyapicallbacks.h

在该文件内用户可以定义宏回调函数，用于在自动生成的用户组件代码中调用用户代码。

6.3.2 编辑文件

在应用程序编辑器窗口中可以对项目文件进行修改、添加或删除等操作。

1. 添加新文件到项目中

执行下面的步骤：

（1）在源代码文件树中要添加新文件的目录上单击右键选择 Add→New Item，弹出新建文件对话框，如图 6.17 所示；

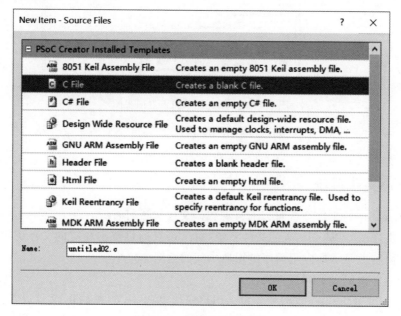

图 6.17 新建文件对话框

（2）在新建文件对话框中，选择一种文件类型；

（3）在新建文件对话框下方"Name"框中输入文件名；

（4）完成后单击 OK。这样所选择的新文件就被添加到源代码文件树中，并在编辑窗口中出现。

2. 添加已经存在的文件

执行下面的步骤：

（1）在源代码文件树中要添加现有文件的目录上单击右键，选择 Add→Existing Item，弹出打开文件对话框；

（2）在打开文件对话框中选择一个文件并打开。

3. 删除文件

通过以下两种方法可以从项目中删除文件：

（1）单击源代码文件树中相应文件，使用键盘 Delete 键删除，然后在弹出的对话框中选择 Delete 或 Exclude。

（2）单击源代码文件树中相应文件，右键单击菜单 Remove From < Project Name >或单击菜单栏 Project→Remove From < Project Name >从项目中移除。或右键单击菜单选择 Delete 删除文件。

注意 Remove From < Project Name >或 Exclude 的方式只会把文件从项目中排除，并不会彻底删除文件，而选择 Delete 将会把文件彻底删除。

4. 代码编辑

代码编辑过程中实用的操作如表 6.2 所示，对应的图标位于图 6.16 的左上角工具栏中。

表 6.2 代码编辑过程中的实用操作

图 标	对 应 菜 单	快 捷 键	操 作 说 明
	Edit→Advanced→Comment Selection	Ctrl+E,C	批量注释代码
	Edit→Advanced→Uncomment Selection	Ctrl+E,U	批量取消代码注释
	右键单击，选择 Go To Declaration 或 Go To Definition 选项		跳转到符号的声明或定义位置
	Edit→Advanced→Increase Line Indent		缩进选定的文本行
	Edit→Advanced→Decrease Line Indent		减少选定文本行的缩进

6.3.3 构建项目

当程序编辑完成后，可以编译用户应用程序（后缀为 .h 或 .c 的文件），之后建立整个项目并链接所有应用程序文件，执行程序并进入调试器子系统。

表 6.3 列出了对构建项目有效的关键菜单选项，对应的图标一般会位于图 6.16 的左上角工具栏中。

表 6.3 构建项目相关的菜单选项

图 标	选 项	对 应 菜 单	快 捷 键	操 作 说 明
	编译文件	Build→Compile File	Ctrl+F6	编译所选的文件
	构建项目	Build→Build < Project Name >	Shift+F6	构建选定的项目
	生成应用程序	Build→Generate Application		生成应用程序文件
	调试程序	Debug→Debug	F5	进入调试器子系统、连接器件并进行调试
	执行程序	Debug→Program	Ctrl+F5	对所选设备进行编程

6.4　调试器子系统

在进入调试器子系统之前，首先需要用 USB Type-C 编程线连接计算机和 PSoC 器件。

当硬件连接好以后，即可进入调试器子系统。在如图 6.16 所示界面的左上角工具栏中单击调试器子系统图标▒，或单击菜单栏 Debug→Debug，进入调试器子系统，如图 6.18 所示。调试器子系统界面除了应用程序编辑器子系统的几个窗口之外，还增加了寄存器窗口（Registers）、变量观测窗口（Locals）、调用栈窗口（Call Stack）及存储器窗口（Memory）等。

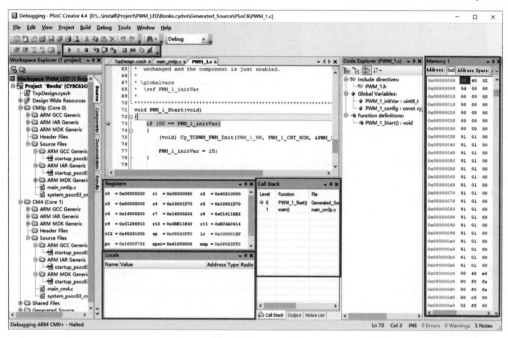

图 6.18　调试器子系统界面

调试程序和目标系统之前，需要将构建项目生成的 .hex 文件下载到开发套件的 PSoC 芯片中。单击 Debug 或 Program 选项后，PSoC Creator 会自动完成 .hex 文件的下载。调试程序和目标系统时，调试器子系统允许用户观察程序、读/写数据存储器、读/写 I/O 寄存器、读/写 CPU 寄存器和 RAM、设置和清除断点、运行程序、停止运行程序和单步运行控制。

图 6.19　调试用图标

在如图 6.18 所示的调试器子系统界面左上方的工具栏中有如图 6.19 所示的调试用图标。它们从左至右的作用分别是恢复程序的执行、中断程序的执行、停止调试、单步步进、单步步过、步出、重新编译并调试程序、复位、禁用所有断点以及禁用或启用全局中断。

6.5　编程下载子系统

调试好的项目的 project.hex 文件可以通过编程下载子系统下载到目标 PSoC 芯片中。

在进入编程下载子系统之前，首先需要用 USB Type-C 编程线连接计算机和 PSoC 器件。当硬件连接好后,即可进入编程下载子系统。在如图 6.16 所示界面的左上角工具栏中单击编程下载子系统图标 █ 或单击菜单栏 Debug→Program,系统会自动运行 PSoC Programmer 并自动完成文件的下载。

当连接有多块 PSoC 开发板时,可以单击菜单栏 Debug→Select target and Program,弹出选择编程/调试目标对话框,如图 6.20 所示。单击需要编程的设备,然后单击 OK/Connect 按钮,即可对选中的设备进行编程下载。

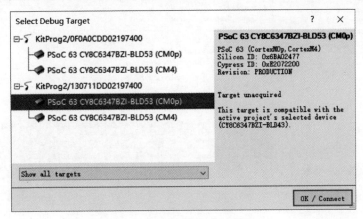

图 6.20 选择调试设备对话框

6.6 项目设置

一个项目建立后需要经过设备编辑器、应用程序编辑器和调试器对其进行设计,设计过程中的一些操作可以采用不同的方式,因此需要通过项目设置来针对不同的项目设计进行不同的设置。PSoC Creator 有两种打开项目设置的方式。一是在工作区浏览器的项目名上单击右键,选择 Build Settings 打开项目设置对话框。二是通过单击菜单栏 Project→Build Settings 打开项目设置对话框。项目设置主要包含代码生成设置、调试设置、定制器设置、外设驱动库设置、工具链相关设置如编译器、链接器设置等。

需要说明的是,设置项目可以在项目创建后的任何一个设计环节(设备编辑、应用程序编辑)中进行。部分具体的设置项说明如下。

6.6.1 代码生成设置

代码生成设置用于设置应用程序 API 的代码生成器的相关功能。单击 Project→Build Settings,在弹出的对话框中选择 Code Generation 标签页,如图 6.21 所示。

代码生成设置主要包含以下设置项:

(1) Skip Code Generation:可以设置为 true 或 false。通过跳过代码生成可以有效地锁定设计,将来在修改原理图及系统资源后不会更改编译过程的输出。

(2) Custom Fitter Options:可以指定自定义参数控制在 PSoC 器件中实现设计的方法。如"-xor2"选项会把项目设计中的 XOR 运算符传递给 Fitter,以便在合适的情况下实现。"-yg(a|s|c)"选项会引起 Warp 合成设计,以便优化 UDB 的面积(a)、速度(s)或组合恒等式(c)。

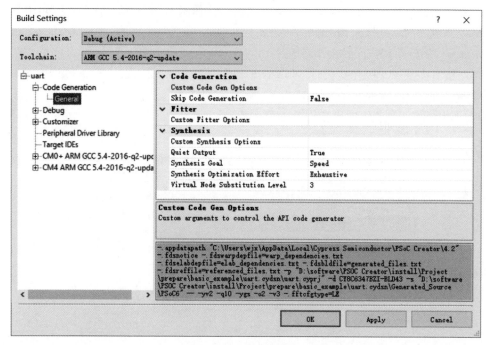

图 6.21　项目设置对话框中代码生成设置

（3）Synthesis Goal：选择合成器侧重优化的目标，优化面积或运行速度。

6.6.2　调试设置

调试设置用于设置调试相关的选项。单击 Project→Build Settings，在弹出的对话框中选择 Debug 标签页，如图 6.22 所示。

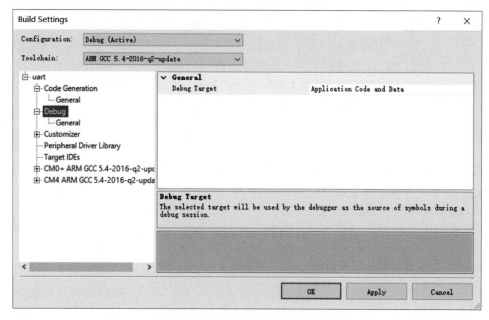

图 6.22　项目设置对话框中调试设置

调试设置只包含一个设置项,即调试目标。该设置项有三个选项:Application Code and Data、Application Code and Data 2 和 Bootloader。其中 Application Code and Data 选项是默认设置,适用于所有类型的项目。Application Code and Data 2 选项适用于多应用引导程序项目,且设置为调试可引导项目的第二个应用程序。Bootloader 选项仅用于调试可引导项目的引导程序部分。

6.6.3　外设驱动库设置

外设驱动库设置仅适用于 PSoC6 和 FM0+设备。该设置可以进行外设驱动库相关的选择和设置。单击 Project→Build Settings,在弹出的对话框中选择 Peripheral Driver Library 标签页,如图 6.23 所示。

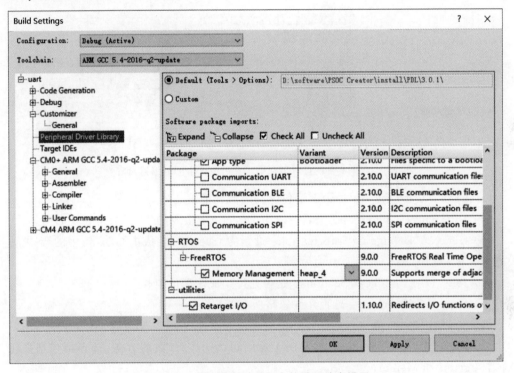

图 6.23　项目设置对话框中外设驱动库设置

选择 Custom 项,可以通过选择 PDL 所在文件夹来更改项目使用的 PDL 的版本。在表格中的 Package 列勾选合适的软件包,可以将该软件包导入到项目中进行使用。

6.6.4　工具链设置

工具链设置可以设置特定于工具链的汇编器、编译器和链接器选项。单击 Project→Build Settings,在弹出的对话框中选择工具链名字相关的标签页,如图 6.24 所示为工具链设置下的汇编器设置界面。

汇编器设置主要包含以下设置选项:

(1) Additional Include Directories:指定额外的用于编译器 include 的路径。如果要指定多项,需要使用分号隔开。

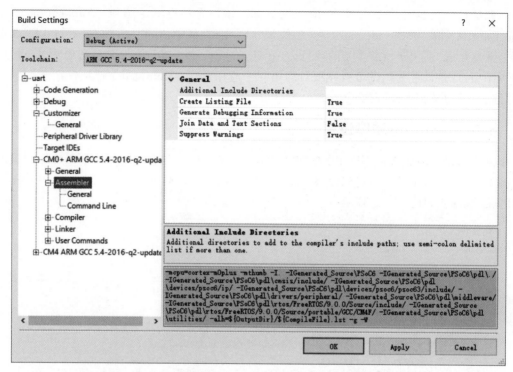

图 6.24　项目设置对话框中工具链设置下的汇编器设置

（2）Create Listing File：是否创建包含高级源和汇编的列表文件。

（3）Difference Tables：当汇编器更改由 Directives 生成的代码时，是否发布警告。

（4）Generate Debugging Information：设置为 true 允许生成供 GDB 使用的调试信息，设置为 false 则不生成。

（5）Joint Data and Text Sections：是否允许生成短地址位移。

（6）Suppress Warnings：是否允许忽略所有警告。

编译器设置界面如图 6.25 所示，主要包含以下设置项：

（1）Struct Return Method：指定用于返回短结构体/函数的方法，选择项包括系统默认值，Register 和 Memory。

（2）Verbose Asm：是否在生成的汇编代码中添加额外的注释信息，使其更具备可读性。

（3）Default Char Unsigned：是否把 char 类型设置为无符号类型。

（4）Preprocessor Definitions：添加预处理器定义，这些预定义指令将会影响 C 源代码的编译方法。

（5）Strict Compilation：是否使用严格的 ISO C/C++编译。

（6）Warning Level：设置使用的警告等级。

（7）Warning as errors：是否把所有的警告视为错误。

链接器设置界面如图 6.26 所示，主要包含以下设置项：

（1）Additional Libraries：用于指定链接到可执行文件的其他库。如果存在多个库，需要使用分号隔开。

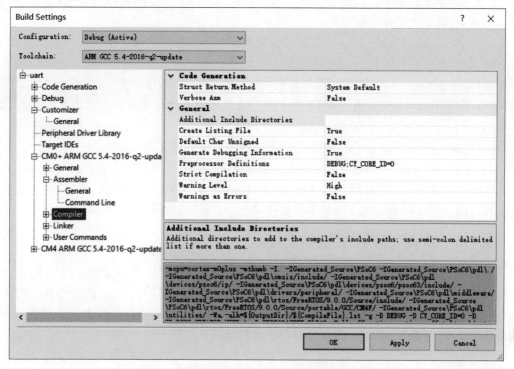

图 6.25　项目设置对话框中工具链设置下的编译器设置

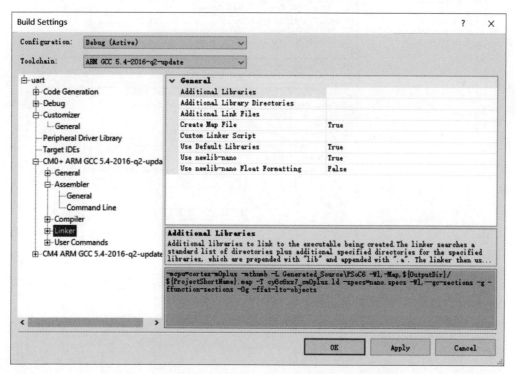

图 6.26　项目设置对话框中工具链设置下的链接器设置

（2）Additional Library Directories：用于指定添加到链接器库路径的其他库。如果存在多个目录，需要使用分号隔开。

（3）Additional Link Files：指定需要链接到可执行文件的其他附加文件。如果存在多个文件，需要使用分号隔开。

（4）Create Map File：是否根据重新定位的地址和链接器的数据生成一个更新的清单文件。

（5）Custom Linker Script：用于指定构建项目时使用的自定义链接器脚本的路径，而不使用 cy_boot 提供的默认脚本。

（6）Use Default Libraries：在链接时是否使用标准的库文件。

（7）Use newlib-nano Float Formatting：与 ARM GCC 工具链一起使用的 newlib nano C 代码库默认情况下不支持浮点数的格式化字符串，这将减小生成的可执行文件的大小，节省闪存空间。如果需要使用浮点数字符串格式化，可以把该项设置为 True。

6.6.5　所有项目 PDL 版本的设置

单个项目更改 PDL 版本的方法参见 6.6.3 节。若要更改所有项目默认的 PDL 版本，需单击菜单栏 Tool→Options，弹出如图 6.27 所示的选项对话框，在对话框中找到"PDL v3"输入框，单击输入框右侧的 Browse 按钮，即弹出 Windows 系统的选择文件夹对话框，选中新版本 PDL 所在的文件夹，即可更改所有项目默认使用的 PDL 版本。

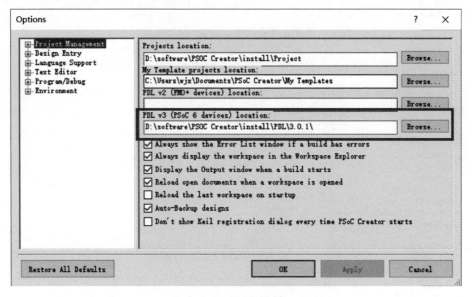

图 6.27　选项对话框

习题

6.1　请说明 PSoC6 软件开发流程。

6.2　如何创建一个基于示例的项目？

6.3　设计规则检查有何作用？

6.4　源代码文件树包含哪些文件夹？

第三部分

PSoC6实验

  本部分实验设计遵循循序渐进的思想,分为基本实验、提高实验、综合实验、创新实验,以使读者逐步掌握 PSoC6 的开发方法。

  基本实验的一部分是以 PSoC Creator 自带的示例为基础设计的,提高实验、综合实验和创新实验是新设计的实验。针对 PSoC6 的常用用户模块设计了 13 个基本实验,使读者初步掌握 PSoC 的基本开发方法,其中第 1 个基本详细介绍了实验步骤,使读者快速熟悉 PSoC6 的开发环境及实验流程;在此基础上,设计了 2 个综合性较强的提高实验,使读者深入掌握 PSoC6 开发方法;之后设计了 10 个综合实验,使读者能够灵活运用 PSoC6 开发实际系统;最后设计了 5 个创新实验,使读者能够用 PSoC6 设计创新的实际系统。

  本部分所有实验均采用以下设备:第 4 章介绍的 PSoC6 实验套件 CY8CKIT-062-BLE,其他常用电子元器件、传感器和执行器、电子仪器等。

第7章

PSoC6实验

7.1 基础实验

7.1.1 PWM实验

1. 实验内容

使用 PWM(Pulse Width Modulation)模块控制 LED(Light Emitting Diode,发光二极管)以 1Hz 的频率进行闪烁。

2. 实验目的

(1) 熟悉 PSoC Creator 开发环境;

(2) 了解 PWM 模块的使用方法;

(3) 了解 LED 的使用方法。

3. 实验要点

选择并设置 PWM 模块。

本实验的关键点在于合理设置 PWM 模块,使得其输出波形频率为实验要求的 1Hz。PWM 模块输出波形的频率受输入时钟频率和模块配置界面的 Period 参数影响。

设 PWM 模块输入时钟的频率为 f_{clk},设置 Period 参数值为 p,则输出波形频率为 $f_{clk}/(p+1)$。

通过调整 f_{clk} 和 p 两个参数,并设置合适的占空比,则可驱动 LED 以 1Hz 的频率闪烁。

4. 实验步骤

1) 新建项目

打开 PSoC Creator 4.4 软件,单击菜单栏 File→New→Project,弹出如图 7.1 所示的界面。在 Target Device 栏选择 PSoC6 PSoC 63。单击 Next,进入下一步。

弹出新建项目界面,如图 7.2 所示,在该步骤中可以选择创建基于示例代码(Code Example)的项目、创建在原理图中已预先放置常用模块的项目(Pre-populated schematic)或创建空项目(Empty schematic)。本实验选择创建空项目,单击 Next,进入下一步。

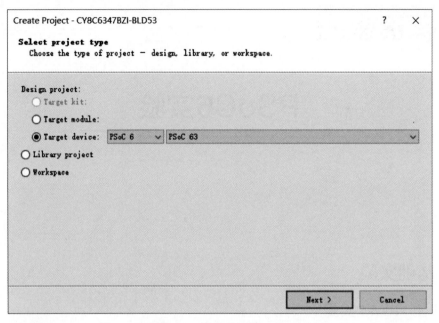

图 7.1　新建项目第一步

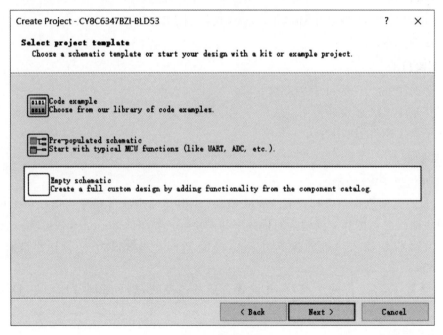

图 7.2　新建项目第二步

弹出新建项目界面，如图 7.3 所示，在该步骤中可以选择为其他 IDE（Integrated Development Environment，集成开发环境）生成项目文件。由于本实验只使用 PSoC Creator 进行项目开发，因此各下拉框均保持默认值 Disable 即可。单击 Next，进入下一步。

弹出新建项目界面，如图 7.4 所示，在该步骤中可以设置工程名（Workspace name）、工程创建目录（Location）以及项目名（Project name）。然后单击 Finish 按钮完成项目的创建。

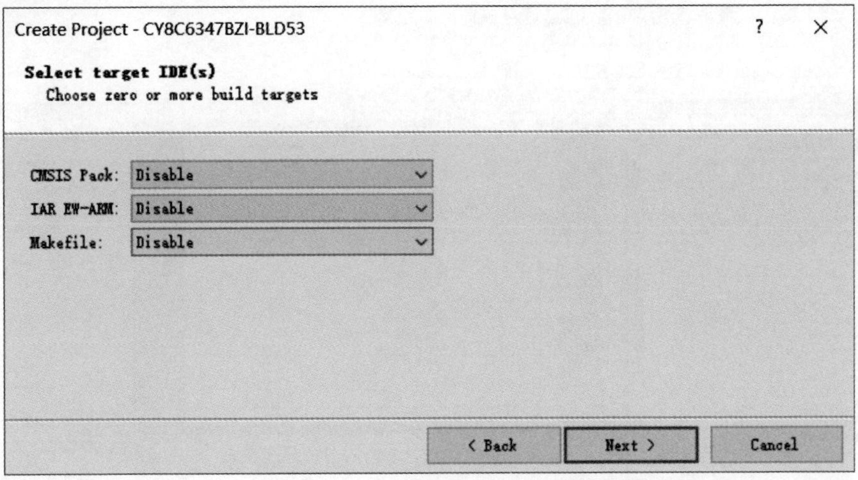

图7.3　新建项目第三步

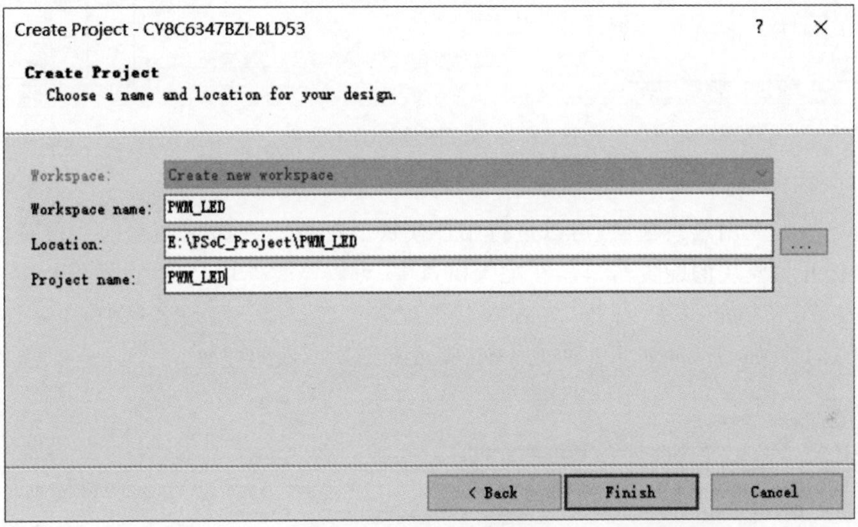

图7.4　新建项目第四步

2) 编辑原理图

项目创建完成后,将自动打开 TopDesign 界面,如图7.5所示。如果未打开,可以在图7.5所示的工作区左侧的浏览器界面找到 TopDesign. cysch 文件并双击。

接下来进行原理图的编辑。

(1) 放置用户模块。

在图7.5所示的工作区右侧的 Component Catalog 子窗口中找到 PWM(TCPWM)组件,将其拖曳到中间的原理图页面中。

PWM 模块还需要时钟输入,因此再从 Component Catalog 子窗口中选取一个 Clock,并放置到原理图中。再从 Component Catalog 子窗口中选取出一个数字输出引脚(Digital Output Pin)并放置到原理图中,该数字输出引脚将关联到 CY8CKIT-062-BLE 开发板上的 LED。

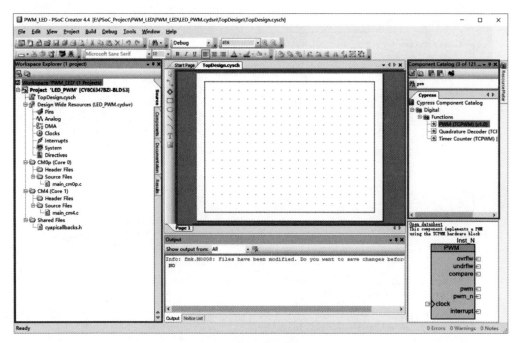

图 7.5　原理图编辑器主界面

（2）配置用户模块。

选择并放置完用户模块后，可以进行用户模块的配置。在原理图页面中放置的模块上双击可以打开该模块的配置窗口。在配置窗口中，可以修改模块名称，设置模块参数等。

首先，双击 Clock 模块，打开 Clock 模块的配置窗口。修改模块名称为 Clock，并配置时钟频率为 1kHz，如图 7.6 所示。单击 OK，完成 Clock 模块的配置。

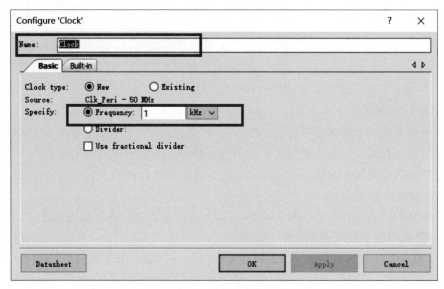

图 7.6　配置时钟模块

再双击 PWM 模块，打开 PWM 模块的配置窗口。修改模块名称为 PWM，并合理设置 Period 参数使模块输出波形频率为 1Hz，具体公式参见上面的实验要点部分。在此设置

Period 0 的值为 999,并修改 Compare 0 的值为 500,使得输出波形的占空比为 50%,如图 7.7 所示,单击 OK,完成 PWM 模块的配置。

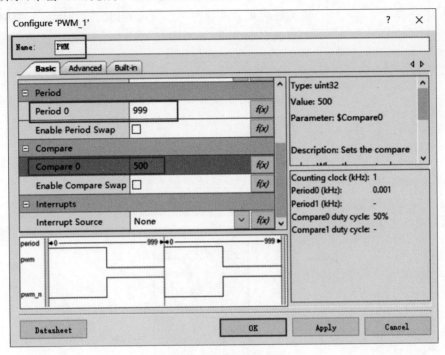

图 7.7　配置 PWM 模块

再双击 Digital Output Pin 元件,修改名称为 LED,如图 7.8 所示,单击 OK,完成数字输出引脚 LED 模块的配置。

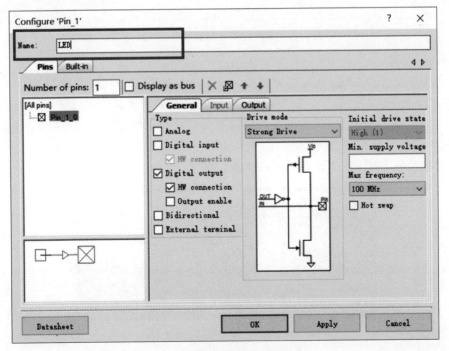

图 7.8　配置数字输出引脚模块

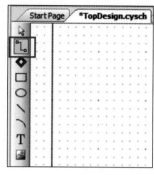

图 7.9　选择 Wire Tool 工具

（3）用户模块线路互联。

配置完用户模块后，需要进行用户模块线路互联，将各模块关联起来。在如图 7.5 所示界面的原理图页面左侧工具栏中找到并使用第二个图标即 Wire Tool 工具进行连线，如图 7.9 所示方框框选部分。

单击 将激活 Wire Tool 工具，然后单击 Clock 模块的引脚，再单击 PWM 模块的 clock 引脚，则成功将 Clock 模块和 PWM 模块关联起来。具体操作方式参见 6.2.3 节"用户模块线路互联"。

然后再将 PWM 模块的 pwm 输出引脚与 LED 模块的引脚进行连接，即完成用户模块线路互联。完成后的原理图如图 7.10 所示。

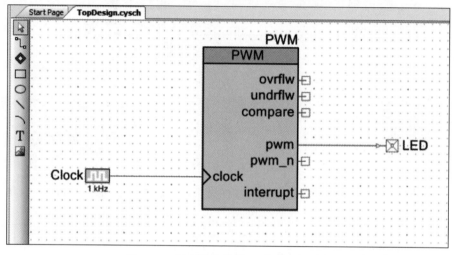

图 7.10　用户模块线路互联后的原理图

3）分配引脚

在图 7.5 左边的工作区浏览器窗口中，双击 Pins 文件，打开引脚分配窗口。在该窗口中，需要将原理图中的引脚与 PSoC6 器件上的实际引脚进行连接。引脚分配的操作方法可参见第 6.2.4 节"设置系统资源"的分配引脚部分。在此，将 LED 引脚连接到 PSoC6 实验板上 RGB LED 蓝色控制引脚，即设置 Port 为 P11[1]，如图 7.11 所示。PSoC6 实验板的引脚说明可参考第 4 章图 4.3 和表 4.3，或者查阅参考文献[7]。

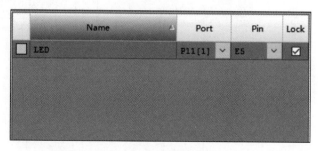

图 7.11　引脚分配结果

4）生成应用程序文件

单击菜单栏的 Build→Generate Application，生成应用程序文件。通常，系统会自动检查原理图及相关配置是否有误，如果出现明显错误，则系统将会提示错误信息。

5）编辑应用程序

由于本书实验验证均采用 PSoC6 实验板，主芯片为 PSoC 63 系列，该芯片具有双核微处理器，因此生成的应用程序文件中包含在 CM0p 核上运行的代码文件 main_cm0p.c，以及在 CM4 核上运行的代码文件 main_cm4.c。修改编辑这两个文件可以分别配置在两个微处理器上运行的任务。

本实验可以在任何一个核上启动 PWM 模块，因此可以自由选择在 main_cm0p.c 或者 main_cm4.c 中添加启动 PWM 的代码。

本实验在 main_cm4.c 中添加 PWM 的启动代码，即调用 PWM_Start 函数。编辑后 main_cm4.c 中代码如图 7.12 所示。

```c
#include "project.h"

int main(void)
{
    __enable_irq();          /* Enable global interrupts. */

    PWM_Start();
    for(;;)
    {
    }
}
```

图 7.12　编辑应用程序代码

6）编程调试

使用 USB Type-C 编程线连接计算机与 PSoC6 实验板。单击菜单栏 Debug→Program 进行项目的编译并下载代码到 PSoC6 器件，即可观察到蓝色 LED 以 1Hz 频率闪烁，实验效果如图 7.13 所示。

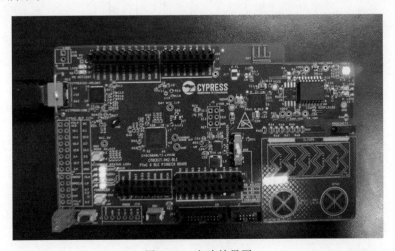

图 7.13　实验效果图

7.1.2 SmartI/O 实验

本实验基于 Code Example"CE219490_PSoC_6_MCU_Breathing_LED_using_SmartI/O"实验，可参考该 Code Example 学习 SmartI/O 的使用方法。

1. 实验内容

使用 SmartI/O 模块对信号进行逻辑运算，产生两路方波信号，其中一路信号占空比循环增大再减小，另一路信号占空比的变化则与第一路信号相反。通过两路方波信号分别驱动两个 LED 以实现亮度逐渐改变的呼吸灯效果。

2. 实验目的

学习 SmartI/O 模块的基本使用方法。

3. 实验要点

1）SmartI/O 模块的使用

SmartI/O（智能 I/O）模块可以在通用输入输出（General Purpose Input/Output，GPIO）与各种外设和 UDB（Universal Digital Blocks）的连接之间提供可编程逻辑运算。除了模块的初始化工作之外，通过 SmartI/O 模块进行逻辑运算不会消耗 CPU 资源。因此当需要对 I/O 引脚的信号进行简单逻辑运算，如信号分频、反相、异或时，可以使用 SmartI/O 模块以降低 CPU 负载，减小功耗。

通过 SmartI/O 模块的配置窗口配置查找表（Look-Up-Table，LUT）可以设置 SmartI/O 的逻辑运算功能，具体操作参见本实验的实验步骤部分。

2）生成占空比循环变化的方波

利用两个周期不同且周期值不能相互整除的方波进行异或，可得到占空比循环变化的方波信号。在本实验中，将通过 PWM 模块产生占空比为 50%、频率为 25Hz 的方波，将其与利用时钟分频得到的频率为 24.75Hz 的方波进行异或，便可得到占空比先不断增加再不断减小的方波信号，波形示意图如图 7.14 所示。

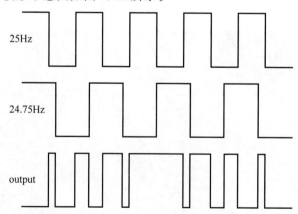

图 7.14 通过异或产生占空比循环增加再减小的方波信号

3）四分频运算对应的状态转换表

在本实验中，其中一路方波由 SmartI/O 模块对其时钟信号进行四分频产生。设置 SmartI/O 模块输入时钟频率为 99Hz，然后再进行四分频，便可得到频率为 24.75Hz 的方波信号。四分频运算所需的状态转换表可参见表 7.1。

表 7.1　四分频对应状态转换表

时钟	当前状态		下一状态	
	$Q0$	$Q1$	$Q0$	$Q1$
上升沿触发	0	0	1	1
上升沿触发	1	1	0	1
上升沿触发	0	1	1	0
上升沿触发	1	0	0	0

该表对应的数字电路结构图如图 7.15 所示,在实验步骤部分,将配置 SmartI/O 模块的 LUT2,LUT3 以及 LUT4 完成相应的逻辑运算,最后通过 gpio4 输出。

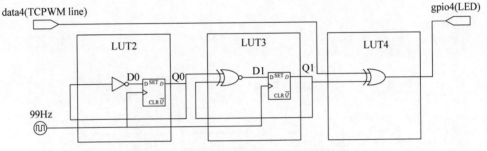

图 7.15　四分频运算对应数字电路结构图

根据表 7.1,$Q0^* = \overline{Q0}$,$Q1^* = (Q0)\text{XNOR}(Q1)$,可知 $Q0$ 的频率为时钟频率的一半,而 $Q1$ 的频率则为时钟频率的四分之一。

4. 实验步骤

1) 新建项目

新建项目的具体步骤参见 7.1.1 PWM 实验。

2) 编辑原理图

项目创建完成后,将自动打开 TopDesign 界面。如果未打开,可以在工作区浏览器界面找到 TopDesign.cysch 文件并双击。

(1) 放置用户模块。

本实验的一路方波信号由 PWM 模块产生,因此需要一个 PWM 模块。另一路方波信号的产生以及逻辑运算功能则由 SmartI/O 模块实现,因此需要一个 SmartI/O 模块。为了给 PWM 模块和 SmartI/O 模块提供时钟源,需要两个时钟模块。此外,还需要两个数字输出引脚。从 Component Catalog 子窗口中将所需模块拖曳放置到原理图中,完成用户模块的放置。

(2) 配置用户模块。

选择并放置完用户模块后,可以进行用户模块的配置。首先配置 PWM 模块的时钟模块,将其命名为 Clock_PWM,为了产生频率为 25Hz 的 PWM 方波信号,可以设置 Clock_PWM 模块的频率为 1kHz,如图 7.16 所示。

再配置 PWM 模块。将 PWM 模块命名为 PWM。为了使 PWM 模块输出方波频率为 25Hz,

Period 0 参数需要设置为 39。为了使得占空比为 50%，Compare 0 参数需要设置为 20，如图 7.17 所示。

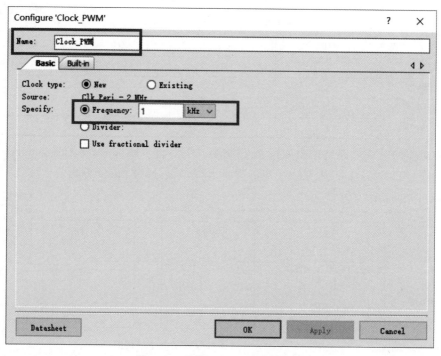

图 7.16　配置 Clock_PWM 模块

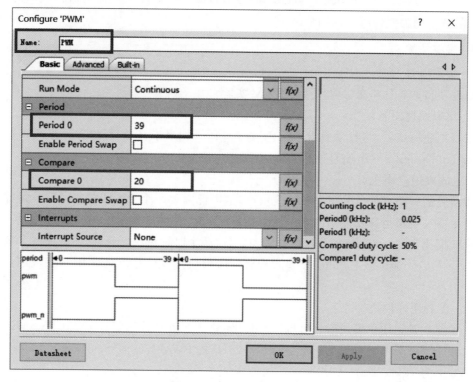

图 7.17　配置 PWM 模块

接下来配置 SmartI/O 模块所需的时钟模块,将其命名为 Clock_SmartI/O,并设置频率为 99 Hz,如图 7.18 所示。

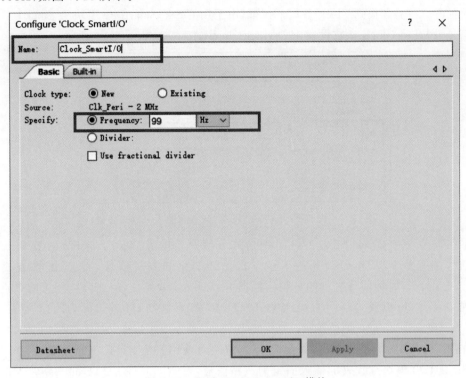

图 7.18 配置 Clock_SmartI/O 模块

再配置 SmartI/O 模块。双击打开 SmartI/O 的配置窗口,如图 7.19 所示。先修改模块名为 SmartI/O,接下来需要配置 SmartI/O 模块的输入输出以及查找表。

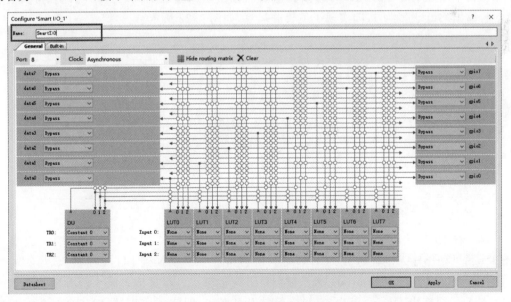

图 7.19 SmartI/O 模块配置窗口

首先，在如图 7.19 所示的 SmartI/O 模块配置窗口左上方找到 Port 参数下拉框，通过修改 Port 参数可以设置可供 SmartI/O 模块使用的外围端口，这里将 Port 参数设置为 9。再在配置窗口左上方找到 Clock 参数下拉框，由于用 Clock_SmartI/O 模块给 SmartI/O 提供时钟信号，因此将 Clock 参数设置为 Divided clock(Active)，如图 7.20 所示。

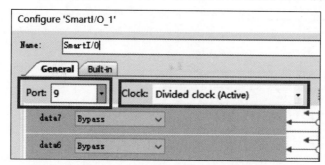

图 7.20　配置 SmartI/O 模块的 Port 参数及 Clock 参数

本实验通过将 Clock_SmartI/O 时钟信号分频产生的方波信号与 PWM 模块产生的方波信号进行异或，从而得到并输出占空比循环变化的方波信号。首先配置查找表对 Clock_SmartI/O 时钟信号进行四分频。根据本节前文实验要点，需要分别配置两个查找表以实现 $Q0^* = \overline{Q0}$ 以及 $Q1^* = (Q0)\,\text{XNOR}\,(Q1)$ 运算，最终的 $Q1$ 输出即为四分频后的时钟信号。

在图 7.19 中间的查找表中，先配置 LUT2(也可使用其他 LUT)实现 $Q0^* = \overline{Q0}$ 运算。由于 SmartI/O 模块查找表的输入固定为三路信号，因此可以将 LUT2 的三路输入信号都设置为 LUT2，如图 7.21 所示。然后在配置窗口左上方将出现 LUT2 标签页。切换到 LUT2 标签页，如图 7.22 所示。修改模式为 Gated output，表示输出信号会被暂存。在左下方窗口中通过单击 Out 列即可修改真值表的输出从而实现不同的逻辑功能。将真值表第一行输出 Out 设置为 1，即实现了逻辑非运算，如图 7.22 所示。

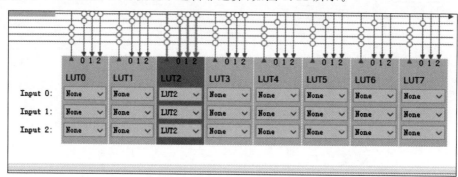

图 7.21　设置 LUT2 的输入

再配置 LUT3 实现 $Q1^* = (Q0)\,\text{XNOR}\,(Q1)$ 运算。将 LUT3 的一路输入设置为 LUT2，另外两路输入设置为 LUT3，如图 7.23 所示。然后切换到 LUT3 标签页，如图 7.24 所示。修改模式为 Gated output，表示输出信号会被暂存。将真值表第一行输出 Out 设置为 1，最后一行输出 Out 设置为 1，其余保持默认值 0，即实现了同或 XNOR 运算。最终 LUT3 的输出即为时钟四分频后的信号。

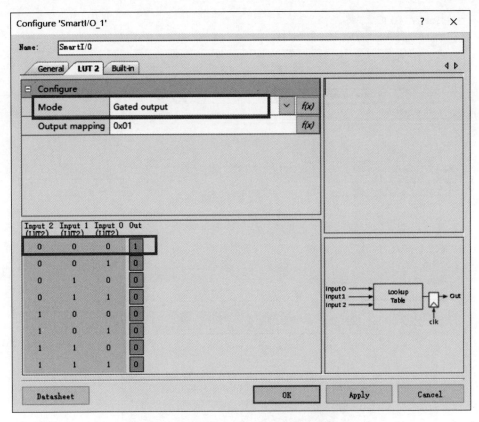

图 7.22 配置 LUT2 实现逻辑非功能

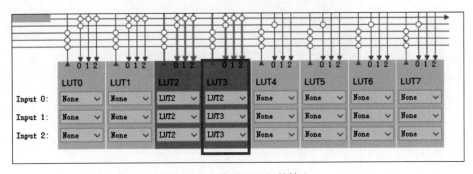

图 7.23 设置 LUT3 的输入

再配置 LUT4 实现 PWM 方波与时钟四分频后的信号的异或功能。PWM 方波信号需要由如图 7.19 所示的配置窗口左侧的 data0～data7 数据源引入。设置由 data4 数据源引入,即设置 data4 下拉框为 Input(Async),然后在右边出现的下拉框中选择 TCPWM.line,如图 7.25 所示。将 PWM 方波信号引入 data4 数据源后,设置 LUT4 的一路输入为 data4,另外两路输入为 LUT3,如图 7.26 所示。然后切换到 LUT4 标签页,如图 7.27 所示,设置模式为 Combinatorial,表示该查找表是纯组合电路,输出信号不会被寄存器暂存。再将真值表的第二行和第七行的输出设置为 1,其他保持默认值 0,即实现了异或运算。最终 LUT4 的输出就是占空比循环变化的方波信号。

再配置 LUT6 对 LUT4 的输出信号进行逻辑非运算,从而获得占空比反向变化的方波

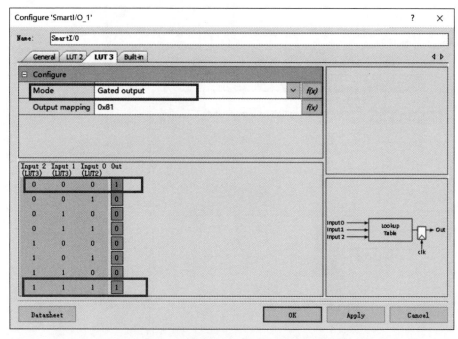

图 7.24　配置 LUT3 实现同或功能

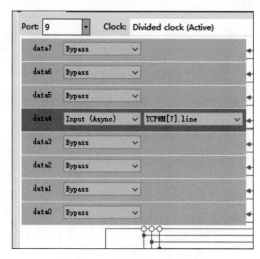

图 7.25　设置 data4 数据源

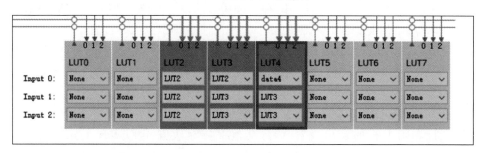

图 7.26　设置 LUT4 的输入

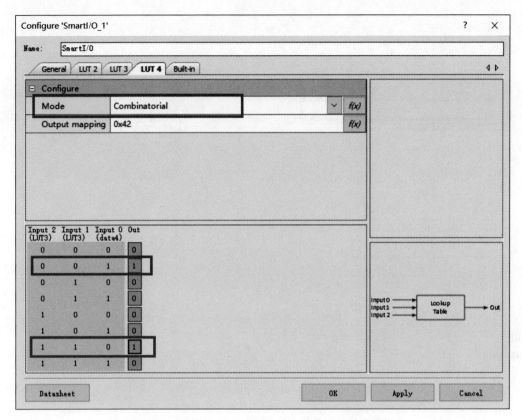

图 7.27　配置 LUT4 实现两路方波信号的异或功能

信号。设置 LUT6 的三路输入信号均为 LUT4,如图 7.28 所示。然后切换到 LUT6 标签页,如图 7.29 所示。设置模式为 Combinatorial,表示该查找表是纯组合电路,输出信号不会被寄存器暂存。将真值表第一行的输出设置为 1,其余保持默认值 0,即实现了逻辑非运算。

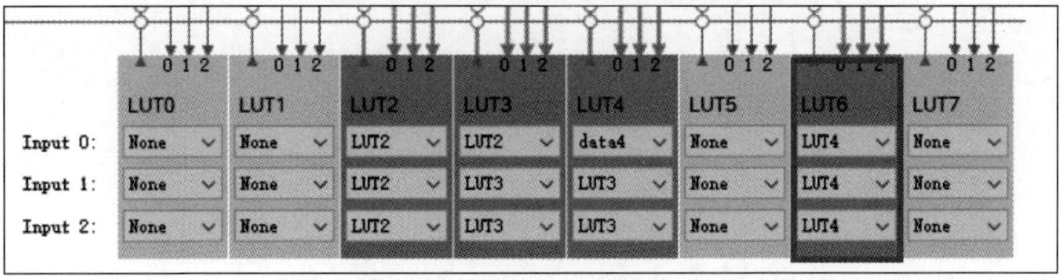

图 7.28　设置 LUT6 的输入

最后设置 SmartI/O 模块的输出。在如图 7.19 所示的配置窗口的右侧可以设置 GPIO 数据源。由于需要将 LUT4 和 LUT6 的输出信号连接至 GPIO 端口,因此设置 gpio4 和 gpio6 的下拉框为 Output,如图 7.30 所示。配置完 SmartI/O 模块后的窗口如图 7.31 所示。单击 Apply 以及 OK 以应用设置。

最后配置两个数字输出引脚。分别修改模块名为 Pin_LED1 和 Pin_LED2 即可。Pin_LED1 模块的配置结果如图 7.32 所示,Pin_LED2 模块只有模块名与 Pin_LED1 不同,就不再展示配置图。

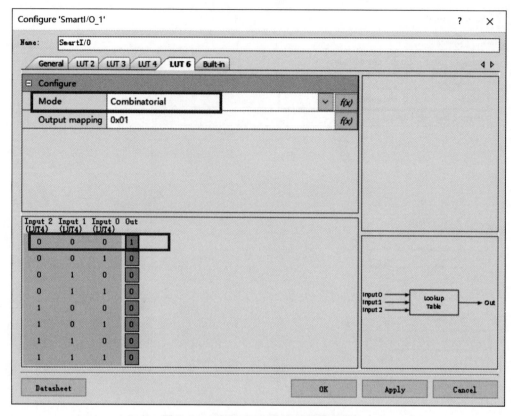

图 7.29　配置 LUT6 实现逻辑非运算

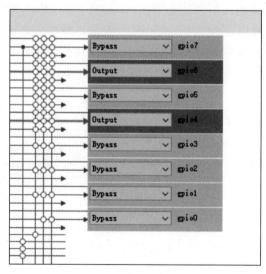

图 7.30　配置 GPIO 数据源

（3）用户模块线路互联。

　　配置完用户模块后需要进行用户模块线路互联。将 Clock_PWM 模块与 PWM 模块的 clock 引脚相连；Clock_SmartI/O 模块与 SmartI/O 模块的 clock 引脚相连；PWM 模块的输出引脚 pwm 与 SmartI/O 模块的 data4 引脚相连；SmartI/O 模块的输出引脚 gpio4 和

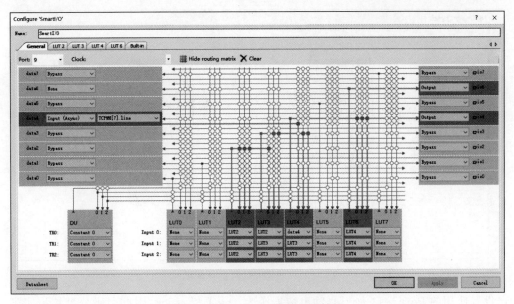

图 7.31 SmartI/O 模块配置结果

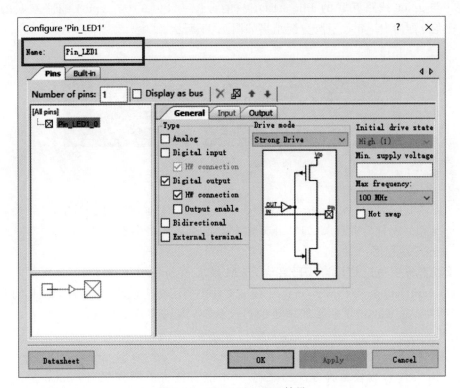

图 7.32 Pin_LED1 配置结果

gpio6 分别与两个数字输出引脚 Pin_LED1 和 Pin_LED2 相连。最终完成用户模块线路互联后的原理图如图 7.33 所示。

3) 分配引脚

在工作区浏览器窗口中双击 Pins 打开引脚分配窗口。由于在 SmartI/O 模块配置窗口

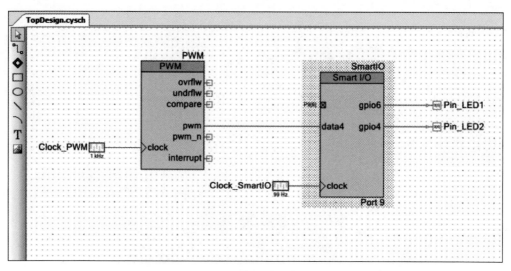

图 7.33　线路互联后的原理图

中已设置使用的 Port 端口为 9，且输出数据源为 gpio4 和 gpio6，因此引脚分配结果实际已被确定。与 gpio6 线路互联的 Pin_LED1 只能分配为 P9[6]，与 gpio4 线路互联的 Pin_LED2 只能分配为 P9[4]。引脚分配结果如图 7.34 所示。

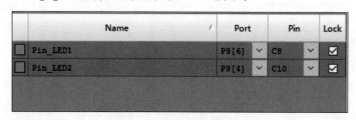

图 7.34　引脚分配结果

4）生成应用程序文件

单击菜单栏的 Build→Generate Application，生成应用程序文件。通常，系统会自动检查原理图及相关配置是否有误，如果出现明显错误，则系统将会提示错误信息。

5）编辑应用程序

本实验只需要通过 C 语言代码启动 PWM 模块和 SmartI/O 模块即可，无须其他功能代码。在 main_cm0p.c 或 main_cm4.c 任一文件中调用相应模块的 Start 函数即可启动模块。选择在 main_cm0p.c 中添加模块的启动代码，编辑完成后的 main_cm0p.c 代码如图 7.35 所示。

6）编程调试

由于 SmartI/O 模块引脚分配的限制，并不能直接将引脚分配到 PSoC6 实验套件上 LED 所在的引脚。为了观察到呼吸灯效果，需要将两个数字输出引脚通过导线连接到 PSoC6 实验套件上橙色和红色 LED 所在的引脚，参考第 4 章图 4.3 和表 4.3，将 P9[4]用导线连接到橙色 LED 引脚 P1[5]，P9[6]用导线连接到红色 LED 引脚 P13[7]。

然后使用 USB Type-C 编程线连接 PSoC6 实验套件与计算机。单击菜单栏 Debug→Program 进行项目的编译并下载代码到 PSoC6 器件。

```
# include "project.h"

int main(void)
{
    __enable_irq();
    Cy_SysEnableCM4(CY_CORTEX_M4_APPL_ADDR);

    PWM_Start();
    SmartI/O_Start();

    for(;;)
    {

    }
}
```

图 7.35　main_cm0p.c 代码示例

程序成功运行后,可观察到橙色 LED 循环变暗再变亮,而红色 LED 亮度变化与橙色 LED 亮度变化相反,如图 7.36 所示。

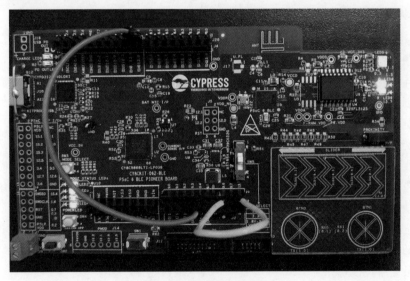

图 7.36　实验运行结果图

7.1.3　UART 与 IPC 实验

1. 实验内容

通过串口通信通用异步收发传输器(Universal Asynchronous Receiver/Transmitter,UART)以及 CM0 与 CM4 双核通信处理器间通信(Inter-Processor Communication,IPC),实现输入指定字符来控制 LED 的亮灭。

2. 实验目的

(1) 了解 UART 模块的使用方法。

(2) 了解通过 IPC 进行双核通信的方法。

3. 实验要点

1）I/O 重定向

为了在嵌入式系统中能够有效地调试代码，需要方便地输出调试信息，以加快问题排查的过程。通过将 C 语言的标准输入流 STDIN 和标准输出流 STDOUT 重定向到 PSoC6 的外设，比如连接到计算机的 UART 模块，则能通过外设观察到调试信息。

通过在工作区浏览器窗口内的项目名上单击右键，选择 Build Settings，打开 Peripheral Driver Library 设置页修改相应设置，并编辑相关的头文件可以实现 I/O 重定向功能，从而使 C 语言的 printf 等函数能够正常使用。

2）IPC 通信

处理器间通信（IPC）为两个内核提供了通信和同步其活动的功能。IPC 硬件使用 IPC 通道寄存器和中断寄存器实现。IPC 通道寄存器实现了互斥锁机制以及 CPU 之间的消息传递。IPC 中断寄存器能够为两个 CPU 产生用于消息事件和互斥锁锁定/释放事件的中断。

通过合理使用 IPC 相关的应用程序接口 API 能够让 CM0 和 CM4 核通过共享内存来实现双核通信。

4. 实验步骤

1）新建项目

新建项目的具体步骤参见 7.1.1 PWM 实验。

2）编辑原理图

项目创建完成后，将自动打开 TopDesign 界面。如果未打开，可以在如图 7.5 左侧的工作区浏览器界面找到 TopDesign.cysch 文件并双击。

（1）放置用户模块。

为了实现在计算机上输入指定字符来控制 LED 的亮灭，需要借助 UART 模块进行串口通信。在图 7.5 所示的原理图编辑器主界面右边的 Component Catalog 子窗口中找到 UART 模块，将其拖曳放置到原理图中。再从 Component Catalog 子窗口中选取出一个数字输出引脚（Digital Output Pin）并放置到原理图中，该数字输出引脚将关联到 CY8CKIT-062-BLE 开发板上的 LED。

（2）配置用户模块。

选择并放置完用户模块后，可以进行用户模块的配置。首先配置 UART 模块。双击 UART 模块，打开 UART 模块的配置窗口。修改模块名称为 UART，其他参数保持默认即可。如图 7.37 所示。

接下来配置数字输出引脚。双击引脚，打开引脚配置窗口，如图 7.38 所示。修改引脚名为 LED。由于该引脚不需要与其他模块直接进行线路互联，因此取消 HW connection 选择框前的勾选。

（3）用户模块线路互联。

配置完用户模块后需要进行用户模块线路互联。本实验各用户模块之间无需直接连接，因此用户模块线路互联后的原理图如图 7.39 所示。

3）修改项目设置

为了启用 I/O 重定向功能，需要修改项目设置。在工作区浏览器窗口内的项目名上单

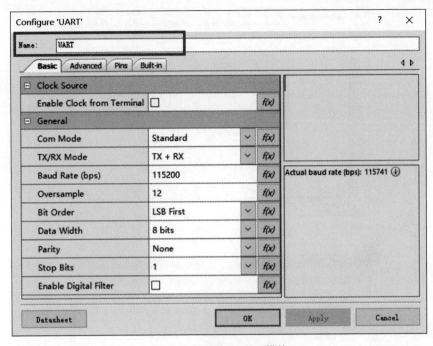

图7.37　配置UART模块

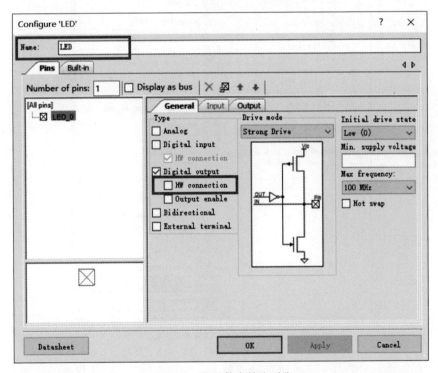

图7.38　配置数字输出引脚

击右键,选择 Build Settings,如图7.40所示。之后将会弹出项目的设置页面,切换到
Peripheral Driver Library 页面,并勾选 Retarget I/O 选项,如图7.41所示,之后单击 Apply
及 OK,以应用该设置。

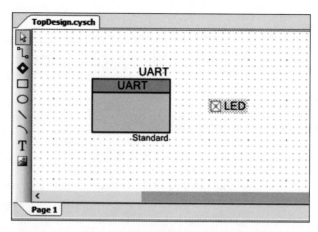

图 7.39　线路互联后的原理图

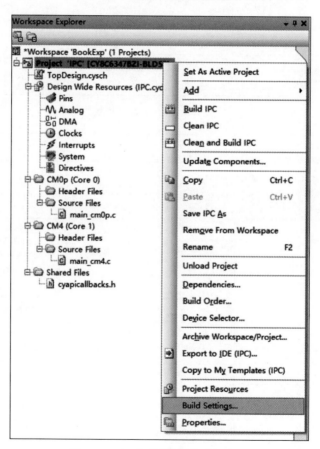

图 7.40　打开项目设置界面的方法

4）分配引脚

为了在计算机上使用串口通信软件与 PSoC6 进行串口通信，需要给 UART 模块分配合适的引脚。参见第 4 章图 4.4 和表 4.3 或者查阅参考文献[7]，了解 PSoC6 实验板 UART 的相关引脚信息。通过这些引脚，可以让 PSoC6 器件与计算机进行串口通信。

此外，将 LED 模块引脚分配到 PSoC6 实验板上 RGB LED 的蓝色 LED 所在引脚，即

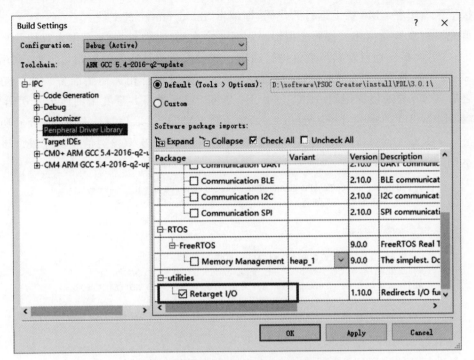

图 7.41 修改外设驱动库设置页设置

P11[1]。引脚分配结果如图 7.42 所示。

Name	Port	Pin	Lock
\UART:rx\	P5[0]	L6	☑
\UART:tx\	P5[1]	K6	☑
LED	P11[1]	E5	☑

图 7.42 引脚分配结果图

5）生成应用程序文件

单击菜单栏的 Build→Generate Application，生成应用程序文件。通常，系统会自动检查原理图及相关配置是否有误，如果出现明显错误，则系统将会提示错误信息。

6）编辑应用程序

首先为了实现 I/O 重定向功能，还需修改"stdio_user.h"文件。打开"stdio_user.h"文件，将项目的"project.h"头文件包含进来，并将 IO_STDOUT_UART 和 IO_STDIN_UART 宏定义为 UART_HW。编辑结果如图 7.43 所示。

```
#include "cy_device_headers.h"
#include "project.h"
/* Must remain uncommented to use this utility */
#define IO_STDOUT_ENABLE
#define IO_STDIN_ENABLE
#define IO_STDOUT_UART    UART_HW
#define IO_STDIN_UART     UART_HW
```

图 7.43 修改"stdio_user.h"文件

接下来编辑在 CM0 核上运行的代码，即编辑"main_cm0p.c"文件。

首先进行双核通信相关代码的编辑。定义一个全局变量 sharedVar 作为双核共享的内存变量，之后两核将通过该共享变量进行通信。然后进行双核通信的初始化工作，调用 Cy_IPC_Sema_Init 和 Cy_IPC_Drv_GetIpcBaseAddress 函数进行相关初始准备工作。初始化完成之后，CM0 核通过调用 Cy_IPC_Drv_SendMsgPtr 函数将共享变量的地址发送给 CM4 核，并调用 Cy_IPC_Drv_IsLockAcquired 函数等待 CM4 核读取信息。若 CM4 核成功读取到信息，Cy_IPC_Drv_IsLockAcquired 函数才会返回，表明该次双核通信成功完成。该部分代码示例如图 7.44 所示。

```
if(Cy_IPC_Sema_Init(CY_IPC_CHAN_SEMA, sizeof(myArray) * 8, myArray) !=
    CY_IPC_SEMA_SUCCESS)
{
    HandleError();
}
Cy_SysEnableCM4(CY_CORTEX_M4_APPL_ADDR);
myIpcHandle = Cy_IPC_Drv_GetIpcBaseAddress(MY_IPC_CHANNEL);
while(Cy_IPC_Drv_SendMsgPtr(myIpcHandle, CY_IPC_NO_NOTIFICATION,
    &sharedVar) != CY_IPC_DRV_SUCCESS);
while(Cy_IPC_Drv_IsLockAcquired(myIpcHandle));
```

图 7.44　main_cm0p.c 文件内 IPC 相关代码

之后进行功能代码的编写。CM0 核会通过串口通信监控用户的输入，如果用户输入大写字母 S，则将共享的全局变量 sharedVar 置为 1，并输出相关调试语句"lighten the blue led"；如果用户输入小写字母 s，则将共享的全局变量 sharedVar 置为 0，并输出相关调试语句"burn out the blue led"。该部分代码示例如图 7.45 所示。

```
UART_Start();
char c;
for(;;)
{
    if(UART_GetNumInRxFifo())
    {
        c = getchar();
        switch(c)
        {
            case 'S':
            {
                printf("lighten the blue led\n");
                sharedVar = 1;
                break;
            }
            case 's':
            {
                printf("burn out the blue led\n");
                sharedVar = 0;
                break;
            }
            default:
                break;
        }
    }
}
```

图 7.45　main_cm0p.c 文件内相关功能代码

最后编辑 CM4 核上运行的代码，即编辑"main_cm4.c"文件。

首先进行双核通信相关代码的编辑。定义一个指针用来接收 CM0 核发送的共享内存地址。通过 Cy_IPC_Drv_GetIpcBaseAddress 函数获取到 IPC 寄存器结构基址，然后调用 Cy_IPC_Drv_ReadMsgPtr 函数等待并读取 CM0 核发送的消息，如果读取成功，则调用 Cy_IPC_Drv_LockRelease 函数释放 IPC 通道以通知 CM0 核自己成功读取到消息。该部分代码示例如图 7.46 所示。

```
IPC_STRUCT_Type * myIpcHandle;
uint8_t * sharedVar;
myIpcHandle = Cy_IPC_Drv_GetIpcBaseAddress(MY_IPC_CHANNEL);
while(Cy_IPC_Drv_ReadMsgPtr(myIpcHandle, (void *)&sharedVar) != CY_IPC_DRV_SUCCESS);
mySysError = Cy_IPC_Drv_LockRelease(myIpcHandle, CY_IPC_NO_NOTIFICATION);
if(mySysError != CY_IPC_DRV_SUCCESS)
{
    HandleError();
}
if(Cy_IPC_Sema_Init(CY_IPC_CHAN_SEMA, (uint32_t)NULL, NULL)
    != CY_IPC_SEMA_SUCCESS)
{
    HandleError();
}
```

图 7.46　main_cm4.c 文件内 IPC 相关代码

接下来进行功能代码的编写。CM4 核不断循环判断共享内存变量的值。如果读取到共享变量的值为 1，则将 LED 引脚置为低电平，以点亮 LED；如果读取到共享变量的值为 0，则将 LED 引脚置为高电平，以熄灭 LED。该部分代码示例如图 7.47 所示。

```
for(;;)
{
    if( * sharedVar == 1)
    {
        //lighten the led
        Cy_GPIO_Write(LED_PORT, LED_NUM, 0);
    }
    else{
        //burn out the led
        Cy_GPIO_Write(LED_PORT, LED_NUM, 1);
    }
}
```

图 7.47　main_cm4.c 文件内相关功能代码

7）编程调试

使用 USB Type-C 编程线连接计算机与 PSoC6 实验板。单击菜单栏 Debug→Program 进行项目的编译并下载代码到 PSoC6 器件。

在计算机上运行串口调试助手软件并打开对应端口，即可与 PSoC6 器件进行串口通信。可以通过计算机的设备管理器查看 PSoC6 实验板上的 KitProg2 所连接的 COM（Cluster Communication Port）口。打开设备管理器，找到并展开端口（COM 和 LPT）一栏，即可找到器件所连接的 COM 口，如图 7.48 所示，KitProg2 USB-UART 一行显示开发板的 KitProg2 设备连接到 COM39。

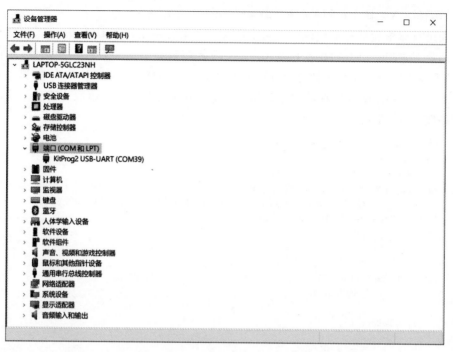

图 7.48   通过设备管理器查找 PSoC 器件所连接的 COM 端口

在串口调试助手软件中打开 PSoC6 实验板所连接的 COM 端口，再输入大写字母 S，即可在串口调试助手软件显示框内观察到代码中输出的语句"lighten the blue led"，并观察到 PSoC6 实验板上的 RGB LED 被点亮为蓝色。输入小写字母 s，即可观察到输出语句"burn out the blue led"，同时 RGB LED 熄灭。运行结果示例如图 7.49 所示。

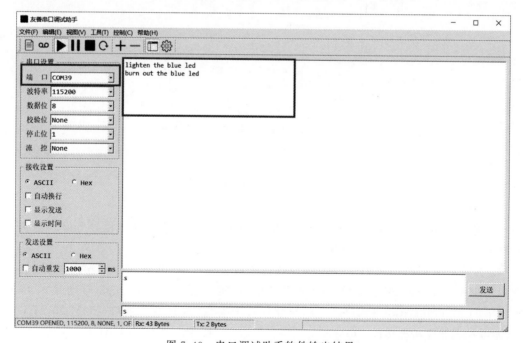

图 7.49   串口调试助手软件输出结果

7.1.4　SPI实验

1. 实验内容

本实验基于 PSoC Creator 的 Code Example-CE221120_Hight_level_SPI_Master。

PSoC6 双核 MCU 上的主设备通过使用 SPI 串行通信模块发送命令包来控制从设备上的 RGB LED 颜色变化。

2. 实验目的

了解 SPI 主设备使用外设驱动程序库（PDL）函数与 SPI 从设备进行通信的四种方法。

3. 实验要点

SPI 的 PDL 函数分为低级函数和高级函数，低级 PDL 函数允许 SPI 直接与硬件交互而不使用中断进行数据传输，而 SPI 的高级 PDL 函数则需要使用中断进行数据传输。本实验在进行 SPI 通信时主设备采用四种不同实现方式，分别是：使用高级 PDL 函数的 SPI 主设备，使用低级 PDL 函数的 SPI 主设备，使用中断和低级 PDL 函数的 SPI 主设备以及使用 DMA 和低级 PDL 函数的 SPI 主设备。

在这四种实现方式中，Cortex-M4（CM4）内核充当主设备，Cortex-M0＋（CM0＋）内核充当从设备。主设备每隔两秒发送命令包，命令包包含了设置 RGB LED 三种颜色控制的 PWM 信号比较值，由此来控制与从设备相连的 RGB LED 颜色。

4. 实验步骤

1）新建项目

具体步骤请参看 7.1.1 PWM 实验。

2）编辑原理图

由于本实验主设备采用四种不同实现方式实现 SPI 通信，故需创建四个独立子项目，每个项目都包含 SPI 从设备原理图和主设备原理图。四个子项目 SPI 从设备原理图编辑完全相同，只是 SPI 主设备原理图编辑有所不同。

（1）放置用户模块。

在 Component Catalog 子窗口中找到 SPI、DMA、Interrupt、Clock、PWM（TCPWM）、Digital Oput Pin 用户模块，如图 7.50 所示，将这些用户模块拖拽到原理图编辑区。

（2）配置用户模块。

表 7.2 列出了四个子项目中使用的 PSoC Creator 用户模块、各模块实例名（修改后的模块名称）以及各模块作用。

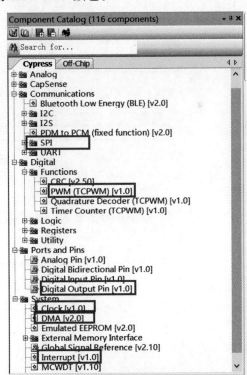

图 7.50　用户模块所在库

表 7.2　用户模块名、实例名及作用

用户模块	实例名	作用
SPI	mSPI,sSPI	提供 SPI 主、从设备
DMA	txDma,rxDma	给 SPI 主设备提供直接内存访问
Interrupt	intSpi,intTxDma,intRxDma,ISR_SPI	配置中断
PWM(TCPWM)	RedPWM,GreenPwm,BluePWM	产生 PWM 信号
Clock	RGB_PWMclk	给 PWM 模块产生时钟
Digital Oput Pin	RedLED,GreenLED,BlueLED	控制 LED 灯

下面具体介绍各模块参数设置。双击原理图中放置的模块，打开该模块的配置窗口，进行参数配置。首先对 SPI 从设备用户模块配置参数。

① SPI 从设备参数配置。

SPI 模块参数设置对话框包括基本页（Basic Tab）、高级页（Advanced Tab）、引脚页（Pins Tab）。基本页用于对外设初始化的一般设置，常用参数设置项包括：设置 SPI 主从模式的参数 Mode、设置 SPI 协议模式的参数 Sub Mode，设置数据发送和捕获操作模式的参数 SCLK Mode，设置通信速率的参数 Data Rate(kbps)，主设备模式下需设置的过采样系数 Oversample。高级页用于配置中断端口，引脚页可用来修改 SPI 组件的标准信号端口。SPI 模块参数设置详细介绍请参见第 2 章和 SPI 模块数据手册。

本实验所有子项目的 SPI 从设备均采用相同的参数设置，将 SPI 模块名称修改为sSPI，选项 Mode 修改为 Slave，然后将传输数据位宽 RX Data Width、TX Data Width 设置为 8，需要修改的参数如图 7.51 所示，其他参数采用默认设置。

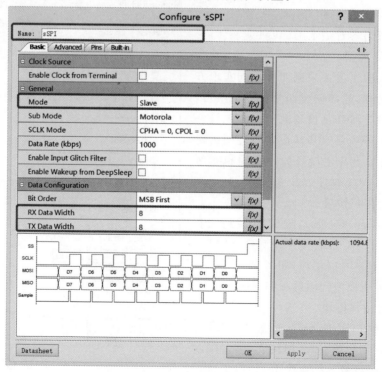

图 7.51　从设备参数设置

设置 PWM 模块参数，先双击其中一个 PWM 模块，将模块名称修改为 RedPWM，周期 Period 0 修改为 255，占空比 Compare 修改为 0，这样可使 LED 灯常亮，如图 7.52 所示，将其余两个 TCPWM 模块参数照此修改，名称分别为 GreenPWM，BluePWM。

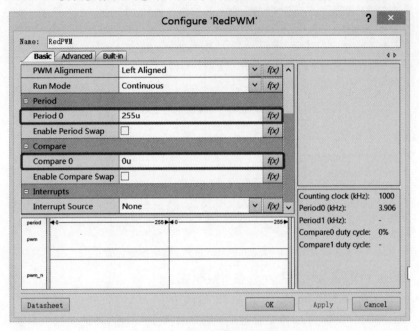

图 7.52　PWM 模块参数设置

设置 Clock 模块参数，将模块名称修改为 RGB_PWMclk，将时钟频率修改为 48MHz，如图 7.53 所示，为三个 TCPWM 模块提供时钟信号。

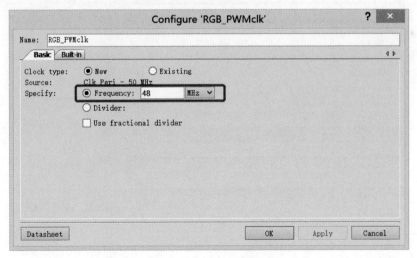

图 7.53　Clock 模块参数设置

Digital Ouptut Pin 模块参数设置只需修改模块名称，如图 7.54 所示，三个 Digital Ouptut Pin 模块修改后的名称分别为 RedLED、GreenLED、BlueLED。至此，从设备参数设置完毕。

以下是四种不同实现方式下 SPI 主设备参数设置。

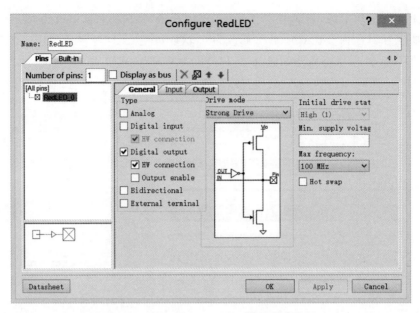

图 7.54　Digital Ouptut Pin 模块参数设置

② 采用高级 PDL 函数的 SPI 主设备参数配置。

将 SPI 模块名称修改为 mSPI，选项 Mode 修改为 Master，然后将传输数据位宽 RX Data Width、TX Data Width 设置为 8，需要修改的参数如图 7.55 所示，其他参数采用默认设置。

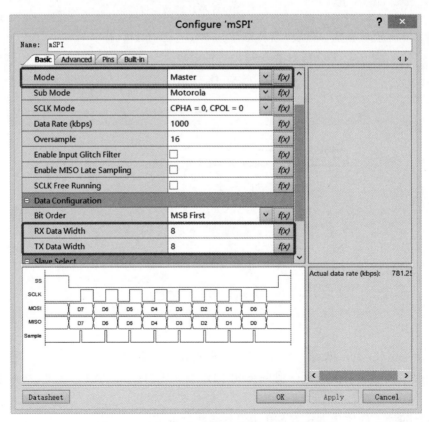

图 7.55　高级 PDL 函数的 SPI 主设备参数设置

③ 采用低级 PDL 函数及轮询的 SPI 主设备参数配置。

该实现方式主设备参数设置与上面的高级 PDL 函数 SPI 主设备的参数设置完全相同。

④ 采用低级 PDL 函数及中断的 SPI 主设备参数配置。

在该实现方式下,SPI 模块基本页的修改同上,只需修改模块名称及传输数据位宽,参见图 7.55。

该实现方式下,还需对 SPI 模块高级页参数进行设置,如图 7.56 所示,将参数 Interrupt 设置为 External,则将在 SPI 模块上出现中断连接输出端 interrupt,可外接系统中断模块,最终实现通过 SPI 主设备通过中断服务程序与 SPI 从设备通信。勾选选项 SPI Done 可在 SPI 主设备完成处理后触发系统中断。

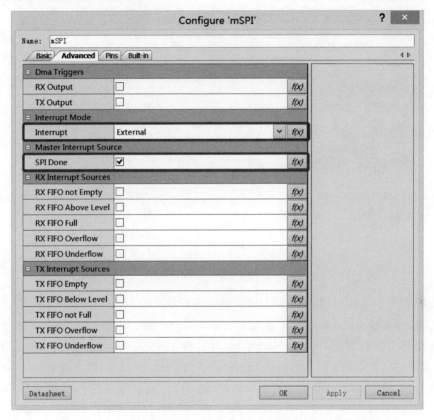

图 7.56　低级 PDL 函数及中断的 SPI 主设备高级页参数配置

此外,还需采用中断 Interrupt 模块来监听主设备。Interrupt 模块参数设置只需修改模块名称为 ISR_SPI,其他参数采用默认设置即可。

⑤ 采用低级 PDL 函数及 DMA 的 SPI 主设备参数配置。

在该实现方式下,SPI 模块基本页的修改同上,只需修改模块名称及传输数据位宽,参见图 7.55。

SPI 模块高级页需要配置的参数如图 7.57 所示,勾选 RX Output、TX Output 将在 SPI 模块上出现 DMA 连接输出端 rx_dma 和 tx_dma,可外接系统 DMA 模块,实现 SPI 主设备通过 DMA 与 SPI 从设备通信。勾选 RX FIFO Level 使得 rx_dma 端的 DMA 触发信号一直有效,直到 RX FIFO 中的数据全部被 SPI 主设备读取完毕。SPI 模块还需要一个中断模块监听主设备状态,故将参数 Interrupt 设置为 External,勾选选项 SPI Done,其他参数采用默认参数即可。

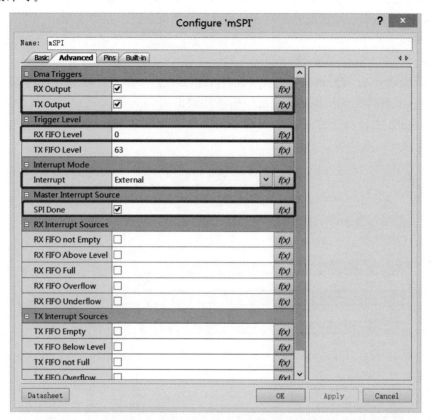

图 7.57　低级 PDL 函数及 DMA 的 SPI 主设备参数高级页配置

该实现方式下,还需对两个 DMA 模块参数进行设置。双击一个 DMA 模块,打开配置窗口,修改模块名称为 txDMA。在通道 Channel 页,勾选 Trigger Input 添加触发输入端。将参数描述符个数即 Number of Descriptor 设置为 1,建立 DMA 与 SPI TX 缓冲区通道。在 Descriptor 页,将参数 Chain to descriptor 设置为 Descriptor_1,以便使 RGB LED 灯顺序改变六种颜色。选项 Trigger on descriptor completion 设置描述符完成即触发 DMA 中断事件。选项 Retrigger after 4 Clk_Slow cycles 设置重新触发周期,选项 Transfer setting、X loop transfer、Y loop transfer 设置数据传输格式及大小,具体设置请参看 DMA 模块数据手册。需要修改的参数设置如图 7.58 和图 7.59 所示,其他参数采用默认设置即可。

双击另一 DMA 模块,打开配置窗口,修改模块名称为 rxDMA。rxDMA 参数设置如图 7.60 和图 7.61 所示,与 txDMA 设置基本相同,仅参数 Source increment every cycle by 和 Destination increment every cycle by 设置不同。txDMA 模块由于完成发送操作,所以 Destination increment every cycle by 设置为 0;而 rxDMA 模块由于完成接收操作,所以 Source increment every cycle by 设置为 0。

中断模块参数设置只需修改名称,如图 7.62 所示,其他参数采用默认设置即可,三个中断模块修改后的名称分别为 intSpi、intRxDma、intTxDma。

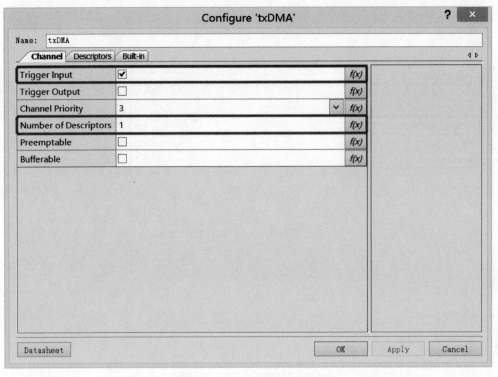

图 7.58　txDMA 配置通道页

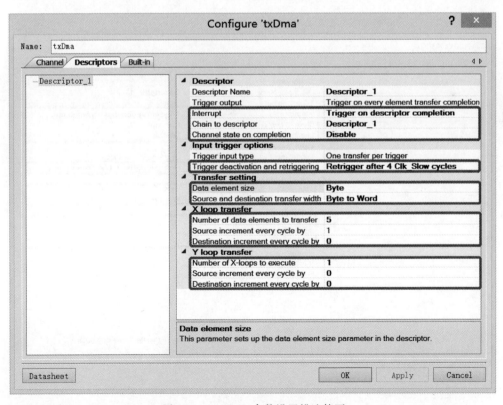

图 7.59　txDMA 参数设置描述符页

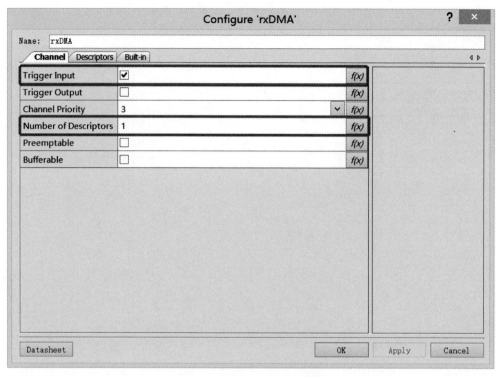

图 7.60　rxDMA 配置通道页

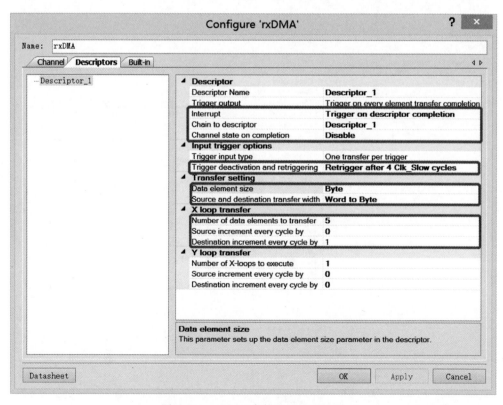

图 7.61　rxDMA 参数设置描述符页

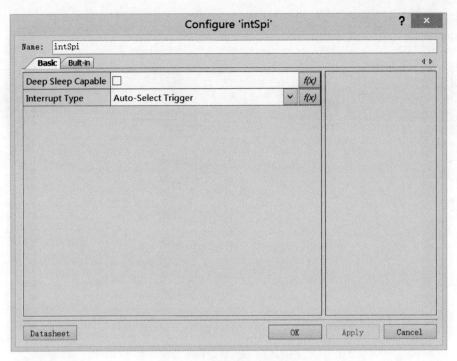

图 7.62　中断模块参数设置

（3）用户模块连线。

将用户模块拖曳到原理图中，完成连线。本实验每个项目的顶层原理图由主设备和从设备原理图组成，由于四个子项目中从设备都是接收主设备的控制命令，进而控制与从设备相连的 RGB LED 灯颜色，所以四个子项目中的从设备原理图相同。而主设备由于采用不同的实现方法，原理图会有所不同。

SPI 从设备原理图均由一个设置为从设备的 SPI 用户模块、三个 PWM 用户模块、一个 Clock 模块以及三个 Digital Oput Pin 用户模块组成。SPI 模块不需要与其他模块连线。需要连线的是：将 Clock 用户模块连接到三个 PWM 用户模块的时钟端，即"clock"端，为 PWM 用户模块提供时钟信号；三个 PWM 用户模块的"pwm_n"端口分别与三个 Digital Oput Pin 用户模块连接来驱动 RGB LED 灯，如图 7.63 所示。

主设备原理图中模块连线如下：

① 采用高级 PDL 函数的 SPI 主设备。

由于 SPI 主设备软件使用高级 PDL 函数与从设备通信，所以主设备原理图仅仅包含一个 SPI 用户模块即可，不需要其他模块和任何连线，如图 7.64 所示。

② 采用低级 PDL 函数及轮询的 SPI 主设备。

由于 SPI 主设备软件使用低级 PDL 函数与从设备进行通信，主设备轮询从设备状态，不使用中断，所以主设备原理图仅仅包含一个 SPI 用户模块即可，不需要其他模块和任何连线，如图 7.65 所示。

③ 采用低级 PDL 函数及中断的 SPI 主设备。

由于 SPI 主设备采用低级 PDL 函数与从设备通信，为确认主设备是否已完成所有数据的传输，需采用中断来监听主设备。所以主设备原理图需将一个 SPI 用户模块与一个

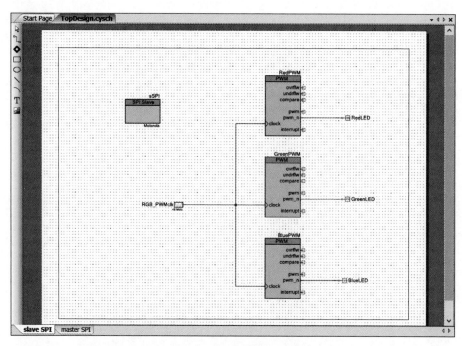

图 7.63　SPI 从设备原理图

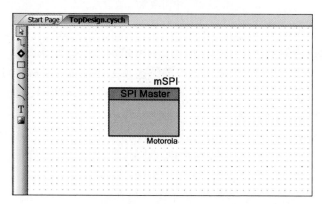

图 7.64　用高级函数的 SPI 主设备

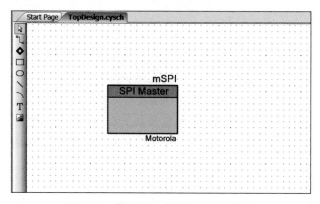

图 7.65　使用低级轮询的 SPI 主设备

Interrupt 模块即 ISR_SPI 相连接,如图 7.66 所示。

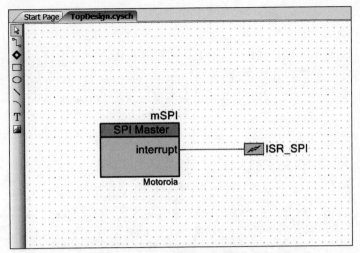

图 7.66　使用低级 PDL 及中断的 SPI 主设备

④ 采用低级 PDL 函数及 DMA 的 SPI 主设备。

由于采用 DMA 的 SPI 主设备用 DMA 直接将 RAM 中的数据发送到 SPI TX 缓冲区,以及用 DMA 将 SPI RX 缓冲区的数据传输到 RAM 阵列中,而不需要通过 CPU 干预,所以需要两个 DMA 模块,DMA 需要外接两中断模块,另外 SPI 模块也需要一个中断模块监听主设备状态,如图 7.67 所示。

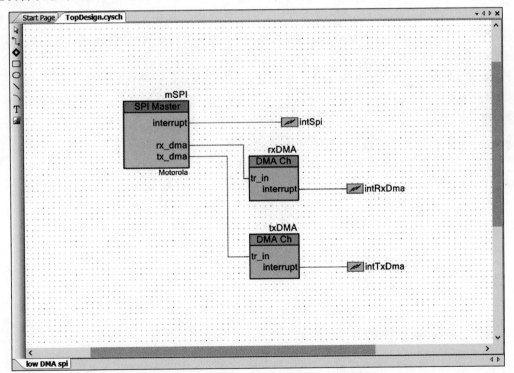

图 7.67　使用低级 PDL 及 DMA 的 SPI 主设备

3）分配引脚

在 Workspace Explorer 窗口中，双击 Pins 文件，打开引脚分配窗口。在该窗口中，需要将原理图中的引脚与 PSoC6 实验板上的实际引脚进行分配连接。四个项目具有相同的引脚分配，如图 7.68 所示。默认情况下，SPI 引脚隐藏在用户模块内部。这些引脚采用专用的连线且不能用于一般信号连线，主设备端口 mosi_m、miso_m、sclk_m、ss0_m 引脚分别设置为 P10[0]、P10[1]、P10[2]、P10[3]，从设备端口 mosi_s、miso_s、sclk_s、ss_s 引脚分别设置为 P12[0]、P12[1]、P12[2]、P12[3]。

Name	Port	Pin	Lock
☐ \mSPI:miso_m\	P10[1] ∨	A8 ∨	☑
☐ \mSPI:mosi_m\	P10[0] ∨	B8 ∨	☑
☐ \mSPI:sclk_m\	P10[2] ∨	F6 ∨	☑
☐ \mSPI:ss0_m\	P10[3] ∨	E6 ∨	☑
☐ \sSPI:miso_s\	P12[1] ∨	B4 ∨	☑
☐ \sSPI:mosi_s\	P12[0] ∨	A4 ∨	☑
☐ \sSPI:sclk_s\	P12[2] ∨	C4 ∨	☑
☐ \sSPI:ss_s\	P12[3] ∨	A3 ∨	☑
☐ BlueLED	P11[1] ∨	E5 ∨	☑
☐ GreenLED	P1[1] ∨	F2 ∨	☑
☐ RedLED	P0[3] ∨	E3 ∨	☑

图 7.68　引脚分配图

4）生成应用程序文件

单击菜单栏的 Build→Generate Application，生成应用程序文件。通常，系统会自动检查原理图及相关配置是否有误，如果出现明显错误，则系统将会提示错误信息。

5）编辑应用程序

双核微处理器生成的应用程序文件中包含在 CM0 核上运行的代码文件 main_cm0p.c，以及在 CM4 核上运行的代码文件 main_cm4.c。修改编辑这两个文件可以分别配置在两个微处理器上运行的任务。该实验的四个子项目中的 CM0 核都作为从设备，接收主设备 CM4 发来的命令，用于控制 RGB LED 的颜色。四个子项目从设备的应用程序均相同，而在 CM4 上运行的 SPI 主设备应用程序由于采用四种不同实现方式而有所不同。

（1）SPI 从设备应用程序。

SPI 从设备应用程序执行以下操作，代码如下：

```
int main(void)
{
    cy_en_scb_spi_status_t initStatus;
    cy_en_sysint_status_t sysStatus;
    uint32_t status = 0;

    /* Initialize and enable TCPWM Components */
    InitializeEnablePWM();

    /* Initialize and enable SPI Component in slave mode. If initialization fails process error */
    initStatus = Cy_SCB_SPI_Init(sSPI_HW, &sSPI_config, &sSPI_context);
    if(initStatus != CY_SCB_SPI_SUCCESS)
    {
```

```
        HandleError();
    }

    /* Set active slave select to line 0 */
    Cy_SCB_SPI_SetActiveSlaveSelect(sSPI_HW, sSPI_SPI_SLAVE_SELECT0);

    /* Hook interrupt service routine */
    sysStatus = Cy_SysInt_Init(&sSPI_SCB_IRQ_cfg, &sSPI_Interrupt);
    if(sysStatus != CY_SYSINT_SUCCESS)
    {
        HandleError();
    }

    /* Enable interrupt in NVIC */
    NVIC_EnableIRQ((IRQn_Type) sSPI_SCB_IRQ_cfg.intrSrc);

    Cy_SCB_SPI_Enable(sSPI_HW);

    /* Writes dummy values to tx buffer */
    SPIS_WriteDummyPacket();

    __enable_irq(); /* Enable global interrupts. */

    /* Enable CM4. CY_CORTEX_M4_APPL_ADDR must be updated if CM4 memory layout is changed. */
    Cy_SysEnableCM4(CY_CORTEX_M4_APPL_ADDR);

    for(;;)
    {
        /* Checks if any data is written into SLave RX FIFO. If written, data packets are
checked and if it's correct TCPWM compare value is set according to received data. Status is
written by slave to its's TX FIFO. After Master reads status, FIFO is cleared and slave waits for
next packet to receive. */
        status = SPIS_WaitForCommandAndExecute();
        if(status != STS_READ_CMPLT)
        {
            SPIS_UpdateStatus(status);
        }
    }
}
```

调用 PDL 函数 Cy_SCB_SPI_Init 将 SPI 用户模块设置为从设备；调用 PDL 函数 InitializeEnablePWM 初始化 PWM 用户模块以控制 RGB LED；调用函数 Cy_SCB_SPI_Enable 启动从设备；调用函数 SPIS_WaitForCommandAndExecute 使得 SPI 从设备接收主设备的数据包并配置 PWM 模块以驱动 RGB LED；从设备调用函数 SPIS_UpdateStatus 回复确认包。

（2）SPI 主设备应用程序。

使用高级 PDL 函数的 SPI 主设备，其 CM4 核应用程序执行以下操作，相应代码如下：

```
int main(void)
{
    uint32_t cmd = COLOR_RED;
    cy_en_scb_spi_status_t initStatus;
```

```
cy_en_sysint_status_t sysSpistatus;

/* Configure component */
initStatus = Cy_SCB_SPI_Init(mSPI_HW,&mSPI_config,&mSPI_context);
if(initStatus != CY_SCB_SPI_SUCCESS)
{
    HandleError();
}

/* Set active slave select to line 0 */
Cy_SCB_SPI_SetActiveSlaveSelect(mSPI_HW, mSPI_SPI_SLAVE_SELECT0);

/* Hook interrupt service routine */
sysSpistatus = Cy_SysInt_Init(&mSPI_SCB_IRQ_cfg,&mSPI_Interrupt);
if(sysSpistatus != CY_SYSINT_SUCCESS)
{
    HandleError();
}
/* Enable interrupt in NVIC */
NVIC_EnableIRQ((IRQn_Type) mSPI_SCB_IRQ_cfg.intrSrc);

/* Enable SPI master hardware. */
Cy_SCB_SPI_Enable(mSPI_HW);

__enable_irq(); /* Enable global interrupts. */

for(;;)
{
    /* Write command to TX FIFO to be sent to SPI slave. */
    if (TRANSFER_CMPLT == WriteCommandPacket(cmd))
    {
        /* Read response packet from the slave. */
        if (READ_CMPLT == ReadStatusPacket())
        {
            /* Next command to be written. */
            cmd++;
            if(cmd > COLOR_WHITE)
            {
                cmd = COLOR_RED;
            }
        }
        /* Give 2 Second delay between commands. */
        Cy_SysLib_Delay(CMD_TO_CMD_DELAY);
    }
}
}
```

调用函数 Cy_SCB_SPI_Init 将 SPI 用户模块设置为主设备；调用函数 Cy_SCB_SPI_Enable 启动 SPI 主设备；SPI 主设备通过调用函数 WriteCommandPacket，使用高级 PDL 函数 Cy_SCB_SPI_Transfer 每两秒向 SPI 从设备发送指令包来改变从设备 RGB LED 的颜色；主设备调用函数 ReadStatusPacket 读取从设备的回复，确认主设备发送的命令是否被正确接收。

使用低级轮询的 SPI 主设备应用程序。CM4 核上运行的程序执行以下操作，相应代码如下：

```
int main(void)
{
    uint32_t cmd = COLOR_RED;
    cy_en_scb_spi_status_t initStatus;

    /* Configure component */
    initStatus = Cy_SCB_SPI_Init(mSPI_HW, &mSPI_config, NULL);
    if(initStatus != CY_SCB_SPI_SUCCESS)
    {
        HandleError();
    }

    /* Set active slave select to line 0 */
    Cy_SCB_SPI_SetActiveSlaveSelect(mSPI_HW, mSPI_SPI_SLAVE_SELECT0);

    /* Enable SPI master hardware. */
    Cy_SCB_SPI_Enable(mSPI_HW);

    __enable_irq(); /* Enable global interrupts. */

    for(;;)
    {
        /* Send packet with command to the slave. */
        if (TRANSFER_CMPLT == WriteCommandPacket(cmd))
        {
            /* Read response packet from the slave. */
            if (READ_CMPLT == ReadStatusPacket())
            {
                /* Next command to be written. */
                cmd++;
                if(cmd > COLOR_WHITE)
                {
                    cmd = COLOR_RED;
                }
            }
            /* Give 2 Second delay between commands. */
            Cy_SysLib_Delay(CMD_TO_CMD_DELAY);
        }
    }
}
```

调用函数 Cy_SCB_SPI_Init 将 SPI 用户模块设置为主设备。SPI 主设备调用函数 WriteCommandPacket 每两秒向 SPI 从设备发送命令包，使用轮询方法和低级 PDL 函数 Cy_SCB_SPI_WriteArrayBlocking、Cy_SCB_SPI_GetSlaveMasterStatus、Cy_SCB_SPI_GetNumInRxFifo 来修改从设备相连接的 RGB LED 颜色。主设备调用函数 ReadStatusPacket 读取从设备的回复，确认主设备发送的命令是否被正确接收。

使用低级 PDL 函数的 DMA SPI 主设备的应用程序。CM4 核上运行的程序执行以下操作，相应代码如下：

```
int main(void)
{
```

```
uint32_t cmd = COLOR_RED;
cy_en_scb_spi_status_t initStatus;
cy_en_sysint_status_t sysSpistatus;
/* Timeout 1 sec */
uint32_t timeOut = 1000000UL;

/* Configure component */
initStatus = Cy_SCB_SPI_Init(mSPI_HW, &mSPI_config, &mSPI_context);
if(initStatus != CY_SCB_SPI_SUCCESS)
{
    HandleError();
}

/* Set active slave select to line 0 */
Cy_SCB_SPI_SetActiveSlaveSelect(mSPI_HW, mSPI_SPI_SLAVE_SELECT0);

/* Unmasking only the spi done interrupt bit */
mSPI_HW -> INTR_M_MASK = SCB_INTR_M_SPI_DONE_Msk;

/* Hook interrupt service routine */
sysSpistatus = Cy_SysInt_Init(&intSpi_cfg, &SPIIntHandler);
if(sysSpistatus != CY_SYSINT_SUCCESS)
{
    HandleError();
}

/* Enable interrupt in NVIC */
NVIC_EnableIRQ((IRQn_Type) intSpi_cfg.intrSrc);

/* Enable SPI master hardware. */
Cy_SCB_SPI_Enable(mSPI_HW);

/* Configure DMA Rx and Tx channels for operation */
ConfigureTxDma();
ConfigureRxDma();

__enable_irq(); /* Enable global interrupts. */

for(;;)
{
    /* Write command to DMA Tx buffer and Enable DMA. Initial value of masterTranStatus is
TRANSFER_CMPLT. */
    if((masterTranStatus == TRANSFER_CMPLT) && (rxDmaCmplt == false))
    {
        WriteCommandPacket(cmd);

    }
    else if((masterTranStatus == STATUS_READ) && (rxDmaCmplt == true))
    {
        /* Checks SPI master done status and Rx DMA complete flag status and writes command
to Tx buffer
            to read status */

        /* Reset flag */
```

```
            rxDmaCmplt = false;

            /* Update Tx buffer with status command to get status */
            ReadStatusPacket();

        }
        else if((masterTranStatus == STAUS_READ_CMPLT) && (rxDmaCmplt == true))
        {
            /* Checks masterTranStatus status set by SPI master done interrupt handler and Rx DMA
complete flag */

            /* Check status packet received to know SPI slave as executed previously sent
command */
            if(TRANSFER_CMPLT == checkStatusPacket())
            {
                /* Reset flag */
                rxDmaCmplt = false;
                timeOut = 1000000UL;
                count = 0UL;
                masterTranStatus = TRANSFER_CMPLT;

                /* Next command to be written. */
                cmd++;
                if(cmd > COLOR_WHITE)
                {
                    cmd = COLOR_RED;
                }

                /* Give 2 Second delay between commands. */
                Cy_SysLib_Delay(CMD_TO_CMD_DELAY);

            }
            else if ((timeOut > 0) && (count < STS_PACKET_SIZE))
            {
                masterTranStatus = STATUS_READ;

            }
        }
        else if((masterTranStatus == TRANSFER_ERROR) &&
                (masterTranStatus == STATUS_READ_ERROR))
        {
            /* If any error occurs send same command to slave. */
            HandleError();
        }

        if(masterTranStatus == STATUS_READ_IN_PROGRESS)
        {
            Cy_SysLib_DelayUs(CY_SCB_WAIT_1_UNIT);
            timeOut -- ;
            /* If status is not received in one second or handle the error. Also if count equals
to STS_PACKET_SIZE
                error is handled because wrong or corrupt data is received. */
            if((timeOut == 0UL || count == STS_PACKET_SIZE))
            {
```

```
                HandleError();
            }
        }
    }
}
```

调用函数 Cy_SCB_SPI_Init 将 SPI 用户模块设置为主设备；调用函数 ConfigureTxDma、ConfigureRxDma 配置 DMA 的发送和接收处理 SPI 主设备的数据发送和接收；主设备调用函数 WriteCommandPacket，使用 DMA 和 SPI 低级 PDL 函数 Cy_SCB_SPI_GetSlaveMasterStatus 和 Cy_SCB_SPI_ClearSlaveMasterStatus 向 SPI 从设备每两秒发送命令包更改从设备上 RGB LED 的颜色；调用函数 checkStatusPacket 主设备读取从设备的回复，以了解命令是否被正确接收。

使用低级 PDL 函数和 ISR 的 SPI 主设备的应用程序。CM4 核上运行的程序执行以下操作，相应代码如下：

```
int main(void)
{
    uint32_t cmd = COLOR_RED;
    cy_en_scb_spi_status_t initStatus;

    /* Configure component */
    initStatus = Cy_SCB_SPI_Init(mSPI_HW, &mSPI_config, &mSPI_context);
    if(initStatus != CY_SCB_SPI_SUCCESS)
    {
        HandleError();
    }

    /* Set active slave select to line 0 */
    Cy_SCB_SPI_SetActiveSlaveSelect(mSPI_HW, mSPI_SPI_SLAVE_SELECT0);

    //Cy_SysInt_Init(&mSPI_SCB_IRQ_cfg, &ISR_SPI);

    /* Unmasking only the spi done interrupt bit */
    mSPI_HW->INTR_M_MASK = SCB_INTR_M_SPI_DONE_Msk;

    /* Configure User ISR */
    Cy_SysInt_Init(&ISR_SPI_cfg, &ISR_SPI);

    /* Enable the interrupt */
    NVIC_EnableIRQ(ISR_SPI_cfg.intrSrc);

    /* Enable SPI master hardware. */
    Cy_SCB_SPI_Enable(mSPI_HW);

    __enable_irq(); /* Enable global interrupts. */

    for(;;)
    {
        /* Write command to Tx FIFO of SPI master. Initial value of masterTranStatus is TRANSFER
_CMPLT. */
        if(masterTranStatus == TRANSFER_CMPLT)
```

```
        {
            WriteCommandPacket(cmd);

        }
        else if(masterTranStatus == STATUS_READ)
        {
            /* Send command to read status from slave for previously sent command for setting
color of RGB LED */
            ReadStatusPacket();

        }
        else if(masterTranStatus == STAUS_READ_CMPLT)
        {
            /* After receiving status packet check whether status is correct */
            if(TRANSFER_CMPLT == checkStatusPacket())
            {
                masterTranStatus = TRANSFER_CMPLT;
                /* Next command to be written. */
                cmd++;
                if(cmd > COLOR_WHITE)
                {
                    cmd = COLOR_RED;
                }
            }
            else
            {
                /* If status read is incorrect handle error */
                HandleError();
            }
            /* Give 2 Second delay between commands. */
            Cy_SysLib_Delay(CMD_TO_CMD_DELAY);

        }
        else if((masterTranStatus == TRANSFER_ERROR) &&
            (masterTranStatus == STATUS_READ_ERROR))
        {
            /* If any error occurs handle the error */
            HandleError();
        }
    }
}
```

调用函数 Cy_SCB_SPI_Init 将 SPI 用户模块设置为主设备。SPI 主设备每两秒向 SPI 从设备发送命令包,使用用户中断和低级 PDL 函数 Cy_SCB_SPI_WriteArrayBlocking 来改变从设备上 RGB LED 的颜色。主设备调用函数 ReadStatusPacket 读取从设备的回复,确认主设备发送的命令是否被正确接收。

6) 编程调试

(1) 用 USB Type-C 编程线连接 PSoC6 实验板和计算机。

（2）由于主设备和从设备位于同一个 PSoC6 器件中,在 PSoC6 实验板上建立主、从设备之间的连接,如图 7.69 所示,P10[0]连接到 P12[0],P10[1]连接到 P12[1],P10[2]连接到 P12[2],P10[3]连接到 P12[3],连接结果参见图 7.74。PSoC6 实验板的引脚说明请参见第 4 章图 4.3 和表 4.3。

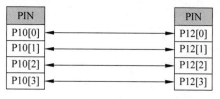

图 7.69　主从设备硬件连线示意图

（3）选择 debug→ Program,编译项目并将其下载到 PSoC6 器件中。

（4）观察板上的 RGB LED,每两秒改变一次颜色。LED 灯颜色按红、绿、蓝、青、紫、黄、白的顺序变化。在白色之后,从红色开始的相同序列继续。实现效果如图 7.70 所示。

![实验实现效果图]

图 7.70　实验实现效果图

7.1.5　I²C 实验

1. 实验内容

使用 I²C 模块进行 PSoC6 之间的通信,用通信指令控制 RGB LED 的颜色,使得 RGB LED 按照红绿蓝的顺序循环改变颜色。

使用两块 PSoC6 实验板,分别作为主机和从机。主机上使用 I²C 模块,并设置为 Master 模式,向从机发送指令。指令中包含 RGB LED 三通道 LED 的亮度数值。从机上使用 I²C 模块,并设置为 Slave 模式,接收主机发来的指令。从机使用三个数字输出引脚分别控制 RGB LED 颜色,根据指令中 RGB 三通道的亮度数值改变数字输出引脚的高低电平,每次只有一个通道为有效电平,实现 RGB LED 红绿蓝颜色循环。

2. 实验目的

了解 I²C 模块的使用方法。

3. 实验要点

本实验的关键点在于合理设置 I²C 模块,使其能够在主机和从机之间建立 I²C 通信。

I²C 模块需要设置工作模式、数据传输速率以及发送缓冲区（TX First Input First Output,TX FIFO)和接受缓冲区（RX First Input First Output,RX FIFO)。对于从机模式的 I²C 模块,还需要设置从机地址。

4. 实验步骤

1) 新建项目

分别为主机 PSoC6 和从机 PSoC6 新建两个项目,具体步骤参见 7.1.1 PWM 实验。

2) 编辑原理图

项目创建完成后,将自动打开 TopDesign 界面。接下来进行原理图的编辑。

(1) 放置用户模块。

在 Component Catalog 子窗口中找到 $I^2C(SCB)$ 模块和数字输出引脚(Digital Output Pin)模块。将 $I^2C(SCB)$ 模块拖曳到主机项目的原理图中,将 $I^2C(SCB)$ 模块和数字输出引脚(Digital Output Pin)模块拖曳到从机项目的原理图中。三个数字输出引脚分别控制 RGB LED 的红绿蓝颜色通道。同一时间只有一个引脚输出为有效,其余两个输出为无效,则 RGB LED 根据指令按照红绿蓝的顺序循环改变颜色。

(2) 配置用户模块。

在主机项目中,双击 I^2C 模块,打开配置窗口,如图 7.71 所示,更改名称为 mI2C。在基本配置中更改模式为主机模式,为保证数据传输的速度,设置数据传输率为 400kbps。勾选使用 TX FIFO 和使用 RX FIFO,以保持发送缓冲区 TX FIFO 加载数据和自动确认传入数据,减小程序延迟。单击 OK,完成基本配置。

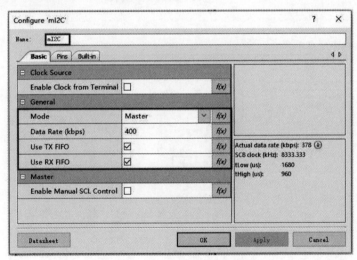

图 7.71　配置主机 I^2C 模块

在从机工程中,双击 I^2C 模块,打开配置窗口,如图 7.72 所示,更改名称为 sI2C。在基本配置中更改模式为从机模式,为保证数据传输的速度,设置数据传输率为 400kbps。勾选使用 TX FIFO 和使用 RX FIFO,以保持发送缓冲区 TX FIFO 加载数据和自动确认传入数据,减小程序延迟。在从机设置中更改从机地址为 0x24,在代码部分也需要使用此地址。单击 OK,完成基本配置。

在从机项目中,双击数字输出引脚模块,将输出模块的名称依次改为 Red(红色 LED)、Green(绿色 LED)和 Blue(蓝色 LED),数字输出引脚在原理图上不需要接线,因此对于每个数字输出引脚模块取消原理图层面引脚连接。如图 7.73 所示,以 Red 为例,取消 HW connection 勾选,单击 OK,完成基本配置。

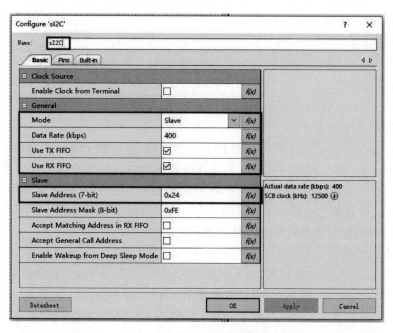

图 7.72　配置从机 I^2C 模块

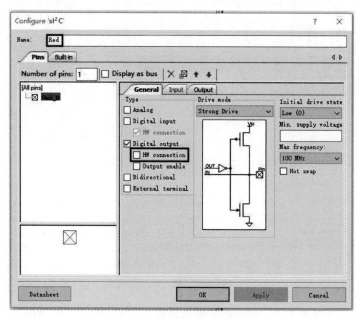

图 7.73　配置输出引脚模块

完成各模块配置后，原理图如图 7.74 所示，红框为主机项目原理图，蓝框为从机项目原理图。

（3）分配引脚。

在 Workspace Explorer 窗口中，双击 Pins 文件，打开引脚分配窗口。在该窗口中，需要把原理图中的引脚与 PSoC6 实验板上的实际引脚进行分配连接，如图 7.75 所示。主机的 I^2C 引脚设置由开发板的硬件设计决定，参见第 4 章图 4.3 和表 4.3。从机的 I^2C 引脚与主

机 I^2C 引脚相同即可,从机数字输出引脚 Blue、Green 和 Red 分别对应蓝色 LED、绿色 LED 和红色 LED。

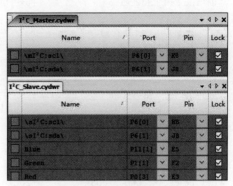

图 7.75 分配引脚结果

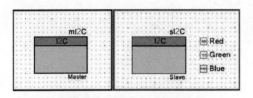

图 7.74 完成配置后的原理图

3）生成应用程序文件

单击菜单栏的 Build→Generate Application,生成应用程序文件。通常,系统会自动检查原理图及相关配置是否有误,如果出现明显错误,则系统将会提示错误信息。

4）编辑应用程序

本实验需要分别编写主机和从机的程序。

（1）主机程序。

主机部分定义错误状态、颜色标号、从机地址、发送数据包长度、接收数据包长度、数据包起始标记、命令有效状态。以数据包数组下标位置作为常量,定义一个长度为 5 的 uint8_t 数组作为发送的数据包代码如下:

```
/* Combine master error statuses in single mask */
#define MASTER_ERROR_MASK (CY_SCB_I2C_MASTER_DATA_NAK | CY_SCB_I2C_MASTER_ADDR_NAK | \
                           CY_SCB_I2C_MASTER_ARB_LOST | CY_SCB_I2C_MASTER_ABORT_START | \
                           CY_SCB_I2C_MASTER_BUS_ERR)

/*****************************************
 * Constants
 *****************************************/

/* Colour Code */
#define COLOR_RED               (0x00UL)
#define COLOR_GREEN             (0x01UL)
#define COLOR_BLUE              (0x02UL)

/* I2C slave address to communicate with */
#define I2C_SLAVE_ADDR          (0x24UL)

/* Buffer and packet size */
#define TX_PACKET_SIZE          (5UL)
#define RX_PACKET_SIZE          (3UL)

/* Start and end of packet markers */
#define PACKET_SOP              (0x01UL)
#define PACKET_EOP              (0x17UL)
```

```
/ * Command valid status * /
# define STS_CMD_DONE            (0x00UL)
# define STS_CMD_FAIL            (0xFFUL)

/ * Command valid status * /
# define TRANSFER_CMPLT          (0x00UL)
# define TRANSFER_ERROR          (0xFFUL)
# define READ_CMPLT              (TRANSFER_CMPLT)
# define READ_ERROR              (TRANSFER_ERROR)


/ * Packet positions * /
# define PACKET_SOP_POS          (0UL)
# define PACKET_CMD_1_POS        (1UL)
# define PACKET_CMD_2_POS        (2UL)
# define PACKET_CMD_3_POS        (3UL)
# define PACKET_EOP_POS          (4UL)
# define PACKET_STS_POS          (1UL)
# define RX_PACKET_SOP_POS       (0UL)
# define RX_PACKET_STS_POS       (1UL)
# define RX_PACKET_EOP_POS       (2UL)

/ * Delays in milliseconds * /
# define CMD_TO_CMD_DELAY        (2000UL)
# define I2C_TIMEOUT             (100UL)


/ ***********************************************************************
 * Global variables
 *********************************************************************** /
uint8_t buffer[TX_PACKET_SIZE];
```

主机主函数中，调用 Cy_SCB_I2C_Init 函数初始化 I^2C，调用 Cy_SCB_I2C_SetDataRate 函数配置数据传输速率，调用 Cy_SCB_I2C_Enable 函数启动 I^2C。在 for 循环中，调用 WriteCommandPacket 函数更新数据包并向从机发送数据包；调用 ReadStatusPacket 函数获取从机反馈，接收正常则进行下一次发送；调用 Cy_SysLib_Delay 产生数据包之间的发送时间间隔。

下面分别介绍 WriteCommandPacket 函数、ReadStatusPacket 函数。

```
int main(void)
{
    uint32_t dataRateSet;
    cy_en_scb_i2c_status_t initStatus;
    uint8_t cmd = COLOR_RED;

    __enable_irq(); / * Enable global interrupts. * /

    / * Initilaize the master I2C. * /

    / * Configure component. * /
    initStatus = Cy_SCB_I2C_Init(mI2C_HW, &mI2C_config, &mI2C_context);

    if(initStatus!= CY_SCB_I2C_SUCCESS)
    {
```

```
        HandleError();
    }

    /* Configure desired data rate. */
    dataRateSet = Cy_SCB_I2C_SetDataRate(mI2C_HW, mI2C_DATA_RATE_HZ, mI2C_CLK_FREQ_HZ);

    /* check whether data rate set is not greather then required reate. */
    if( dataRateSet > mI2C_DATA_RATE_HZ )
    {
        HandleError();
    }

    /* Enable I2C master hardware. */
    Cy_SCB_I2C_Enable(mI2C_HW);

    /*******************************************************************
    * Main polling loop
    *******************************************************************/
    for(;;)
    {
        /* Place your application code here. */

        /* Send packet with command to the slave. */
        if (TRANSFER_CMPLT == WriteCommandPacket(cmd))
        {
            /* Read response packet from the slave. */
            if (READ_CMPLT == ReadStatusPacket())
            {
                /* Next command to be written. */
                cmd++;
                if(cmd > COLOR_BLUE)
                {
                    cmd = COLOR_RED;
                }
            }
            /* Give 2 Second delay between commands. */
            Cy_SysLib_Delay(CMD_TO_CMD_DELAY);
        }
    }
}
```

主机发送数据包 WriteCommandPacket 函数中,调用 CreateCommandPacketBuffer 函数创建数据包,调用 Cy_SCB_I2C_MasterSendStart 函数将数据包发送至从机,调用 Cy_SCB_I2C_MasterWriteByte 函数接收来自从机的反馈,调用 Cy_SCB_I2C_MasterSendStop 向总线告知传输结束代码如下:

```
static uint8_t WriteCommandPacket(uint8_t cmd){
    uint8_t status = TRANSFER_ERROR;
    cy_en_scb_i2c_status_t errorStatus;
    /* Create packet to be sent to slave. */
    CreateCommandPacketBuffer(cmd);
    /* Sends packets to slave using low level PDL library functions. */
    errorStatus = Cy_SCB_I2C_MasterSendStart(mI2C_HW, I2C_SLAVE_ADDR, CY_SCB_I2C_WRITE_
XFER, I2C_TIMEOUT, &mI2C_context);
```

```
    if(errorStatus == CY_SCB_I2C_SUCCESS){
        uint32_t cnt = 0UL;
        /* Read data from the slave into the buffer */
        do{
            /* Write byte and receive ACK/NACK response */
            errorStatus = Cy_SCB_I2C_MasterWriteByte(mI2C_HW, buffer[cnt], I2C_TIMEOUT,
&mI2C_context);
            ++cnt;
        }
        while((errorStatus == CY_SCB_I2C_SUCCESS) && (cnt < TX_PACKET_SIZE));
    }
    /* Check status of transaction */
    if ((errorStatus == CY_SCB_I2C_SUCCESS) ||
        (errorStatus == CY_SCB_I2C_MASTER_MANUAL_NAK) ||
        (errorStatus == CY_SCB_I2C_MASTER_MANUAL_ADDR_NAK)){
        /* Send Stop condition on the bus */
        if (Cy_SCB_I2C_MasterSendStop(mI2C_HW, I2C_TIMEOUT, &mI2C_context) == CY_SCB_I2C_
SUCCESS){
            status = TRANSFER_CMPLT;
        }
    }
    return (status);
```

创建数据包 CreateCommandPacketBuffer 函数中，构造长度为 5 的 uint8_t 数组作为发送的数据包，数组第一个元素和最后一个元素的值分别为数据包开始标记和数据包结束标记，第二、三、四个元素依次为红色、绿色、蓝色数值，每次只有一个数值为 255，其余两个为0，代码如下：

```
static void CreateCommandPacketBuffer(uint8_t cmd)
{
    /* Initialize buffer with commands to be sent. */
    buffer[PACKET_SOP_POS] = PACKET_SOP;
    buffer[PACKET_EOP_POS] = PACKET_EOP;
    switch(cmd)
    {
        case COLOR_RED:
            buffer[PACKET_CMD_1_POS] = 0xFF;
            buffer[PACKET_CMD_2_POS] = 0x00;
            buffer[PACKET_CMD_3_POS] = 0x00;
            break;

        case COLOR_GREEN:
            buffer[PACKET_CMD_1_POS] = 0x00;
            buffer[PACKET_CMD_2_POS] = 0xFF;
            buffer[PACKET_CMD_3_POS] = 0x00;
            break;

        case COLOR_BLUE:
            buffer[PACKET_CMD_1_POS] = 0x00;
            buffer[PACKET_CMD_2_POS] = 0x00;
            buffer[PACKET_CMD_3_POS] = 0xFF;
            break;

        default:
```

```
            break;
        }
    }
```

获取从机反馈 ReadStatusPacket 函数中，调用 Cy_SCB_I2C_MasterSendStart 函数启动主机读取从机数据，调用 Cy_SCB_I2C_MasterReadByte 函数读取数据，调用 Cy_SCB_I2C_MasterSendStop 向总线告知传输结束，代码如下：

```
static uint8_t ReadStatusPacket(void){
    /* Buffer to copy RX messages. */
    uint8_t rxBuffer[RX_PACKET_SIZE];
    cy_en_scb_i2c_status_t errorStatus;
    uint32_t status = TRANSFER_ERROR;
    /* Using low level function initiating master to read data. */
    errorStatus = Cy_SCB_I2C_MasterSendStart(mI2C_HW, I2C_SLAVE_ADDR, CY_SCB_I2C_READ_
XFER, I2C_TIMEOUT, &mI2C_context);
    if(errorStatus == CY_SCB_I2C_SUCCESS){
        uint32_t cnt = 0UL;
        cy_en_scb_i2c_command_t cmd = CY_SCB_I2C_ACK;
        /* Read data from the slave into the buffer */
        do{
            if (cnt == (RX_PACKET_SIZE - 1UL)){
                /* The last byte must be NACKed */
                cmd = CY_SCB_I2C_NAK;
            }
            /* Read byte and generate ACK / or prepare for NACK */
            errorStatus = Cy_SCB_I2C_MasterReadByte(mI2C_HW, cmd, rxBuffer + cnt, I2C_
TIMEOUT, &mI2C_context);
            ++cnt;
        }
        while ((errorStatus == CY_SCB_I2C_SUCCESS) && (cnt < RX_PACKET_SIZE));
    }
    /* Check status of transaction */
    if ((errorStatus == CY_SCB_I2C_SUCCESS) ||
        (errorStatus == CY_SCB_I2C_MASTER_MANUAL_NAK) ||
        (errorStatus == CY_SCB_I2C_MASTER_MANUAL_ADDR_NAK)){
        /* Send Stop condition on the bus */
        if (Cy_SCB_I2C_MasterSendStop(mI2C_HW, I2C_TIMEOUT, &mI2C_context) == CY_SCB_I2C_
SUCCESS){
            /* Check packet structure */
            if ((PACKET_SOP == rxBuffer[RX_PACKET_SOP_POS]) &&
                (PACKET_EOP == rxBuffer[RX_PACKET_EOP_POS]) &&
                (STS_CMD_DONE == rxBuffer[RX_PACKET_STS_POS])){
                status = TRANSFER_CMPLT;
            }
        }
    }
    return (status);
}
```

在主机和从机的传输中，都需要根据函数的返回值判断传输是否有成果，若传输中出现错误，需要调用错误处理 HandleError 函数。HandleError 函数停止中断，并进入无尽循环，代码如下：

```
static void HandleError(void)
{
    /* Disable all interrupts. */
    __disable_irq();

    /* Infinite loop. */
    While(1u) {}
}
```

（2）从机程序。

如图 7.87 所示，从机部分定义发送数据包长度、接收数据包长度、数据包起始标记、命令有效状态。以数据包数组下标位置、颜色标号作为常量，定义一个长度为 5 的 uint8_t 数组存储接收到的数据包，定义一个长度为 3 的 uint8_t 数组作为反馈数据包。

```
/* Buffer and packet size */
# define PACKET_SIZE              (5UL)

/* Buffer and packet size in the slave */
# define SL_RD_BUFFER_SIZE        (03UL)
# define SL_WR_BUFFER_SIZE        (PACKET_SIZE)

/* Start and end of packet markers */
# define PACKET_SOP               (0x01UL)
# define PACKET_EOP               (0x17UL)

/* Command valid status */
# define STS_CMD_DONE             (0x00UL)
# define STS_CMD_FAIL             (0xFFUL)

/* Packet positions */
# define PACKET_SOP_POS           (0UL)
# define PACKET_STS_POS           (1UL)
# define PACKET_RED_POS           (1UL)
# define PACKET_GREEN_POS         (2UL)
# define PACKET_BLUE_POS          (3UL)
# define PACKET_EOP_POS           (4UL)
# define COLOR_RED_POS            (0x01UL)
# define COLOR_GREEN_POS          (0x02UL)
# define COLOR_BLUE_POS           (0x03UL)

# define ZERO                     (0UL)

/* I2C slave read and write buffers. */
uint8_t i2cReadBuffer [SL_RD_BUFFER_SIZE] = {PACKET_SOP, STS_CMD_FAIL, PACKET_EOP};
uint8_t i2cWriteBuffer[SL_WR_BUFFER_SIZE] ;
```

从机主函数中，调用 Cy_SCB_I2C_Init 函数初始化 I^2C，调用 Cy_SysInt_Init 函数初始化中断。调用 Cy_SCB_I2C_SlaveConfigReadBuf 函数向主机反馈连接结果，调用 Cy_SCB_I2C_SlaveConfigWriteBuf 函数获取主机发送的数据包，调用 Cy_SCB_I2C_RegisterEventCallback 函数创建句柄以维持 I^2C 数据传输，调用 Cy_SCB_I2C_Enable 函数保持 I^2C 连接，代码如下：

```
int main(void)
{
```

```
cy_en_scb_i2c_status_t initI2Cstatus;
cy_en_sysint_status_t sysI2Cstatus;

/* Initialize the reply status packet. */
i2cReadBuffer[PACKET_STS_POS] = STS_CMD_FAIL;

__enable_irq(); /* Enable global interrupts. */

/* Place your initialization/startup code here (e.g. MyInst_Start()) */
/* Initialize and enable I2C component in slave mode. */
initI2Cstatus = Cy_SCB_I2C_Init(sI2C_HW, &sI2C_config, &sI2C_context);
if(initI2Cstatus != CY_SCB_I2C_SUCCESS)
{
    HandleError();
}
sysI2Cstatus = Cy_SysInt_Init(&sI2C_SCB_IRQ_cfg, &sI2C_Interrupt);
if(sysI2Cstatus != CY_SYSINT_SUCCESS)
{
    HandleError();
}
Cy_SCB_I2C_SlaveConfigReadBuf(sI2C_HW, i2cReadBuffer, SL_RD_BUFFER_SIZE, &sI2C_context);
Cy_SCB_I2C_SlaveConfigWriteBuf(sI2C_HW, i2cWriteBuffer, SL_WR_BUFFER_SIZE, &sI2C_context);
Cy_SCB_I2C_RegisterEventCallback(sI2C_HW, (cy_cb_scb_i2c_handle_events_t) HandleEventsSlave,
&sI2C_context);
NVIC_EnableIRQ((IRQn_Type) sI2C_SCB_IRQ_cfg.intrSrc);
Cy_SCB_I2C_Enable(sI2C_HW);

for(;;)
{
    /* Place your application code here. */
}
}
```

Cy_SCB_I2C_RegisterEventCallback 函数中,调用 HandleEventsSlave 函数创建句柄,处理从机反馈和数据接收并控制 RGB LED 等事件。该函数内部对于接收到的数据进行格式检查,并调用 SlaveExecuteCommand 函数根据数据包内容对 RGB LED 颜色进行控制。对反馈数据包进行更新,并再次调用 Cy_SCB_I2C_SlaveConfigReadBuf 函数向主机反馈连接结果,对接收数据包进行清除,并再次调用 Cy_SCB_I2C_SlaveConfigWriteBuf 函数获取主机发送的数据包,代码如下:

```
static void HandleEventsSlave(uint32_t event)
{
    /* Check write complete event. */
    if (0UL != (CY_SCB_I2C_SLAVE_WR_CMPLT_EVENT & event))
    {

        /* Check for errors */
        if (0UL == (CY_SCB_I2C_SLAVE_ERR_EVENT & event))
        {
            /* Check packet length */
            if (PACKET_SIZE == Cy_SCB_I2C_SlaveGetWriteTransferCount(sI2C_HW, &sI2C_context))
            {
                /* Check start and end of packet markers. */
```

```
                    if ((i2cWriteBuffer[PACKET_SOP_POS] == PACKET_SOP) &&
                        (i2cWriteBuffer[PACKET_EOP_POS] == PACKET_EOP))
                    {
                        SlaveExecuteCommand( );
                    }
                }
            }

            /* Update status of received commend. */
            i2cReadBuffer[PACKET_STS_POS] = STS_CMD_DONE;

            /* Configure write buffer for the next wri */
            i2cWriteBuffer[PACKET_SOP_POS] = ZERO;
            i2cWriteBuffer[PACKET_EOP_POS] = ZERO;
            Cy_SCB_I2C_SlaveConfigWriteBuf(sI2C_HW, i2cWriteBuffer, SL_WR_BUFFER_SIZE, &sI2C_context);
        }

        /* Check write complete event. */
        if (0UL != (CY_SCB_I2C_SLAVE_RD_CMPLT_EVENT & event))
        {
            /* Configure read buffer for the next read. */
            i2cReadBuffer[PACKET_STS_POS] = STS_CMD_FAIL;
            Cy_SCB_I2C_SlaveConfigReadBuf(sI2C_HW, i2cReadBuffer, SL_RD_BUFFER_SIZE, &sI2C_context);
        }
    }
```

RGB LED 颜色控制 SlaveExecuteCommand 函数，根据接收到的数据包内容改变数字输出信号。根据数据包中第二、三、四个元素，即红色、绿色、蓝色数值，调用 Cy_GPIO_Write 函数改变对应颜色引脚的输出电平，代码如下：

```
static void SlaveExecuteCommand( void )
{
    /* Sets the GPIO value to control the color of RGB LED. */
    uint8_t tmp = 0xFF;
    if (i2cWriteBuffer[COLOR_RED_POS] == tmp)
    {
        Cy_GPIO_Write(GPIO_PRT0, 3, 0);
    }
    else
    {
        Cy_GPIO_Write(GPIO_PRT0, 3, 1);
    }
    if (i2cWriteBuffer[COLOR_GREEN_POS] == tmp)
    {
        Cy_GPIO_Write(GPIO_PRT1, 1, 0);
    }
    else
    {
        Cy_GPIO_Write(GPIO_PRT1, 1, 1);
    }
    if (i2cWriteBuffer[COLOR_BLUE_POS] == tmp)
    {
        Cy_GPIO_Write(GPIO_PRT11, 1, 0);
    }
    else
    {
```

```
    Cy_GPIO_Write(GPIO_PRT11, 1, 1);
  }

}
```

5）编程调试

使用 USB Type-C 编程线连接计算机与 PSoC6 实验套件。单击菜单栏 Debug → Program 进行项目的编译，并下载代码到 PSoC6 器件。

将主机项目和从机项目分别下载到两个 PSoC6 芯片，为保证芯片内部程序的同步性，两个 PSoC6 实验套件使用同一个设备供电。I^2C 接口可参阅第 4 章图 4.3 和表 4.3，将主机的 SCL 引脚即 P6[0]与从机的 SCL 引脚即 P6[0]用导线连接，将主机的 SDA 引脚即 P6[1]与从机的 SDA 引脚即 P6[1]用导线连接。连线位置和结果如图 7.76 所示。I^2C 通信未开始时，由于数字输出端口初态为有效状态，因此 RGB LED 的红绿蓝三通道数值均为最大，故呈白色，如图 7.76 所示。开始进行 I^2C 通信后，RGB LED 颜色在红绿蓝三色之间循环，颜色变为红色时如图 7.77 所示。

图 7.76　I^2C 通信未开始演示结果

图 7.77　I^2C 通信开始演示结果

7.1.6 蓝牙实验

1. 实验内容

本实验基于 PSoC Creator 的 Code Example-CE212736_PSoC6BLE_FindMe01。

使用蓝牙（Bluetooth Low Energy，BLE）模块、多计数器看门狗（Multi-Counter Watchdog，MCWDT）模块和中断（Interrupt）模块控制 LED 的亮度。

使用蓝牙 BLE 模块实现蓝牙通信。MCWDT 模块和 Interrupt 模块用于实现蓝牙连接的计时和中断处理。使用三个数字输出引脚分别控制 RGB LED 颜色来表示蓝牙工作状态，绿色表示蓝牙正在广播，红色表示广播超时未建立蓝牙连接，蓝色表示已建立蓝牙连接。当蓝牙连接建立后，RGB LED 显示蓝色，为有效状态。此时主机选择"熄灭、闪烁、常亮"三个命令中的一个，表示警报的不同程度。通过蓝牙通信控制 RGB LED 在蓝色颜色下的状态，蓝色熄灭表示无警报；蓝色闪烁表示轻度警报；蓝色常亮表示重度警报。

使用 UART 模块便于通过计算器串口调试助手进行程序调试。

2. 实验目的

了解 BLE 模块的使用方法。

3. 实验要点

本实验的关键点在于合理设置 BLE 模块，使其能够与开启蓝牙的手机、电脑或其他设备进行通信。

BLE 模块需要设置 GATT（Generic Attribute Profile）通用属性协议和 GAP（Generic Access Profile）通用接入规范协议。

4. 实验步骤

1）新建项目

新建项目的具体步骤参见 7.1.1 节 PWM 实验。

2）编辑原理图

项目创建完成后，将自动打开 TopDesign 界面。接下来进行原理图的编辑。

（1）放置用户模块。

在 Component Catalog 子窗口中找到 BLE 模块、UART 模块、数字输入引脚（Digital Input Pin）模块、数字输出引脚（Digital Output Pin）模块、中断模块和多计数器看门狗 MCWDT 模块，将其拖曳到原理图中，如图 7.78 所示。数字输入引脚接收休眠唤醒控制信号。三个数字输出引脚分别控制 RGB LED 的红绿蓝颜色通道。同时间只有一个引脚输出为有效，其余两个输出为无效，则 RGB LED 在不同情况下显示红色、绿色和蓝色，各颜色表示的状态与实验内容中一致。

（2）配置用户模块。

双击数字输出引脚模块，将输出模块的名称依次改为 Alert_LED（驱动 RGB LED 的蓝色通道，蓝色表示蓝牙已连接）、Advertising_LED（驱动 RGB LED 的绿色通道，绿色表示蓝牙广播中）和 Disconnect_LED（驱动 RGB LED 的红色通道，红色表示广播超时未建立蓝牙连接）。数字输出引脚在原理图上不需要接线，因此对于每个数字输出引脚模块，取消原理图层面引脚连接。PSoC6 实验板上 LED 默认低电平有效，因此将数字输出的默认状态设置为高电平。如图 7.79 所示,以 Alert_LED 为例,取消 HW connection 勾选,设置初始驱动状态(Initial Drive State)为高电平 High(1),单击 OK,完成基本配置。

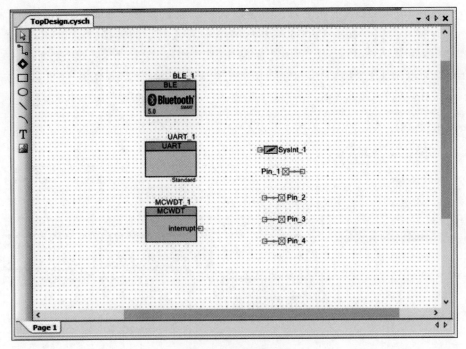

图 7.78 初始原理图

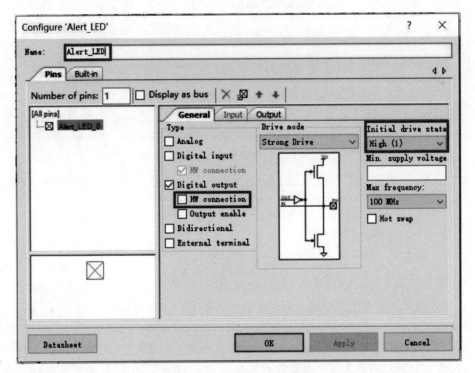

图 7.79 配置输出引脚模块

双击数字输入引脚模块，将输入模块的名称改为 Hibernate_Wakeup_SW。实验板上的开关 SW2 连接到该休眠唤醒引脚，并在按下时将端口引脚拉低。要将此引脚配置为休眠唤醒开关，必须将其配置为电阻上拉。数字输入引脚在原理图上不需要接线，取消原理图层面引脚连接。为实现配置 PSoC6 检测从高电平到低电平的转换并将 PSoC6 从休眠状态唤醒，将数字输入的默认状态设置为高电平。如图 7.80 所示，将驱动模式（Drive mode）设置为电阻上拉（Resistive Pull Up），初始驱动状态设置为高电平 High(1)，取消 HW connection 勾选，单击 OK，完成基本配置。

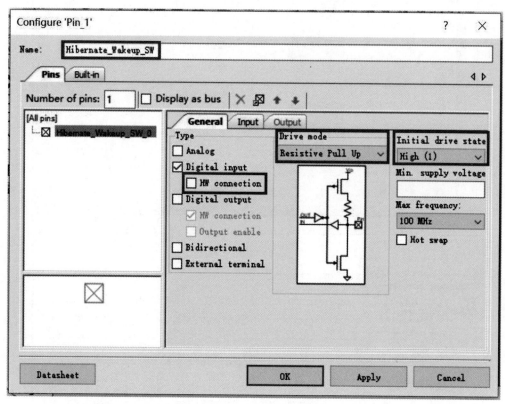

图 7.80　配置输入引脚模块

双击 UART 模块，打开配置窗口，更改名称为 UART_DEBUG，使用该模块在 115 200bit/s 的波特率下在电脑终端窗口中显示调试消息。如图 7.81 所示，单击 OK，完成基本配置。

双击 BLE 模块，打开配置窗口，更改名称为 BLE。确认选择了完整的 BLE 协议 Complete BLE Protocol。将 BLE 连接的最大数量更改为 1，有利于正确配置 BLE 堆栈。确认选择外围设备 Peripheral 作为 GAP 协议角色，将 PSoC6 实验板设置为 BLE 外围设备，并响应中央设备如手机的请求。对于 CPU 内核，选择双核（CM0+上的控制器，CM4 上的主机和配置文件）选项，将拆分 BLE 堆栈以使得其可在两个内核上工作。CM0+内核运行堆栈的 BLE 控制器部分，负责维护 BLE 连接。BLE 主机在 CM4 内核上运行并执行应用程序级任务。这种双核设置的优点是在没有处于挂起状态下的 BLE 相关任务时，CM4 内核可以进入深度休眠模式，降低功耗。BLE 模块通用配置如图 7.82 所示。

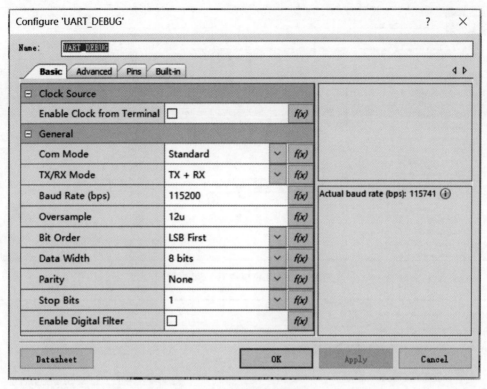

图 7.81　配置 UART 模块

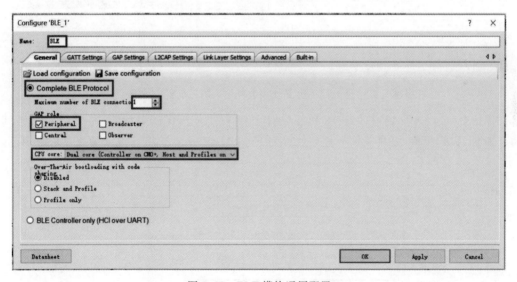

图 7.82　BLE 模块通用配置

　　保持 BLE 模块配置窗口打开,单击 GATT 设置(GATT Settings)标签,显示 GATT 配置页面。如图 7.83 所示,单击左上角加号,添加配置文件,选择 Find Me→Find Me Target (GATT Server),添加 GAP 外设角色配置文件。如图 7.83 所示,右键单击 Server,单击加号,选择 Device Information,添加器件信息服务。将硬件设备设置为 CY8CKIT-062-BLE PSoC 6 BLE Pioneer Kit,便于匹配。

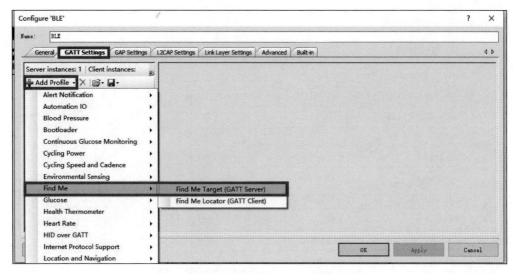

图 7.83　BLE 模块 GATT 配置

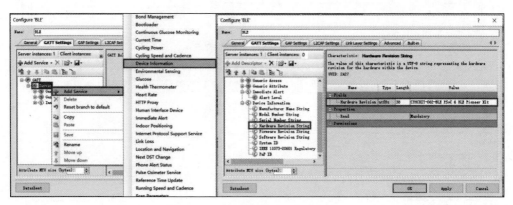

图 7.84　BLE 模块器件信息服务配置

保持 BLE 模块配置窗口打开，单击 GAP 设置（GAP Settings）标签，显示 GAP 配置页面。如图 7.85 所示，更改器件名称。设置为 Find Me Target。将外观设置为通用密钥环。

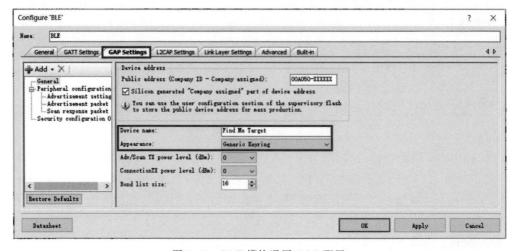

图 7.85　BLE 模块通用 GAP 配置

如图 7.86 所示,单击左侧菜单内的广播设置项,为了与任意设备进行蓝牙通信,将广播类型设置为可连接非定向广播(Connectable Undirected Advertising)。为了加快蓝牙连接,取消选择慢速广播时间间隔复选框。

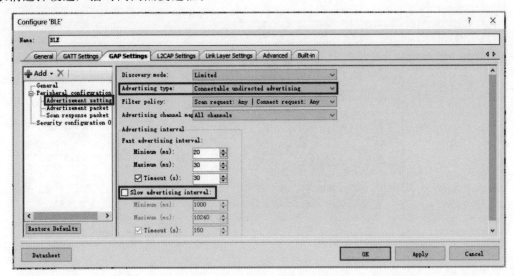

图 7.86　BLE 模块 GAP 广播配置

如图 7.87 所示,单击左侧菜单中的广播数据包项,展开服务 UUID 菜单,选择即时警报 Immediate Alert,在广播数据包中添加该服务。在添加项目时,广播数据包的结构和内容显示在配置面板的右侧。

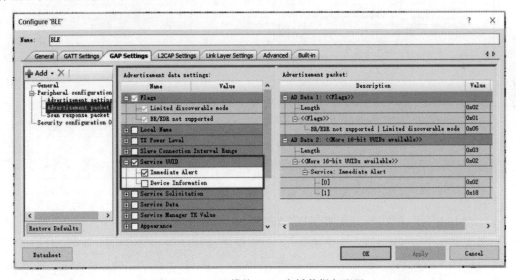

图 7.87　BLE 模块 GAP 广播数据包配置

如图 7.88 所示,单击左侧菜单中的扫描响应包项,选择本地名称 Local Name 以将该项目包含在响应中,选择发射功率电平(TX Power Level)以在数据包中包含该项目,选择外观 Appearance 以将该项目包含在数据包中。

如图 7.89 所示,单击左侧菜单中的安全配置 0 项,配置安全设置。确认安全模式是模式 1，安全级别是无加密，将 I/O 功能设置为无输入无输出，将绑定要求设置为不绑定，单击 OK 完成 BLE 模块配置。

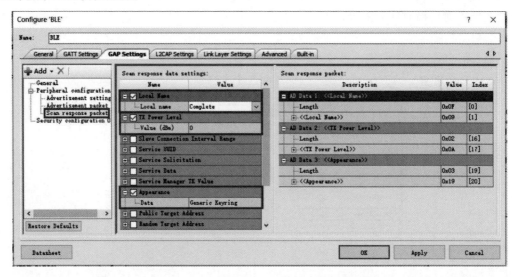

图 7.88　BLE 模块 GAP 扫描响应数据包配置

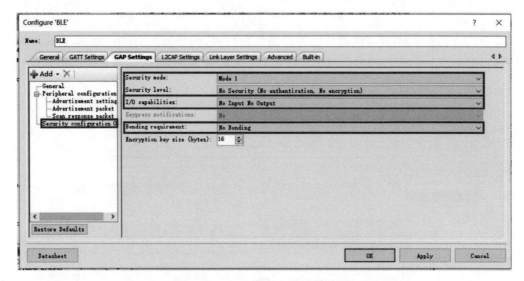

图 7.89　BLE 模块 GAP 安全配置

双击 MCWDT 模块，打开配置窗口，更改名称为 MCWDT。为了实现 250ms 触发一次中断，即中断频率为 4Hz，需要将 MCWDT 的时钟源进行计数。MCWDT 的时钟源为低频时钟 LFCLK（Low Frequency Clock），使用内部低速振荡器 ILO（Internal Low-speed Oscillator），频率为 32kHz。如图 7.90 所示，对于 Counter0，将 Match 更改为 7999，可以实现中断频率为 4Hz，将模式更改为中断，将 Clear on Match 字段设置为 Clear on match。单击 OK，完成 MCWDT 模块配置。

双击 SysInt 模块，打开配置窗口，更改名称为 MCWDT_isr。为保证在深度睡眠模式下对 CM4＋CPU 的唤醒，如图 7.91 所示，勾选 Deep Sleep Capable。单击 OK，完成 SysInt 模块配置。

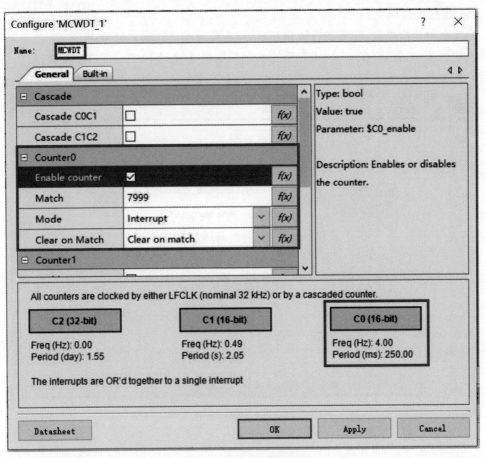

图 7.90　MCWDT 模块配置

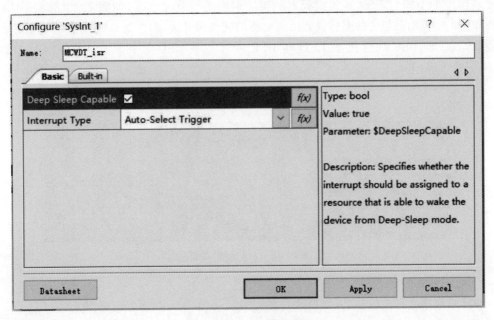

图 7.91　SysInt 模块配置

（3）连接用户模块。

配置完用户模块后，需要进行线路互联，将各模块关联起来。使用 Wire Tool 工具进行连线。如图 7.92 所示，将 MCWDT 模块的中断输出连接到 MCWDT_isr 模块输入。连线的绘制方法参见 7.1.1 节。

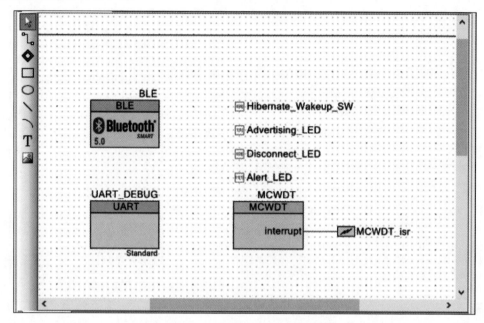

图 7.92　完成配置后的原理图

（4）分配引脚。

在 Workspace Explorer 窗口中，双击 Pins 文件，打开引脚分配窗口。在该窗口中，需要把原理图中的引脚与 PSoC6 实验板上的实际引脚进行分配连接，如图 7.93 所示。UART 模块和休眠唤醒输入相关的引脚设置由实验板的硬件设计决定，参见第 4 章图 4.3 和表 4.3。警报状态 LED、BLE 广播指示 LED 和 BLE 断开指示 LED 分别对应 RGB LED 的蓝色 LED、绿色 LED 和红色 LED。

Name	Port		Pin		Lock
\UART_DEBUG:rx\	P5[0]	∨	L6	∨	☑
\UART_DEBUG:tx\	P5[1]	∨	K6	∨	☑
Advertising_LED	P1[1]	∨	F2	∨	☑
Alert_LED	P11[1]	∨	E5	∨	☑
Disconnect_LED	P0[3]	∨	E3	∨	☑
Hibernate_Wakeup_SW	P0[4]	∨	F3	∨	☑

图 7.93　分配引脚结果

3）时钟配置

本项目使用到时钟信号，需要修改时钟配置。如图 7.94 所示，在 Workspace Explorer 窗格中，双击 Clocks 项目，打开时钟列表。单击 Edit Clock 按钮，出现配置系统时钟对话框。

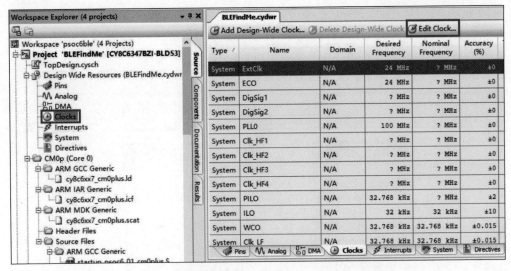

图 7.94 时钟列表

如图 7.95 所示,单击源时钟选项标签 Source Clocks,选择 AltHF BLE ECO 模块中的复选框,启用 BLE ECO。参数应与实验板上使用的晶体相匹配。对于 PSoC6 实验套件,

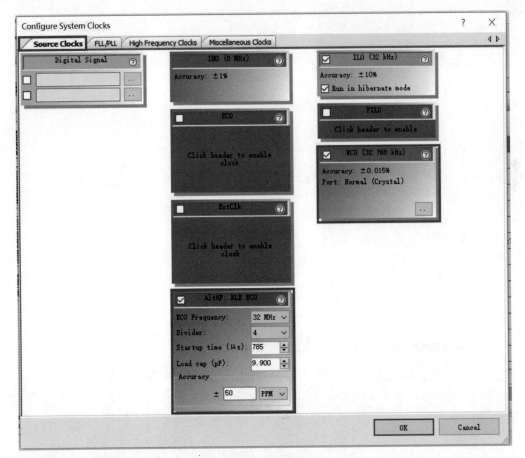

图 7.95 源时钟配置

ECO 频率为 32MHz，精度为 $\pm 50 \times 10^{-6}$。实验板上没有负载电容，因此使用 9.900 的最小规定负载电容（pF），确保快速启动 ECO 晶体的启动时间为 $785\mu s$。勾选模块中的复选框来启用 WCO 时钟。如图 7.96 所示，单击杂项时钟标签 Miscellaneous Clocks，选择 WCO 作为 LFClk 的源，选择 WCO 作为 BakClk 的源。

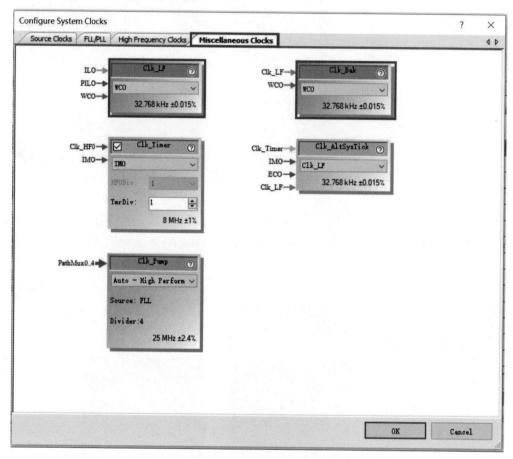

图 7.96　杂项时钟配置

4）配置中断

本项目使用到中断，需要修改中断配置。如图 7.97 所示，在 Workspace Explorer 窗格中，双击 Interrupts 项目，打开中断列表。为 CM0＋启用了 BLE_bless_isr 中断，优先级设置为 1，向量设置为 3，确保了 BLE 控制器中断由 CM0＋以最高优先级处理。为 CM4 启用 MCWDT_isr。禁止两个内核的 UART_DEBUG_SCB_IRQ 中断。

Instance Name	Interrupt Number	ARM CM0+ Enable	ARM CM0+ Priority (1 - 3)	ARM CM0+ Vector (3 - 29)	ARM CM4 Enable	ARM CM4 Priority (0 - 7)
BLE_bless_isr	24	☑	1	3	☐	--
MCWDT_isr	19	☐	--	--	☑	7
UART_DEBUG_SCB_IRQ	46	☐	--	--	☐	--

图 7.97　中断配置

5）加文件

本项目使用到 BLE 相关的文件，需要补充，可以从示例工程中获取头文件和源文件。单击菜单栏的 File→Code Example，搜索 CE212736_PSoC6BLE_FindMe，如图 7.98 所示，单击 Create Project 创建示例工程 CE212736_PSoC6BLE_FindMe01。

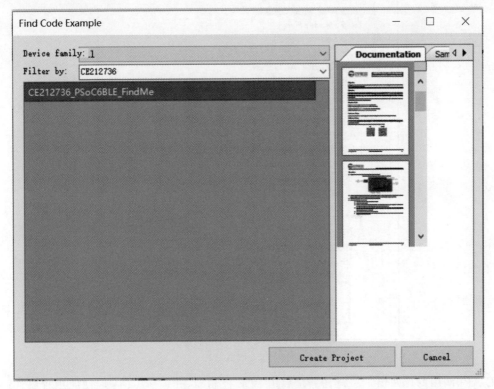

图 7.98　搜索示例工程

将 CE212736_PSoC6BLE_FindMe. cydsn 文件夹中的 BLEFindMe. h，debug. h，LED. h 复制到当前项目的 CM4（Core 1）→Header Files 文件夹中。BLEFindMe. c，debug. c 文件复制到当前项目的 CM4（Core 1）→Source Files 文件夹中。main_cm0p. c、main_cm4. c 替换当前项目同名文件。当前项目结构如图 7.99 所示。

6）生成应用程序文件

单击菜单栏的 Build→Generate Application，生成应用程序文件。通常，系统会自动检查原理图及相关配置是否有误，如果出现明显错误，则系统将会提示错误信息。

7）编辑应用程序

对 main_cm0p. c，main_cm4. c 中的代码以及所用重要函数进行解读，了解程序。代码解读中省略打印语句输出的部分。

当 PSoC 6 器件复位时，软件首先执行系统初始化，包括设置要执行程序的 CPU 内核、启用全局中断以及启用设计中使用的其他组件。初始化在 CPU 内核之间分配。CM0 复位并尝试启动 BLE 控制器部分。如果成功，则 CM0 将启用 CM4。CM4 将启动 BLE 主机部分并调用必要的应用程序端处理函数。

如下代码所示，main_cm0p. c 中的代码声明了一个局部变量 apiResult 来保存来自

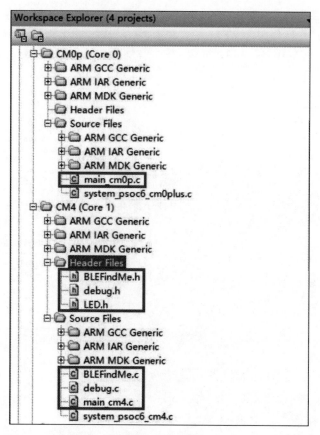

图 7.99　项目结构

BLE API 调用的返回值。关键任务是启用 BLE 控制器，并设置 CM4 以使应用程序代码运行。调用 Cy_SysPm_GetIoFreezeStatus 和 Cy_SysPm_IoUnfreeze 函数在 CPU 被唤醒时启用 I/O 接口。调用 Cy_BLE_Start 函数开启 BLE 控制，开启成果则启动 CM4 CPU。在主循环中，CM0p CPU 调用 Cy_BLE_ProcessEvents 函数处理控制器上待处理的 BLE 事件，在没有待处理事件的情况下，CM0p 调用 Cy_SysPm_DeepSleep 函数进入深度睡眠模式。

```
#include "project.h"

int main(void)
{
    cy_en_ble_api_result_t          apiResult;
    __enable_irq(); /* Enable global interrupts. */
    /* Unfreeze I/O if device is waking up from hibernate */
    if(Cy_SysPm_GetIoFreezeStatus())
    {
        Cy_SysPm_IoUnfreeze();
    }
    /* Start the Controller portion of BLE. Host runs on the CM4 */
    apiResult = Cy_BLE_Start(NULL);
    if(apiResult == CY_BLE_SUCCESS)
    {
```

```
        /* Enable CM4 only if BLE Controller started successfully.
         * CY_CORTEX_M4_APPL_ADDR must be updated if CM4 memory layout
         * is changed. */
        Cy_SysEnableCM4(CY_CORTEX_M4_APPL_ADDR);
    }
    else
    {
        /* Halt CPU */
        CY_ASSERT(0u != 0u);
    }
    for(;;)
    {
        /* Place your application code here. */
        /* Put CM0p to deep sleep */
        Cy_SysPm_DeepSleep(CY_SYSPM_WAIT_FOR_INTERRUPT);

        /* Cy_Ble_ProcessEvents() allows BLE stack to process pending events */
        /* The BLE Controller automatically wakes up host if required */
        Cy_BLE_ProcessEvents();
    }
}
```

在 main_cm4.c 代码中,调用 BleFindMe_Init 函数对 CM4 使用的关键模块进行初始化并启动,包括设置 CM4 中断,执行启用 BLE 主机的关键任务。在循环中,CM4 调用 BleFindMe_Process 函数处理主机上挂起的 BLE 事件,如果没有待处理的事件,CM4 进入深度睡眠低功耗模式,代码如下:

```
#include <project.h>
#include "BLEFindMe.h"
/********************************************************************
* Function Name: main()
********************************************************************
* Summary:
* Main function for the project.
* Parameters:
* None
* Return:
* None
* Theory:
* The main function initializes the PSoC 6 BLE device and runs a BLE process.
*
********************************************************************/
int main(void)
{
    /* Initialize BLE */
    BleFindMe_Init();
    __enable_irq(); /* Enable global interrupts. */
    for(;;)
    {
        BleFindMe_Process();
    }
}
```

BleFindMe_Init 函数中,进行如下初始化。调用 Cy_SysPm_SetHibWakeupSource 将开关

SW2 配置为休眠唤醒源。调用 Cy_BLE_Start 函数和 Cy_BLE_GetStackLibraryVersion 函数启动 BLE 组件，并注册通用事件处理程序。若 BLE 初始化成功，调用 Cy_BLE_IAS_RegisterAttrCallback 函数注册 IAS 事件处理程序以处理即时警报服务相关事件。调用 Cy_MCWDT_Init、Cy_MCWDT_Enable、Cy_MCWDT_SetInterruptMask 和 Cy_SysInt_Init 函数，使 MCWDT 每 250ms 触发一次中断，代码如下：

```
void BleFindMe_Init(void)
{
    cy_en_ble_api_result_t        apiResult;
    cy_stc_ble_stack_lib_version_t stackVersion;

    /* Configure switch SW2 as hibernate wake up source */
    Cy_SysPm_SetHibWakeupSource(CY_SYSPM_HIBPIN1_LOW);

    /* Start the UART debug port */
    UART_DEBUG_START();
    DEBUG_PRINTF("\r\n\nPSoC 6 MCU with BLE Find Me Code Example \r\n");

     /* Start Host of BLE Component and register generic event handler */
    apiResult = Cy_BLE_Start(StackEventHandler);

    if(apiResult != CY_BLE_SUCCESS)
    {
        /* BLE stack initialization failed, check configuration,
            notify error and halt CPU in debug mode */
        DEBUG_PRINTF("Cy_BLE_Start API Error: %x \r\n", apiResult);
        ShowError();
    }
    else
    {
        DEBUG_PRINTF("Cy_BLE_Start API Success: %x \r\n", apiResult);
    }

    apiResult = Cy_BLE_GetStackLibraryVersion(&stackVersion);

    if(apiResult != CY_BLE_SUCCESS)
    {
        DEBUG_PRINTF("Cy_BLE_GetStackLibraryVersion API Error: 0x%2.2x \r\n", apiResult);
        ShowError();
    }
    else
    {
        DEBUG_PRINTF("Stack Version: %d.%d.%d.%d \r\n", stackVersion.majorVersion,
            stackVersion.minorVersion, stackVersion.patch, stackVersion.buildNumber);
    }

    /* Register IAS event handler */
    Cy_BLE_IAS_RegisterAttrCallback(IasEventHandler);

    /* Enable 4 Hz free-running MCWDT counter 0 */
    /* MCWDT_config structure is defined by the MCWDT_PDL component based on
        parameters entered in the customizer */
    Cy_MCWDT_Init(MCWDT_HW, &MCWDT_config);
```

```
Cy_MCWDT_Enable(MCWDT_HW, CY_MCWDT_CTR0, 93 /* 2 LFCLK cycles */);
/* Unmask the MCWDT counter 0 peripheral interrupt */
Cy_MCWDT_SetInterruptMask(MCWDT_HW, CY_MCWDT_CTR0);

/* Configure ISR connected to MCWDT interrupt signal */
/* MCWDT_isr_cfg structure is defined by the SYSINT_PDL component based on
   parameters entered in the customizer. */
Cy_SysInt_Init(&MCWDT_isr_cfg, &MCWDT_Interrupt_Handler);
/* Clear CM4 NVIC pending interrupt for MCWDT */
NVIC_ClearPendingIRQ(MCWDT_isr_cfg.intrSrc);
/* Enable CM4 NVIC MCWDT interrupt */
NVIC_EnableIRQ(MCWDT_isr_cfg.intrSrc);

}
```

启动 BLE 组件时,函数的参数为执行堆栈事件处理程序 StackEventHandler。该函数对于 BLE 堆栈事件进行处理。程序中 BLE 堆栈事件名称、事件描述、程序中事件处理操作对应表 7.3。

表 7.3 BLE 堆栈事件处理表

BLE 堆栈事件名称	事 件 描 述	程序中事件处理操作
CY_BLE_EVT_STACK_ON	BLE 堆栈初始化已成功完成	开始广播并在 LED 上反映广播状态
CY_BLE_EVT_GAP_DEVICE_DISCONNECTED	与对等设备的 BLE 链路断开	重新启动广播并在 LED 上反映广播状态
CY_BLE_EVT_GAP_DEVICE_CONNECTED	建立与对端设备的 BLE 连接	在 LED 上更新 BLE 连接状态
CY_BLE_EVT_GAPP_ADVERTISEMENT_START_STOP	BLE 堆栈广播开始/停止事件	关闭 BLE 堆栈
CY_BLE_EVT_HARDWARE_ERROR	BLE 硬件错误	更新 LED 状态以反映硬件错误并暂停 CPU
CY_BLE_EVT_STACK_SHUTDOWN_COMPLETE	BLE 堆栈已关闭	将器件配置为休眠模式,并等待唤醒引脚上的事件

注册 IAS 事件处理程序以处理即时警报服务相关事件时,函数的参数为执行业务特定事件处理程序 IasEventHandler 函数。该函数调用 Cy_BLE_IASS_GetCharacteristicValue 函数从蓝牙通信中获取警报级别的新值,并将其存储在变量 alertLevel 中,代码如下:

```
void IasEventHandler(uint32 event, void * eventParam)
{
    /* Alert Level Characteristic write event */
    if(event == CY_BLE_EVT_IASS_WRITE_CHAR_CMD)
    {
        /* Read the updated Alert Level value from the GATT database */
        Cy_BLE_IASS_GetCharacteristicValue(CY_BLE_IAS_ALERT_LEVEL,
            sizeof(alertLevel), &alertLevel);
    }

    /* To remove unused parameter warning */
    eventParam = eventParam;
}
```

BleFindMe_Process 函数根据当前警报级别切换警报 LED。调用 EnterLowPowerMode 进入低功耗模式。调用 Cy_BLE_ProcessEvents 函数通知 BLE 处理事件，并调用 Cy_GPIO_Write 函数根据警报级别更新 LED，代码如下：

```
void BleFindMe_Process(void)
{
    /* The call to EnterLowPowerMode also causes the device to enter hibernate
       mode if the BLE stack is shutdown */
    EnterLowPowerMode();

    /* Cy_Ble_ProcessEvents() allows BLE stack to process pending events */
    Cy_BLE_ProcessEvents();

    /* Update Alert Level value on the Blue LED */
    switch(alertLevel)
    {
        case CY_BLE_NO_ALERT:
            /* Disable MCWDT interrupt at NVIC */
            NVIC_DisableIRQ(MCWDT_isr_cfg.intrSrc);
            /* Turn the Blue LED OFF in case of no alert */
            Cy_GPIO_Write(Alert_LED_0_PORT, Alert_LED_0_NUM, LED_OFF);
            break;

        /* Use the MCWDT to blink the Blue LED in case of mild alert */
        case CY_BLE_MILD_ALERT:
            /* Enable MCWDT interrupt at NVIC */
            NVIC_EnableIRQ(MCWDT_isr_cfg.intrSrc);
            /* The MCWDT interrupt handler will take care of LED blinking */
            break;

        case CY_BLE_HIGH_ALERT:
            /* Disable MCWDT interrupt at NVIC */
            NVIC_DisableIRQ(MCWDT_isr_cfg.intrSrc);
            /* Turn the Blue LED ON in case of high alert */
            Cy_GPIO_Write(Alert_LED_0_PORT, Alert_LED_0_NUM, LED_ON);
            break;

        /* Do nothing in all other cases */
        default:
            break;
    }
}
```

8）编程调试

使用 USB Type-C 编程线连接计算机与 PSoC6 实验套件。单击菜单栏 Debug → Program 进行项目的编译并下载代码到 PSoC6 器件。

在手机端安装 CySmart 应用，打开蓝牙，启动 CySmart 应用程序。如图 7.100 所示，单击设备 Find Me Target 进行连接，单击 Find Me 应用，通过下拉菜单更改警告值，可以观察到蓝色 LED 的状态变化。

在电脑端可以使用 CySmart 主机仿真工具编程调试。将套件中的 CY5677 板的 USB 接口插入电脑，打开电脑端蓝牙。如图 7.101 所示，在原理图界面右键单击 BLE 模块，选择启动 CySmart 应用程序(若未安装该程序,此处为 Download CySmart,单击下载即可)。启动 CySmart 应用程序后,如图 7.102 所示,选择 CySmart BLE USB 板进行连接。

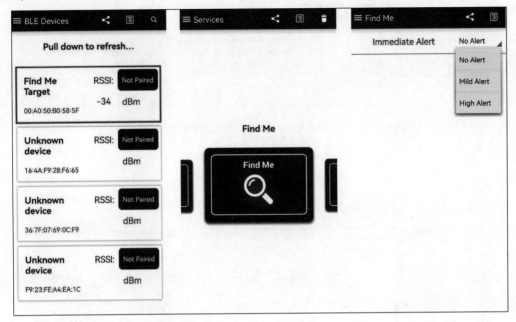

图 7.100　手机端操作

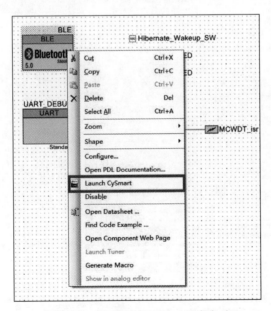

图 7.101　电脑端 CySmart 程序启动

若之前有使用过 CySmart,需要对主机进行设置,如图 7.103 所示,单击 Configure Master Settings,然后单击 Restore Defaults,恢复默认设置。

如图 7.104 所示,单击左上角 Start Scan 开始扫描,扫描结果中选择设备 Find Me Target,单击 Connect 进行连接。

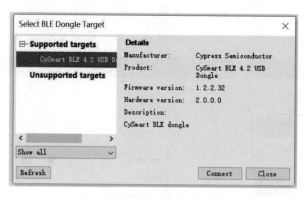

图 7.102　CySmart 硬件选择

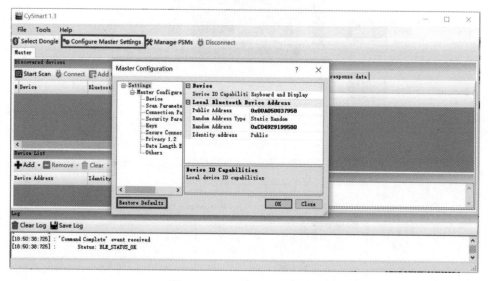

图 7.103　CySmart 主机设置

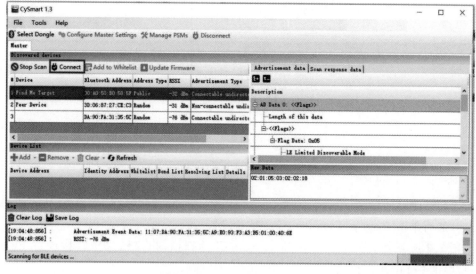

图 7.104　CySmart 蓝牙连接

如图 7.105 所示,单击左上角 Discover All Attributes,显示所有属性。找到其中警报级别属性 Alert Level,在右侧框中更改数值,并单击 Write Value Without Response 进行写入。

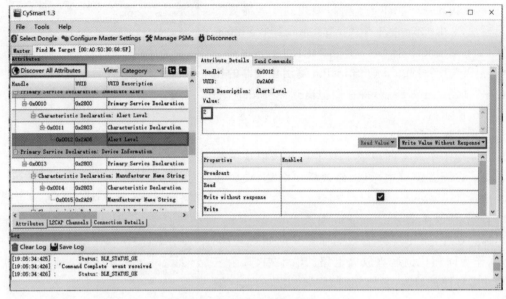

图 7.105　蓝牙通信数值写入

LED 变成绿色表示正在进行蓝牙广播,LED 变为红色表示广播超时。在建立蓝牙连接后,No Alert、Mid Alert、High Alert 分别对应 LED 关闭、蓝色 LED 闪烁和蓝色 LED 常亮。

7.1.7　比较器和运放实验

1. 实验内容

本实验基于 PSoC Creator 的 Code Example-CE220927_Cpamp_Comp。

通过运放 Opam 模块放大输入信号,通过比较器 Comp 模块将输入信号与参考信号电压进行比较,并通过 LED 的亮灭来指示比较器输出的逻辑结果。

2. 实验目的

了解 Opam 模块、Comp 模块的使用方法。

3. 实验要点

本实验需将 Opam 模块外接电阻配置为同相比例运算放大电路,其增益为 $(1+R_2/R_1)$,当 $R_2=R_1$,增益为 2。比较器 Comp 模块反向输入端的参考电压由 DAC 模块提供,通过设置 DAC 模块,可产生 1.0 V 直流电压。由于 PSoC6 中所有的比较器都有一个全局中断,因此可以设置比较器 Comp 模块的中断边沿,通过比较器中断服务程序驱动 PSoC6 实验板上 RGB LED 的绿色 LED 来显示当前比较器的状态,同时也可将比较器的输出端通过导线连接到 PSoC6 实验板上的橙色 LED 来指示比较器的输出结果。

4. 实验步骤

1) 新建项目

具体步骤请参见 7.1.1 节 PWM 实验。

2）编辑原理图

（1）放置用户模块。

在 Component Catalog 子窗口中找到实验需要的用户模块，1 个 Opamp、1 个 Comparator、1 个 Voltage DAC、1 个 Clock、1 个 Global Signal Reference、4 个 Analog Pin、1 个 Digital Output Pin 输出比较器的比较结果，如图 7.106 所示，将它们拖曳到原理图中，如图 7.107 所示。

（2）配置用户模块。

在原理图中放置的模块上双击打开该模块的配置窗口。在配置窗口中，可以修改模块名称，设置模块参数。

首先，修改 4 个 Analog Pin 模块 Pin_1～Pin_4 的名称。双击 Pin_1 模块，修改名称为 Vin，如图 7.108 所示，作为同相比例运算放大电路的输入端，其余三个模块名称照此修改，名称分别为 Vn（运放的反向输入端），Opamp_Out（运放的输出端），VDAC_Out （VDAC 模块的输出端）。修改 Digital Output Pin 模块 Pin_5 名称为 Comp_Out（比较器的输出端），如图 7.109 所示。

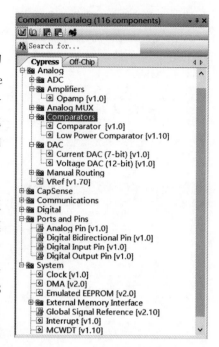

图 7.106　用户模块所在库

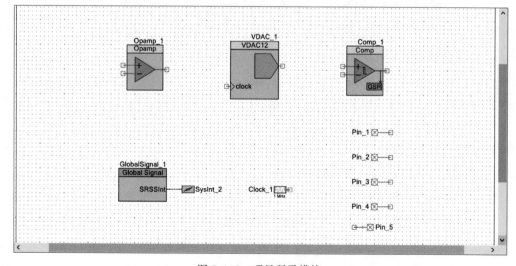

图 7.107　项目所需模块

然后，双击 VDAC_1 模块，修改模块名称为 VDAC，配置参数如图 7.110 所示。VDAC 在 Unbuffered internal 模式下，输出不会直接被连接到外部引脚上，而是可以按照设计需要来进行连接，该实验中将 VDAC 的输出连接到比较器的反相输入端，作为参考电压。

再双击比较器模块，修改模块名称为 Comp。Interrupt Edge 参数定义了产生比较器中断的事件，这里应设置为两个边沿，这样绿色 LED 的状态可以反应出比较器状态。需修改

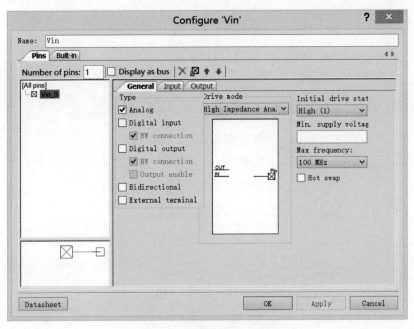

图 7.108 配置模拟输入引脚模块

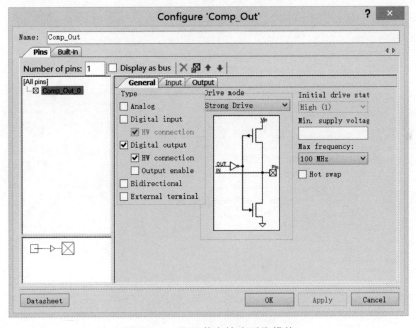

图 7.109 配置数字输出引脚模块

配置的参数如图 7.111 所示。其他参数采用默认设置,其中,Power 参数提供了比较器处理速度与功耗的优化,Enable 10mV Hysteresis 使比较器具有 10mV 的迟滞。

再双击运算放大器模块,修改模块名称为 Opamp。修改参数 Output Drive 设置为 Output to pin,则在 Opamp 运算放大器模块上产生一个输出端,如图 7.112 所示。

由于 PSoC6 上所有的比较器都有一个全局中断,因此要访问比较器中断,需将原理图

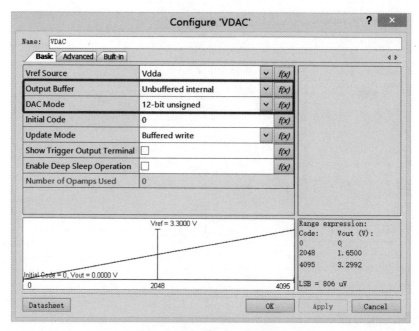

图 7.110　配置 VDAC 模块

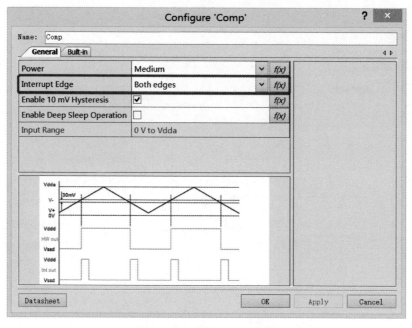

图 7.111　配置 Comp 模块

中添加的 GSR 模块配置为"Combined CTBm interrupt(CTBmInt)"，如图 7.113 所示，这样就可通过中断服务程序来驱动 LED 的亮灭。

（3）用户模块线路互联。

将运放 Opamp 模块同相输入端连接模拟引脚 Vin 模块用于外接输入电压，反相输入端连接模拟引脚 Vn 模块用于外接电阻。运放模块输出端接模拟引脚 Opamp_Out 模块，一

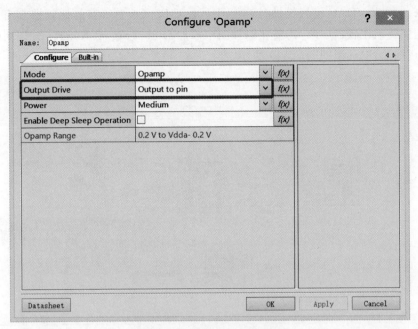

图 7.112　配置 Opamp 模块

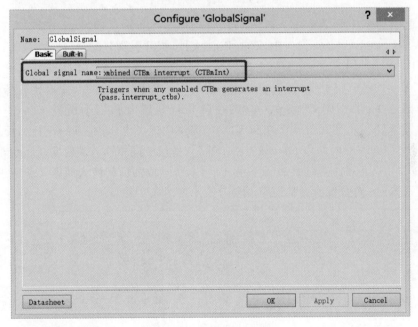

图 7.113　配置 GSR 模块

方面用于输出运放的模拟电压,另一方面用于在运放输出端与反相输入端之间外接一个反馈电阻,构成一个同相比例运算电路。

　　将运放 Opamp 模块同相输入端 Vin 与 Comp 模块同相输入端相连。VDAC 模块输出端提供的参考信号与 Comp 模块反相输入端相连,同时连接一个模拟引脚 VDAC_Out 模块便于对参考信号进行外部测量。比较器输出端连接一个数字输出引脚 Comp_Out 模块用于输出比较的结果。

Clock 模块为 VDAC 模块提供时钟信号。由于 PSoC6 中所有的比较器都有一个全局中断，因此要访问比较器中断，需要在原理图中添加 Global Signal Reference 模块（GSR）。完成连线后，原理图如图 7.114 所示。

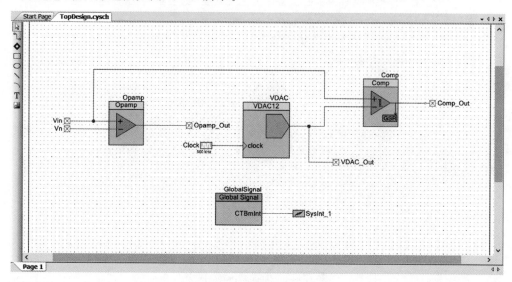

图 7.114　最终顶层设计图

3）分配引脚

在 Workspace Explorer 窗口中，双击 Pins 文件，打开引脚分配窗口。在该窗口中，需要将原理图中的引脚与 PSoC6 实验板上的实际引脚进行分配连接。本实验共需分配 5 个引脚，如图 7.115 所示。将引脚 Comp_Out 的端口 Port 设置为 P9[2]，完成比较器输出端与橙色 LED 灯连接；将引脚 Opamp_Out 的端口 Port 设置为 P9[7]，引脚 VDAC_Out 的端口 Port 设置为 P9[6]，将运放输出端和 VDAC 提供的参考电压由实验板引出，便于后续测量和调整；将引脚 Vin 的端口 Port 设置为 P9[5]，将运放同相输入端由实验板引出，便于外接信号源；将引脚 Vn 的端口 Port 设置为 P9[4]，将运放的反相输入端由实验板引出，便于外接电阻。PSoC6 实验板的引脚说明可参考第 4 章图 4.3 和表 4.3。

Name	Port		Pin		Lock
Comp_Out	P9[2]	∨	D8	∨	☑
Opamp_Out	P9[7]	∨	C7	∨	☑
VDAC_Out	P9[6]	∨	C8	∨	☑
Vin	P9[5]	∨	C9	∨	☑
Vn	P9[4]	∨	C10	∨	☑

图 7.115　分配引脚结果

4）生成应用程序文件

单击菜单栏的 Build→Generate Application，生成应用程序文件。通常，系统会自动检查原理图及相关配置是否有误，如果出现明显错误，则系统将会提示错误信息。

5）编辑应用程序

生成的应用程序文件中包含在 CM0p 核上运行的代码文件 main_cm0p.c，以及在 CM4 核上运行的代码文件 main_cm4.c。本实验只需在 CM4 核上启动 VDAC 模块和 DMA 模

块,执行操作如下,main_cm4.c 中代码如下:

```
int main(void)
{
    /* Enable global interrupts. */
    __enable_irq();

    int32_t dacValue = DAC_VALUE_MV;
/* Configure the comparator interrupt and provide the ISR address. */
    (void)Cy_SysInt_Init(&SysInt_1_cfg, Comparator_Interrupt);
    /* Enable the interrupt. */
    NVIC_EnableIRQ(SysInt_1_cfg.intrSrc);

    /* Start the VDAC component. */
    VDAC_1_Start();

    /* Configure the CTDAC to output a constant reference voltage. */
    dacValue *= CY_CTDAC_UNSIGNED_MAX_CODE_VALUE;
    dacValue /= CYDEV_VDDA_MV;
    Cy_CTDAC_SetValueBuffered(CTDAC0, dacValue);

    /* Start the OpAmp and comparator components. */
    Opamp_1_Start();
    Comp_1_Start();
```

调用函数 VDAC_Start 启动 VDAC 向比较器提供参考电压;调用函数 Opamp_Start、Comp_Start 启动运算放大器和比较器;调用函数 Cy_SysInt_Init 配置比较器的中断服务程序,持续更新绿色 LED 以显示当前比较器状态。

6) 编程调试

(1) 使用 USB Type-C 编程线连接计算机与 PSoC6 实验板。

(2) 实验板上的开关 SW5 位于位置 2,以便将 VDDA 选择为 3.3V。

(3) 在引脚 P9[4](运放的反相输入端)和 GND 之间连接一个电阻(例如,10kΩ)。在引脚 P9[7](运放的输出端)和引脚 P9[4]之间连接另一个等值的电阻。

(4) 用导线连接引脚 P9[2](比较器输出)和引脚 P1[5](橙色 LED)。

(5) 单击菜单栏 Debug→Program 进行项目的编译并下载代码到 PSoC6 器件。

(6) 用电压表测量引脚 P9[6]上的 VDAC 输出电压并确认它约为 1.0V。

(7) 在引脚 P9[5](运放的同相输入端)上的 Vin 加 0.5V 直流电压。

(8) 在引脚 P9[7](运放的输出端)上连接一个电压表,观察测得的电压约为 1V,这是由于运算放大器级的增益为 2。

(9) 观察实验板上的橙色 LED(LED8)和 RGB LED(LED5)(绿色)是否亮起。

(10) 将引脚 P9[5](运放的同相输入端)上的 Vin 缓慢增加到 1V 以上。当电压比步骤(4)中测得的 VDAC 输出电压高 10mV 后,会看到橙色和绿色 LED 都熄灭,实现效果如图 7.116 所示。

(11) 缓慢减小 P9[5](运放的同相输入端)上的 Vin 到 1V 以下。在电压比测量的 VDAC 输出电压低 10mV 后,会看到橙色和绿色 LED 都亮起,实现效果如图 7.117 所示。

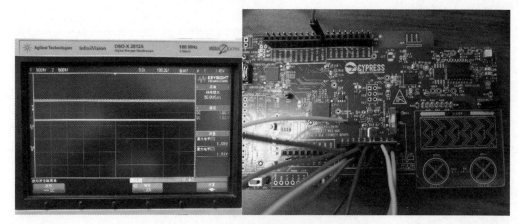

图 7.116　减小比较器输入电压实现效果图

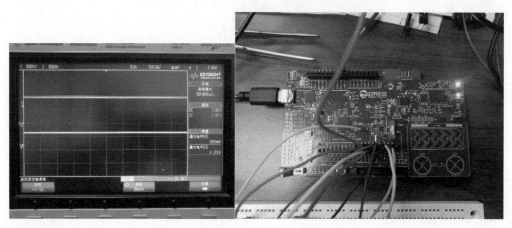

图 7.117　增大比较器输入电压实现效果图

7.1.8　ADC 实验

1. 实验内容

本实验基于 PSoC Creator 的 Code Example-CE220974_MultiConfig_Scan_ADC_DieTemp。

调用 PDL 函数完成 ADC 两种扫描模式的配置与切换，并将两种扫描模式下得到的数据通过 UART 传送给计算机。

2. 实验目的

了解 ADC 模块的使用方法。

3. 实验要点

该实验的要点是 ADC 在模式 Config0 下连续扫描两个差分通道，看门狗定时器（MCWDT）以 1s 为间隔将模式切换到 Config1，该模式下 ADC 对 PSoC6 芯片内部温度传感器进行单次扫描。温度扫描完成后，模式再切换回 Config0，再次开始连续扫描。ADC 扫描结束产生的中断由 CPU 处理。扫描结束后，将检索并存储激活通道的读数结果。ADC 结果以 1Hz 的更新速率通过 UART 传送给计算机。ADC 转换结果包括 Config0 配置下的两个差分通道的最新电压读数和 Config1 配置下的以摄氏度为单位的温度传感器的温度读数。当扫描温度传感器时,还可以用 PSoC6 实验板上的 RGB LED 的红色 LED 的闪烁来指示。一旦启动 ADC,芯片内部温度传感器就被启动,对于该温度传感器不需要 PDL 驱动函数。

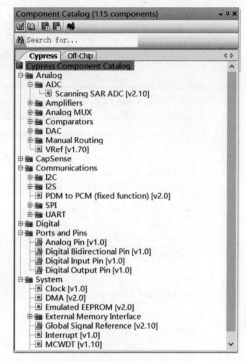

图 7.118　用户模块所在库

4. 实验步骤

1) 新建项目

具体步骤请参见 7.1.1 节 PWM 实验。

2) 编辑原理图

(1) 放置用户模块。

在 Component Catalog 子窗口中找到 Scanning SAR ADC、UART、MCWDT(看门狗定时器)、Interrupt、Digital Output Pin、Analog Pin 用户模块,如图 7.118 所示。将它们拖曳到原理图中,如图 7.119 所示。

(2) 配置用户模块。

修改 ADC_1 模块名称为 ADC,使用默认设置。修改 UART_1 用户模块名称为 ADC,使用默认设置。修改 SysInt_1 用户模块名称为 SysInt,使用默认设置。双击 MCWDT_1 模块,修改模块名称为 MCWDT,MCWDT 模块需修改的参数设置如图 7.120 所示,因为本实验只需一个定时器,所以只勾选定时器 counter0,参数 Clear on Match 设置为 Clear on Match 用于产生周期为 1s 的定时,其他参数为默认设置即可。

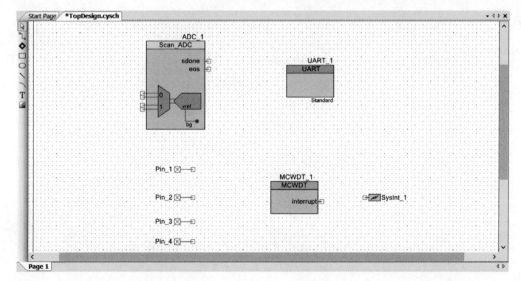

图 7.119　项目所需模块

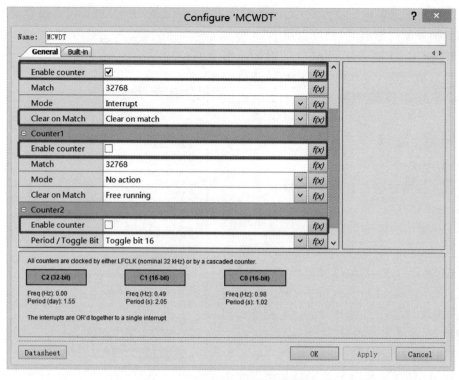

图 7.120　看门狗定时器参数设置

再双击一个 Analog Pin 用户模块，修改名称为 CH0_VP，如图 7.121 所示，其余三个 Analog Pin 用户模块照此修改名称，分别为 CH0_VM、CH1_VP、CH1_VM，至此，用户模块的参数设置全部完成。

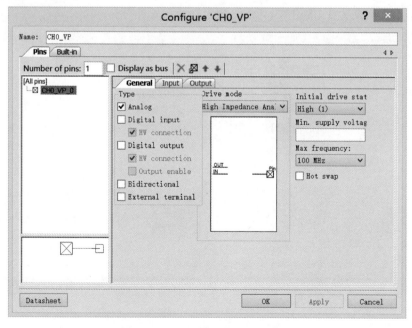

图 7.121　配置模拟输出引脚模块

（3）用户模块连线。

本实验只需将看门狗定时器 MCWDT 模块与系统中断 SysInt 模块进行连线,实现 ADC 扫描方式的切换。将四个 Analog Pin 用户模块分别连接到 ADC 模块输入端,作为两个通道的差分输入端,如图 7.122 所示。

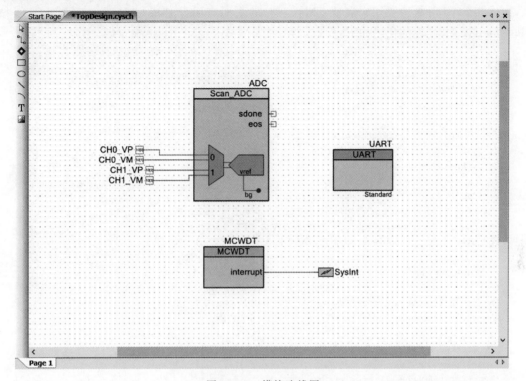

图 7.122　模块连线图

3）分配引脚

在 Workspace Explorer 窗口中,双击 Pins 文件,打开引脚分配窗口。在该窗口中,需要把原理图中的引脚与 PSoC6 实验板上的实际引脚进行分别连接,本实验共需分配 6 个引脚,如图 7.123 所示。将引脚 UART 的接收端口 Port 设置为 P5[0],将引脚 UART 的发送端口 Port 设置为 P5[1],引脚 CH0_VP、CH0_VM、CH1_VP、CH1_VM 端口 Port 分别设置为 P10[0]、P10[1]、P10[2]、P10[3],将 ADC 各通道差分输入端由实验板引出,便于外接信号源。

Name	Port		Pin		Lock
\UART_1:rx\	P5[0]	v	L6	v	☑
\UART_1:tx\	P5[1]	v	K6	v	☑
CH0_VM	P10[1]	v	A8	v	☑
CH0_VP	P10[0]	v	B8	v	☑
CH1_VM	P10[3]	v	E6	v	☑
CH1_VP	P10[2]	v	F6	v	☑

图 7.123　引脚分配

4）生成应用程序文件

单击菜单栏的 Build→Generate Application，生成应用程序文件。通常，系统会自动检查原理图及相关配置是否有误，如果出现明显错误，则系统将会提示错误信息。

5）编辑应用程序

本实验 CM0 核主要用来启动 CM4，实验的主要应用程序在 CM4 核上实现。CM4 核执行以下操作，实现的代码如下：

```c
int main(void)
{
    /* Enable global interrupts. */
    __enable_irq();

/* Enable analog reference block needed by the SAR. */
Cy_SysAnalog_Init(&Cy_SysAnalog_Fast_Local);
Cy_SysAnalog_Enable();

/* Configure the clock for the UART to generate 115,200 bps. */
Cy_SysClk_PeriphAssignDivider(PCLK_SCB5_CLOCK,CY_SYSCLK_DIV_8_BIT, 0u);
Cy_SysClk_PeriphSetDivider(CY_SYSCLK_DIV_8_BIT, 0u, 35u);
Cy_SysClk_PeriphEnableDivider(CY_SYSCLK_DIV_8_BIT, 0u);

/* Configure the clock for the SAR for a 16.67 MHz clock frequency. */
Cy_SysClk_PeriphAssignDivider(PCLK_PASS_CLOCK_SAR,CY_SYSCLK_DIV_8_BIT,1u);
Cy_SysClk_PeriphSetDivider(CY_SYSCLK_DIV_8_BIT, 1u, SAR_TARGET_CLK_DIVIDER - 1u);
Cy_SysClk_PeriphEnableDivider(CY_SYSCLK_DIV_8_BIT, 1u);

/* Configure and enable the SAR interrupt. */
(void)Cy_SysInt_Init(&SAR_IRQ_cfg, SAR_Interrupt);
NVIC_EnableIRQ(SAR_IRQ_cfg.intrSrc);

/* Start the UART component. */
UART_Start();

/* Initialize and enable the SAR to Config0. */
Cy_SAR_Init(SAR, activeConfig);
Cy_SAR_Enable(SAR);

/* Initiate continuous conversions. */
Cy_SAR_StartConvert(SAR, CY_SAR_START_CONVERT_CONTINUOUS);

/* Configure and enable the watchdog timer interrupt. */
Cy_SysInt_Init(&SysInt_1_cfg, MCWDT_Interrupt);
NVIC_EnableIRQ(srss_interrupt_mcwdt_0_IRQn);

/* Start the watchdog timer component. */
MCWDT_Start();
    for(;;)
    {
    }
}
```

调用函数 Cy_SAR_Init 初始化 SAR ADC；调用函数 UART_Start 启动 UART，调用

Cy_SAR_Enable 启动 SAR ADC,调用 MCWDT_Start 启动看门狗定时器;调用函数 SAR_Interrupt,通过其中的 PDL 函数 Cy_SAR_CountsTo_mVolts 及子函数 DieTemp_CountsTo_Celsius 通过 UART 每秒传输 2 个 ADC 通道值和芯片温度值 DieTemp 值。

6) 编程调试

(1) 用 USB Type-C 编程线连接 PSoC6 实验套件和计算机。

(2) 编译项目并将其下载到 PSoC 6 器件中。选择 debug>Program。

(3) 在 PSoC6 实验套件引脚 P10[0]和 P10[1]上为 Config0 的通道 0 加差分电压,电压取值范围在 $-1.2 \sim 1.2$V。引脚在实验板 J2 插头上。

(4) 在 PSoC6 实验套件引脚 P10[2]和 P10[3]上为 Config0 的通道 1 加差分电压,电压取值范围在 $-1.2 \sim 1.2$V。引脚在实验板 J2 插头上。

(5) 打开串口通信程序,为实验板上的 KitProg2 选择对应的串口端口 USB-UART。按照表 7.4 配置串口参数,以匹配项目中 UART 用户模块的配置,实验效果如图 7.124 所示。

表 7.4　串口参数设置

参 数 名 称	参 数 值	参 数 名 称	参 数 值
波特率(bps)	115 200	停止位	1
数据位	8	流控制	无
极性	无		

图 7.124　ADC 实验效果

7.1.9　DAC 和 DMA 实验

1. 实验内容

本实验基于 PSoC Creator 的 Code Example-CE220924_VDAC_Sine_DMA。

利用 DAC 模块和 DMA(Direct Memory Access)模块生成频率为 5 kHz、电压在 0～VDDA 范围内连续变化的正弦波。

2. 实验目的

(1) 了解 DAC 模块的使用方法。

(2) 了解 DMA 模块的使用方法。

3. 实验要点

本实验的关键点在于根据待产生的正弦波的取值范围合理设置 DAC 编码模式与输出电压对应关系，根据待产生的正弦波频率合理设置 DMA 模块通道及描述符(Descriptor)参数。在 DAC 与 DMA 数据传输过程中，当 DAC 准备接收新数据时，DAC 产生触发信号启动 DMA，之后 DMA 读取内存中的 100 项查找表中的数据来更新 DAC 的值，最终输出连续变化的正弦波，对于 500kHz 输入时钟，正弦波频率为 5kHz。

4. 实验步骤

1) 新建项目

具体步骤请参见 7.1.1 PWM 实验。

2) 编辑原理图

(1) 放置用户模块。

在 Component Catalog 子窗口中找到 Voltage DAC、DMA、Clock 用户模块，如图 7.125 所示，将其拖曳到原理图中，如图 7.126 所示，此时用户模块名称默认为 VDAC_1、DMA_1、Clock_1，再从 Component Catalog 窗口中找到模拟输出引脚模块 Analog Pin 并放置到原理图中，该输出模块将连接到 VDAC 上作为输出端。

(2) 配置用户模块。

双击原理图中模块，打开该模块的配置窗口。在配置窗口中，修改模块名称，设置模块参数。

首先，双击 Clock_1 模块，修改模块名称为 Clock，如图 7.127 所示，由于该时钟作为 VDAC_1 的外部时钟，最大时钟频率为 500kHz，这里将参数 Frequency 设置为 500kHz。

然后，双击 VDAC_1 模块，打开配置窗口，修改模块名称为 VDAC，由于 DMA 查找表中的值是无符号类型，需要将 VDAC 的 DAC Mode 设置为 12bit unsigned。勾选 Show Trigger Output Terminal 使得 VDAC 模块上出现触发输出端口，以便连接到 DMA 模块。需要修改的参数如图 7.128 所示，其他

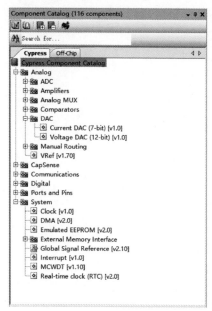

图 7.125　用户模块所在库

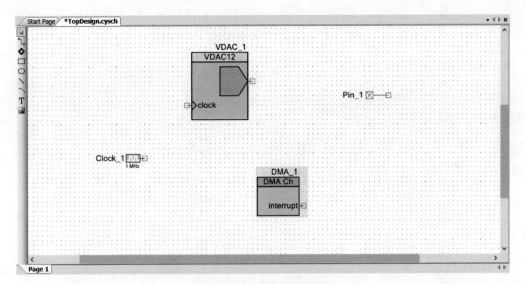

图 7.126 项目所需模块

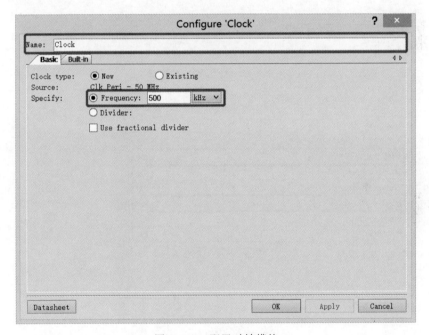

图 7.127 配置时钟模块

采用默认设置,其中参数 Ouput Buffer 设置为 Unbuffered to pins,可将 VDAC 的输出直接连到 VDAC 专用端口引脚 P9[6]上。

再双击 DMA_1 模块,打开配置窗口,修改模块名称为 DMA。在 Channel 页,勾选 Trigger Input 添加触发输入端来与 VDAC 触发输出端相连。由于 DMA 只与 VDAC 进行数据传输,故将参数操作符个数即 Number of Descriptor 设置为 1。在 Descriptor 页,将参数 Chain to descriptor 设置为 Descriptor_1,以便输出连续的正弦波。将传输的数据元素个数设置为 100,以匹配查找表中的元素个数。目标地址(VDAC 缓冲值寄存器的地址)不会改变，因此参数 Destination increment every cycle by 设置为 0。需要修改的参数设置如图 7.129 和图 7.130 所示，其他参数采用默认设置即可。

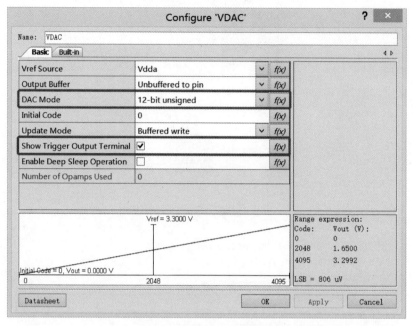

图 7.128　配置 VDAC 模块

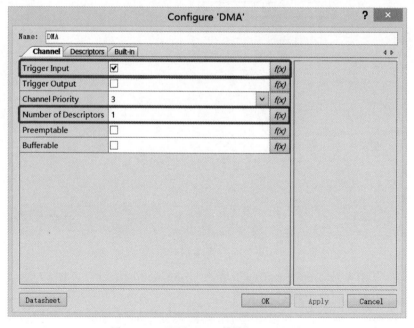

图 7.129　配置 DMA 模块 Channel 页

最后双击模拟输出引脚 Pin_1 模块，只需修改模块名称为 VDAC_OUT，如图 7.131 所示。至此，用户模块的参数设置完毕。

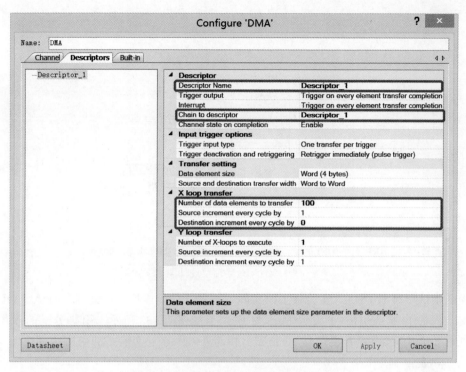

图 7.130　配置 DMA 模块 Descriptors 页

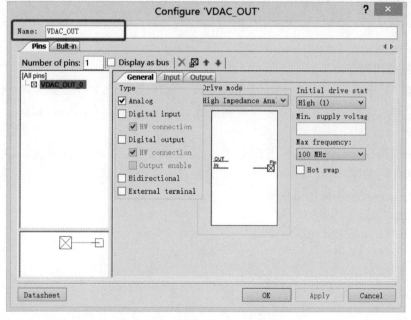

图 7.131　配置数字输出引脚模块

（3）用户模块线路互联。

将模块 Clock、VDAC、DMA、Pin 按图 7.132 所示进行连接，完成用户模块线路互联。

3）分配引脚

在 Workspace Explorer 窗口中，双击 Pins 文件，打开引脚分配窗口。在该窗口中，需要

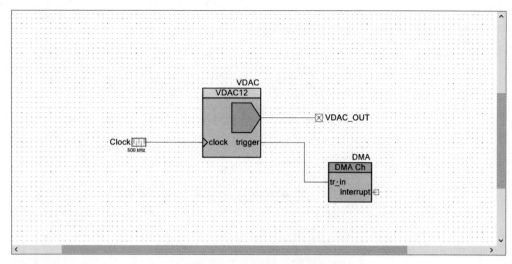

图 7.132　最终顶层设计图

将原理图中的引脚与 PSoC6 实验板上的实际引脚进行分配连接。在此，将 VDAC_OUT 引脚从实验板的 J2 接头引出，即设置 Port 为 P9[6]，如图 7.133 所示。引脚分配的操作方法可参见第 6.2.4 节"设置系统资源"的分配引脚部分。PSoC6 实验板的引脚说明可参考第 4 章图 4.3 和表 4.3。

图 7.133　分配引脚结果

4）生成应用程序文件

单击菜单栏的 Build→Generate Application，生成应用程序文件。通常，系统会自动检查原理图及相关配置是否有误，如果出现明显错误，则系统将会提示错误信息。

5）编辑应用程序

生成的应用程序文件中包含在 CM0 核上运行的代码文件 main_cm0p.c，以及在 CM4 核上运行的代码文件 main_cm4.c。本实验只需在 CM4 核上启动 VDAC 模块和 DMA 模块，在 main_cm4.c 中添加代码如下：

```
# include "project.h"
# include "ctdac/cy_ctdac.h"
# include "dma/cy_dma.h"

/* Number of points in the lookup table. */
# define NUM_POINTS        (100u)

/* Lookup table for a sine wave in unsigned format. */
uint32_t sineWaveLUT[] = {0x7FF, 0x880, 0x900, 0x97F, 0x9FC, 0xA78, 0xAF1, 0xB67, 0xBD9, 0xC48,
                          0xCB2, 0xD18, 0xD79, 0xDD4, 0xE29, 0xE77, 0xEC0, 0xF01, 0xF3C, 0xF6F,
                          0xF9A, 0xFBE, 0xFDA, 0xFEE, 0xFFA, 0xFFF, 0xFFA, 0xFEE, 0xFDA, 0xFBE,
                          0xF9A, 0xF6F, 0xF3C, 0xF01, 0xEC0, 0xE77, 0xE29, 0xDD4, 0xD79, 0xD18,
                          0xCB2, 0xC48, 0xBD9, 0xB67, 0xAF1, 0xA78, 0x9FC, 0x97F, 0x900, 0x880,
                          0x7FF, 0x77E, 0x6FE, 0x67F, 0x602, 0x586, 0x50D, 0x497, 0x425, 0x3B6,
```

```
                    0x34C, 0x2E6, 0x285, 0x22A, 0x1D5, 0x187, 0x13E, 0x0FD, 0x0C2, 0x08F,
                    0x064, 0x040, 0x024, 0x010, 0x004, 0x000, 0x004, 0x010, 0x024, 0x040,
                    0x064, 0x08F, 0x0C2, 0x0FD, 0x13E, 0x187, 0x1D5, 0x22A, 0x285, 0x2E6,
                    0x34C, 0x3B6, 0x425, 0x497, 0x50D, 0x586, 0x602, 0x67F, 0x6FE, 0x77E};

int main(void)
{
    /* Enable global interrupts. */
    __enable_irq();
    VDAC_1_Start();
    DMA_1_Start(sineWaveLUT, (uint32_t * )&(CTDAC0 -> CTDAC_VAL_NXT));

    /* No CPU operations are required because the design uses DMA for all memory transfers. */
    for(;;)
    {
    }
}
```

主要执行以下操作:调用函数 VDAC_1_Start,启动 VDAC 实现对查找表的数模转换;调用函数 DMA_1_Start,启动 DMA 更新 VDAC 中的数据。

6)编程调试

使用 USB Type-C 编程线连接计算机与 PSoC6 实验板。单击菜单栏 Debug → Program 进行项目的编译并下载代码到 PSoC6 器件。

将示波器探头连接到引脚 P9[6],该引脚在实验板的 J2 连接座上,实验板引脚说明请参见第 4 章图 4.3。用示波器正确配置后,在示波器上可以观察到的正弦波频率为 5kHz、电压范围为 0~VDDA。实现效果如图 7.134 所示。

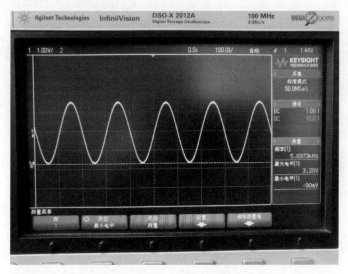

图 7.134 实现效果图

7.1.10 CapSense 实验

1. 实验内容

(1)使用 CapSense 模块和 PWM 模块控制 LED 的亮度。

（2）按下 CY8CKIT-062-BLE 开发板的按钮 BTN0 将 LED 亮度设置为 0%，按下按钮 BTN1 将亮度设置为 100%，触摸 CapSense 滑条将改变亮度设置（0～100%）。

2. 实验目的

了解 CapSense 模块的使用方法。

3. 实验要点

本实验的关键点在于合理设置 CapSense 模块，使其从滑块和按钮的输入信号读取手指位置，并将该位置数据作为 PWM 模块的函数变量，从而实现 LED 亮度控制。

CapSense 模块需要设置 BTN0、BTN1、CapSense 滑条。

4. 实验步骤

1）新建项目

新建项目的具体步骤参见 7.1.1 PWM 实验。

2）编辑原理图

项目创建完成后，将自动打开 TopDesign 界面。接下来进行原理图的编辑。

（1）放置用户模块。

在 Component Catalog 子窗口中找到 CapSense 模块、Clock 模块、PWM（TCPWM）模块和数字输出引脚（Digital Output Pin）模块，将其拖曳到原理图中。

（2）连接用户模块。

放置完用户模块后，需要进行线路互联，将各模块关联起来。使用 Wire Tool 工具进行连线。如图 7.135 所示，将 Clock 模块、PWM 模块和数字输出引脚（Digital Output Pin）模块之间进行连线，Clock 模块的输出作为 PWM 模块的时钟信号，PWM 模块的脉冲输出 pwm 连接到数字输出引脚 Pin_1。连线的绘制方法参见 7.1.1 节。

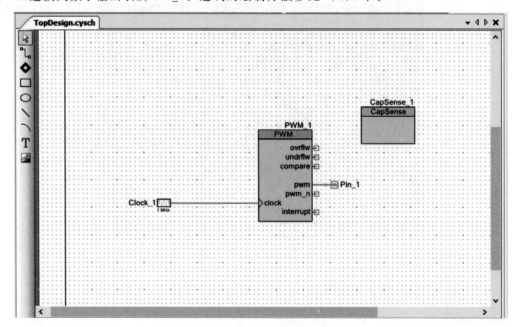

图 7.135 线路互联后的原理图

（3）配置用户模块。

双击 Clock_1 模块，打开如图 7.136 所示的配置窗口，设置时钟频率为 1MHz，单击 OK，完成 Clock_1 模块的配置。

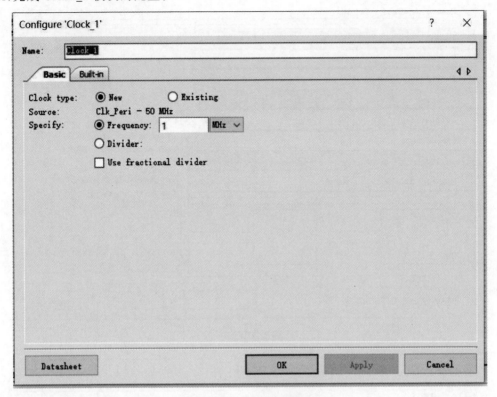

图 7.136　配置时钟模块

再双击 PWM_1 模块，打开 PWM_1 模块的配置窗口，如图 7.137 所示，设置周期 Period 0 的值为 100，并修改占空比 Compare 0 的值为 50，使得输出波形的占空比为 50%。

由于 PSoC6 实验板上的 LED 默认为低电平有效，即输入 LED 的数字信号为 0 时指示灯亮。本实验从 CapSense 读取数值作为占空比，随着该数值增加，一个周期内 PWM 输出数字 0 的时间将减少，LED 亮度将减小。本实验希望随着 CapSense 输出数值增大，LED 亮度增大，因此需要将 PWM 模块的输出翻转，如图 7.138 所示，勾选 Invert PWM Output。

再双击 CapSense_1 模块，单击左上角加号，如图 7.139 所示。

然后单击两次 Button 按钮，在设计中添加两个按钮，如图 7.140 所示。由于本实验使用的开发板采用互电容传感实现触摸感应，因此需要修改传感模式 Sensing mode 为 CSX (Mutual-cap) 互电容传感，如图 7.140 所示。

单击加号继续添加 LinearSlider 小部件，配置线性滑条，如图 7.141 所示。

（4）分配引脚。

在 CY8CKIT-062-BLE 开发板上，CapSense 元件中两个按钮共用同一个输出引脚 CapSense Tx，即共享输出传输线，可以节省引脚。在原理图中需要进行设置，如图 7.142 所示，单击 Advanced→Widget Details，选择 Button1_Tx 并将 SensorConnection/Ganging 设置为 Button0_Tx，完成 Button1 和 Button0 共享输出传输线设置。

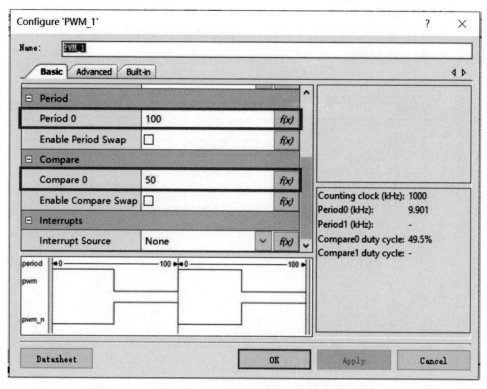

图 7.137　配置 PWM 模块占空比

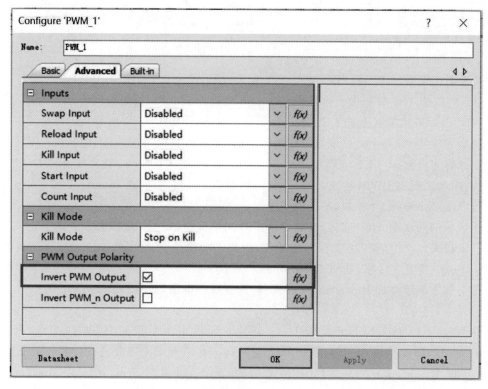

图 7.138　配置 PWM 模块输出信号翻转

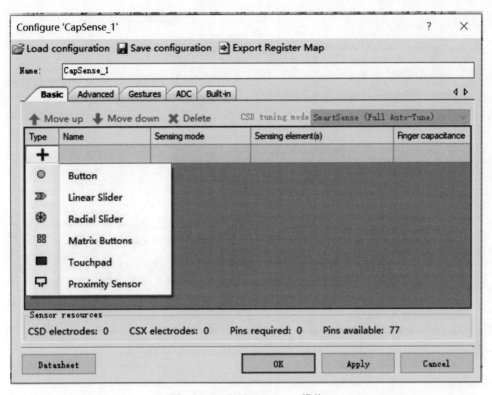

图 7.139 配置 CapSense 模块

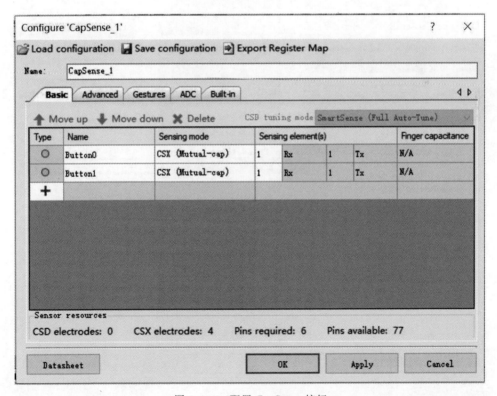

图 7.140 配置 CapSense 按钮

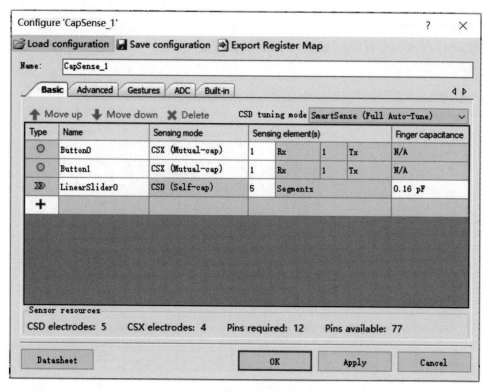

图 7.141　配置 CapSense 滑条

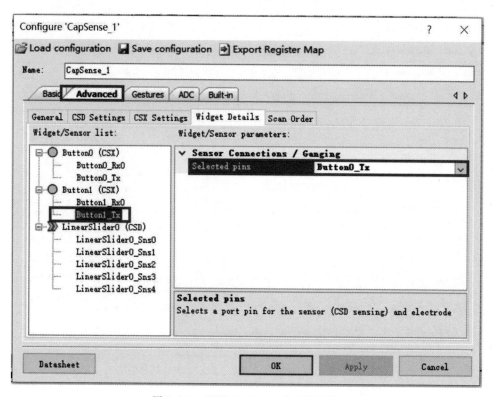

图 7.142　配置 CapSense 共享传输线

在 Workspace Explorer 窗口中,双击 Pins 文件,打开引脚分配窗口。在该窗口中,需要把原理图中的引脚与 PSoC6 开发板上的实际引脚进行分配连接。各模块配置完毕后,需要设置引脚,如图 7.143 所示。CapSense 模块的引脚设置由实验板的硬件设计决定,参见第 4 章图 4.3 和表 4.3,数字输出模块的引脚设置为实验板中 RGB LED 的红色 LED 对应的引脚。

Name	Port	Pin	Lock
\CapSense_1:CintA\	P7[1]	H10	☑
\CapSense_1:CintB\	P7[2]	H8	☑
\CapSense_1:Cmod\ (Cmod)	P7[7]	G7	☑
\CapSense_1:Rx[0]\ (Button0_Rx0)	P8[1]	F9	☑
\CapSense_1:Rx[1]\ (Button1_Rx0)	P8[2]	F8	☑
\CapSense_1:Sns[0]\ (LinearSlider0_Sns0)	P8[3]	F7	☑
\CapSense_1:Sns[1]\ (LinearSlider0_Sns1)	P8[4]	G6	☑
\CapSense_1:Sns[2]\ (LinearSlider0_Sns2)	P8[5]	E9	☑
\CapSense_1:Sns[3]\ (LinearSlider0_Sns3)	P8[6]	E8	☑
\CapSense_1:Sns[4]\ (LinearSlider0_Sns4)	P8[7]	E7	☑
\CapSense_1:Tx\ (Button0_Tx)	P1[0]	G3	☑
Pin_1	P0[3]	E3	☑

图 7.143 分配引脚结果

3）生成应用程序文件

单击菜单栏的 Build→Generate Application,生成应用程序文件。通常,系统会自动检查原理图及相关配置是否有误。如果出现明显错误,则系统将会提示错误信息。

4）编辑应用程序

本实验需要启动 PWM 模块和 CapSense 模块,启动操作在任意一个核上进行即可,在 main_cm4.c 中添加启动代码如下:

```
#include "project.h"

int main(void)
{
    __enable_irq(); /* Enable global interrupts. */
    /* Place your initialization/startup code here (e.g. MyInst_Start()) */
    PWM_1_Start();
    CapSense_1_Start();
```

CapSense 模块使用的参考代码如下:

```
    CapSense_1_ScanAllWidgets();        //begin capsense scan
    int b0new,b1new,slider;
    int b0old = 0;
    int b1old = 0;
    for(;;)
    {
        /* Place your application code here. */
        if(!CapSense_1_IsBusy()){
```

```
CapSense_1_ProcessAllWidgets();    //data conversion
b0new = CapSense_1_IsWidgetActive(CapSense_1_BUTTON0_WDGT_ID);   //btn0
b1new = CapSense_1_IsWidgetActive(CapSense_1_BUTTON1_WDGT_ID);   //btn1
slider = CapSense_1_GetCentroidPos(CapSense_1_LINEARSLIDER0_WDGT_ID);  //slider
if(b0new && b0old == 0){
    Cy_TCPWM_PWM_SetCompare0(PWM_1_HW,PWM_1_CNT_NUM,0);
}
if(b1new && b1old == 0){
    Cy_TCPWM_PWM_SetCompare0(PWM_1_HW,PWM_1_CNT_NUM,100);
}
if(slider!= 0xFFFF){
    Cy_TCPWM_PWM_SetCompare0(PWM_1_HW,PWM_1_CNT_NUM,slider);
}
b0old = b0new;
b1old = b1new;
CapSense_1_ScanAllWidgets();        //scan
        }
    }
}
```

第一行调用 CapSense_1_ScanAllWidgets 开启对 CapSense 的扫描，调用 CapSense_1_ProcessAllWidgets 函数进行数据转换。调用 CapSense_1_IsWidgetActive 获取按钮数据，调用 CapSense_1_GetCentroidPos 获取滑条数据。根据按钮和滑条的数据变化，调用 Cy_TCPWM_PWM_SetCompare0 函数将情况数据向 PWM 模块更新，通过改变占空比实现亮度变化。注意在循环中需要调用 CapSense_1_ScanAllWidgets 函数对 CapSense 进行持续扫描。

5）编程调试

使用 USB Type-C 编程线连接计算机和 PSoC6 实验板。单击菜单栏 Debug→Program 编译项目并下载代码到 PSoC6 器件。即可观察到 RGB LED 红色亮度随着 CapSense 按钮和滑条变化而改变，如图 7.144 所示。

图 7.144　演示结果

7.1.11 E-INK 实验

1. 实验内容

使用 E-INK 模块在墨水屏上显示指定内容,本实验在墨水屏左上角实时地显示程序运行的时间秒数。

2. 实验目的

了解 E-INK 模块的使用方法。

3. 实验要点

本实验的 E-INK 模块通过 SPI 接口控制 PSoC6 实验套件的 E-INK 墨水显示屏,因此需要用到 SPI 模块。另外 E-INK 墨水显示屏还有其他七个控制信号,其中一个为输出信号,六个为输入信号。六个输入信号分别为片选、复位、启动、I/O 启用、放电、边界,输出信号为状态信号(忙信号)。边界控制是指当进行电子墨水颗粒处理的时候用来保持边框清晰度。放电控制就是在更新完毕后,将 E-INK 驱动的电容上的电荷放掉以进一步减少功耗。

PSoC Creator 中没有 E-INK 用户模块,需要构建。本实验的关键点在于合理构建和设置 E-INK 模块,使得能够刷新墨水屏的显示信息。E-INK 模块需要设置工作模式、数据传输率、过采样频率以及数据宽度。

4. 实验步骤

1)新建项目

新建项目的具体步骤参见 7.1.1 节 PWM 实验。

2)编辑原理图

项目创建完成后,将自动打开 TopDesign 界面。接下来进行原理图的编辑。

(1)放置用户模块。

E-INK 模块需要 SPI 模块和其他七个控制信号来控制 CY8CKIT-028-EPD E-INK 显示屏外设。在 Component Catalog 子窗口中找到 SPI 模块、数字输入引脚(Digital Input Pin)块和数字输出引脚(Digital Output Pin)块,将其拖曳到原理图中。其中拖曳数字输出引脚的操作重复六次,即放置六个数字输出引脚。SPI 模块和七个数字引脚用于连接 CY8CKIT-028-EPD E-INK 显示屏外设。

(2)配置用户模块。

首先,双击 SPI 模块,打开配置窗口,更改名称为 CY_EINK_SPIM,即将其设置为主机(Master)。SPI 模块由 CY8CKIT-062-BLE 开发板控制,其功能是从 CY8CKIT-028-EPD E-INK 显示屏外设写入数据,因此设置开发板工作模式为主机(Master)。为保证数据传输的速度,设置数据传输率为 10 000kbps。一般而言,SPI 通信传输 8 位数据,因此将模块中发送数据宽度(TX Data Width)和接收数据宽度(RX Data Width)均设置为 8。由于本实验只有一个从机即 E-INK 显示屏,不需要进行从机选择,因此将模块中从机使能信号数量(Number of SS)设置为 0。CY_EINK_SPIM 的设置如图 7.145 所示,单击 OK,完成基本配置。

双击数字输出引脚模块,将输出模块的名称依次改为 CY_EINK_Ssel(片选)、CY_EINK_DispEn(启动)、CY_EINK_DispIoEn(I/O 启用)、CY_EINK_Discharge(放电)、CY_

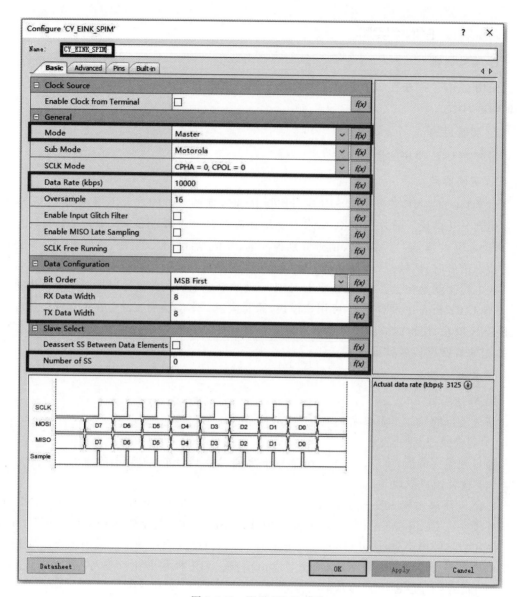

图 7.145　配置 EINK 模块

EINK_Border（边界），CY_EINK_DispRst（复位）。由于本实验 E-INK 外设采用物理连接，因此原理图上不需要接线，于是对于每个数字输出引脚模块，取消原理图层面引脚连接。如图 7.146 所示，以 CY_EINK_Ssel 为例，取消 HW connection 勾选，单击 OK，完成基本配置。

　　双击数字输入引脚模块，将输入模块的名称改为 CY_EINK_DispBusy（忙信号）。由于原理图上不需要接线，因此对于数字输入引脚模块，取消原理图层面引脚连接。如图 7.147 所示，取消 HW connection 勾选，单击 OK，完成基本配置。

　　完成各模块配置后，原理图如图 7.148 所示。

　　（3）分配引脚。

　　在 Workspace Explorer 窗口中，双击 Pins 文件，打开引脚分配窗口。在该窗口中，需要

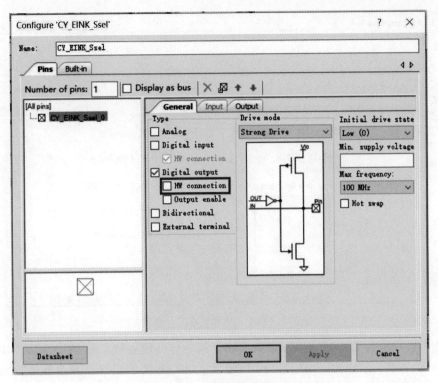

图 7.146　配置输出引脚模块

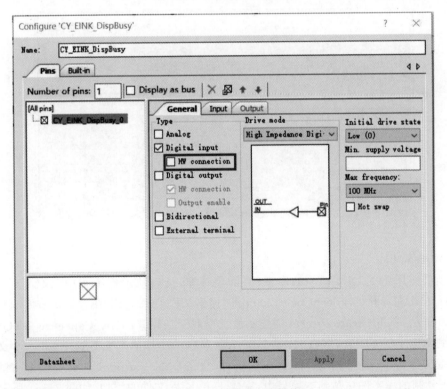

图 7.147　配置输入引脚模块

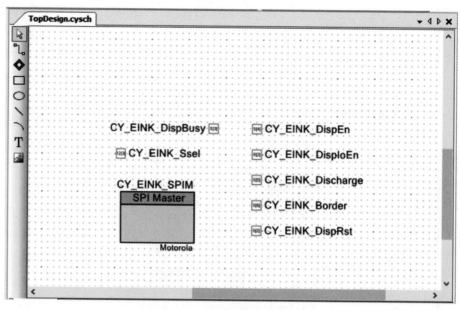

图 7.148　完成配置后的原理图

把原理图中的引脚与 PSoC6 开发板上的实际引脚进行分配连接。配置 E-INK 模块和输入输出模块后，需要设置引脚，如图 7.149 所示。E-INK 相关的引脚设置由开发板的硬件设计决定，参见第 4 章图 4.6。

Name	Port		Pin		Lock
☐ \CY_EINK_SPIM:miso_m\	P12[1]	⌄	B4	⌄	☑
☐ \CY_EINK_SPIM:mosi_m\	P12[0]	⌄	A4	⌄	☑
☐ \CY_EINK_SPIM:sclk_m\	P12[2]	⌄	C4	⌄	☑
☐ CY_EINK_Border	P5[6]	⌄	M9	⌄	☑
☐ CY_EINK_Discharge	P5[5]	⌄	L8	⌄	☑
☐ CY_EINK_DispBusy	P5[3]	⌄	K7	⌄	☑
☐ CY_EINK_DispEn	P5[4]	⌄	J7	⌄	☑
☐ CY_EINK_DispIoEn	P0[2]	⌄	E4	⌄	☑
☐ CY_EINK_DispRst	P5[2]	⌄	J6	⌄	☑
☐ CY_EINK_Ssel	P12[3]	⌄	A3	⌄	☑

图 7.149　分配引脚结果

3）添加库文件

本项目使用到 E-INK 相关的库文件，需要补充，可以从示例工程中获取 CY_EINK_Library。单击菜单栏的 File→Code Example，搜索 CE218136_EINK_CapSense_RTOS，如图 7.150 所示，单击 Create Project 创建示例工程 CE218136_EINK_CapSense_RTOS01。

找到示例工程 CE218136_EINK_CapSense_RTOS01 中的 CY_EINK_Library 文件夹，单击右键选择 Copy 进行复制。之后在本项目中，在 CM4(core1)文件夹上单击右键，选择 Paste，把复制的库文件粘贴到本项目中，完成 E-INK 库文件的添加，如图 7.151 所示。

本实验采用了实时操作系统 FreeRTOS(Free Real Time Operating System)，E-INK

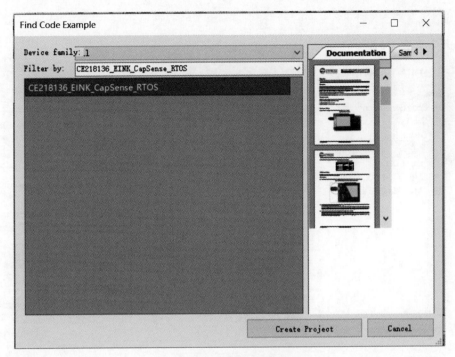

图 7.150 搜索示例工程

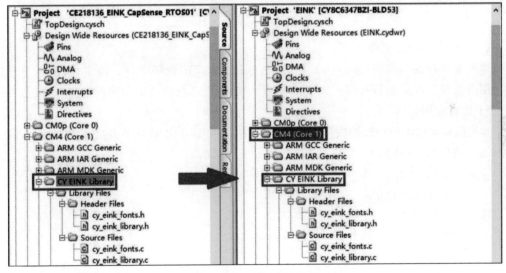

图 7.151 库文件添加

显示需要在 FreeRTOS 中创建任务来实现,每个任务的资源分配由操作系统进行,因此本项目需要添加实时操作系统 FreeRTOS。右单击项目,选择 Build Settings,在 Build Settings 中单击外设驱动程序库 Peripheral Driver Library,然后勾选 FreeRTOS 选项中的内存管理 Memory Management,如图 7.152 所示。为了使得内存利用率更大,将内存管理方式设置为基于链表形式的管理方式,在下拉菜单中选择 heap_4。FreeRTOS 的原理和使用请参见 7.1.12 节的实验。

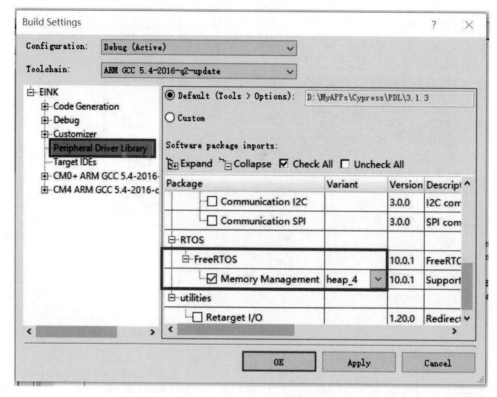

图 7.152　添加 FressRTOS

4）生成应用程序文件

单击菜单栏的 Build→Generate Application，生成应用程序文件。通常，系统会自动检查原理图及相关配置是否有误。如果出现明显错误，则系统将会提示错误信息。

5）编辑应用程序

本实验需要启动 E-INK 模块，添加相关头文件，以创建 E-INK 任务并启动，在 main_cm4.c 中添加启动代码，具体如下：

```
# include "project.h"
# include "FreeRTOS.h"
# include "task.h"
# include "cy_eink_fonts.h"
# include "cy_eink_library.h"

uint32_t num = 0;
bool isEINKNeedUpdate = true;
cy_eink_frame_t Frame[2][CY_EINK_FRAME_SIZE] = {0};
enum BufferIndex {Buffer0 = 0, Buffer1 = 1} BufferIndex;

void EINKDelay(uint32_t ms);
void EINKTask();
int main(void)
{
```

```
__enable_irq(); /* Enable global interrupts. */
/* Place your initialization/startup code here (e.g. MyInst_Start()) */
CY_EINK_SPIM_Start();
xTaskCreate(EINKTask,"EINK Task",configMINIMAL_STACK_SIZE * 10,0,3,0);
vTaskStartScheduler();
for(;;)
{
    /* Place your application code here. */
}
}
```

调用 CY_EINK_SPIM_Start 函数启动 EINK,调用 xTaskCreate 函数创建任务,调用 vTaskStartScheduler 函数运行任务。

编写 E-INK 任务函数,完成 E-INK 初始化以及墨水屏刷新。E-INK 初始化包括使用 Cy_EINK_Start 函数开启 E-INK 模块,调用 Cy_EINK_Power 函数打开电源,使用 Cy_EINK_Clear 函数进行清屏。调用 vTaskDelay 函数,实现 EINK 任务函数内部的延迟。墨水屏刷新需要使用 sprintf 函数构造待显示的字符串,调用 Cy_EINK_TextToFrameBuffer 函数把字符串转化为 E-INK 显示所需的像素形式的数据,调用 Cy_EINK_ShowFrame 函数进行屏幕刷新。E-INK 任务部分的参考代码如下:

```
void EINKDelay(uint32_t ms){
    vTaskDelay(pdMS_TO_TICKS(ms));
}
void EINKTask(){
    char Text[255] = {0};

    Cy_EINK_Start(20,EINKDelay);
    Cy_EINK_Power(CY_EINK_ON);
    Cy_EINK_Clear(CY_EINK_WHITE_BACKGROUND,CY_EINK_POWER_MANUAL);
    vTaskDelay(pdMS_TO_TICKS(400u));

    while(1){
        uint8_t TextCor[2] = {0,0};
        memset(Text,0,255 * sizeof(char));

memset(Frame[0],255,CY_EINK_FRAME_SIZE * sizeof(cy_eink_frame_t));

memset(Frame[1],255,CY_EINK_FRAME_SIZE * sizeof(cy_eink_frame_t));
        sprintf(Text," % d",num);
Cy_EINK_TextToFrameBuffer(Frame[0],Text,CY_EINK_FONT_8X12BLACK,TextCor);
Cy_EINK_ShowFrame(Frame[1],Frame[0],CY_EINK_FULL_2STAGE,false);
        vTaskDelay(pdMS_TO_TICKS(500u));
        num = num + 1;
    }
}
```

6) 编程调试

使用 USB 线连接计算机和 PSoC6 实验板。单击菜单栏 Debug→Program 进行项目的编译并下载代码到 PSoC6 器件，即可观察到 E-INK 显示时间的变化，如图 7.153 所示。

图 7.153　演示结果

7.1.12　FreeRTOS 实验

1. 实验内容

通过嵌入式操作系统（FreeRTOS）创建任务，实现通过输入指定字符开启或关闭呼吸灯的功能。

2. 实验目的

（1）了解 FreeRTOS 的基本使用方法。

（2）熟悉通过 UART 进行串口通信的方法。

3. 实验要点

1）FreeRTOS 的使用

FreeRTOS 是一种用于微控制器的嵌入式操作系统。它实现了线程和信号量系统，使得开发人员能够编写多线程应用程序，并通过消息队列进行线程之间的通信。

通过在项目 Build Settings 的 Peripheral Driver Library 设置页修改相应设置，可以导入 FreeRTOS 软件包供项目使用。在 CM4 核的 main 函数中使用 xTaskCreate 函数即可创建一个 FreeRTOS 任务。创建完所有所需的任务之后，调用 vTaskStartScheduler 函数即可让 FreeRTOS 自动进行任务调度。需要注意的是，对于双核设备，FreeRTOS 只支持配置在 CM4 核运行，如果在 CM0 核调用 FreeRTOS 相关函数系统将会报错。

2）I/O 重定向

请参见 7.1.2 UART 与 IPC 实验中的说明。

4. 实验步骤

1）新建项目

新建项目的具体步骤参见 7.1.1 PWM 实验。

2）编辑原理图

项目创建完成后,将自动打开 TopDesign 界面。如果未打开,可以在工作区浏览器界面找到 TopDesign. cysch 文件并双击。

(1) 放置用户模块。

为了实现呼吸灯功能,需要使用 Clock 模块、PWM 模块和数字输出引脚;为了实现串口通信,需要使用 UART 模块。从 Component Catalog 子窗口中把所需模块拖曳放置到原理图中,完成用户模块的放置。

(2) 配置用户模块。

选择并放置完用户模块后,可以进行用户模块的配置。首先配置 Clock 模块,修改 Clock 模块名为 Clock,并修改时钟频率为 1kHz,如图 7.154 所示。

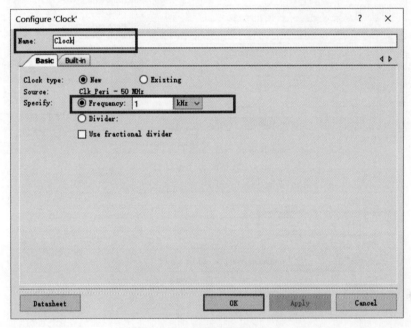

图 7.154　配置 Clock 模块

接着配置 PWM 模块,修改 PWM 模块名为 PWM,并合理设置参数使得输出 PWM 波的周期为 1s,占空比为 50%。将 PWM 模块的 Period 0 参数设置为 999,Compare 0 参数设置为 500 可满足要求,如图 7.155 所示。

接下来配置数字输出引脚,将模块名修改为 LED 即可,如图 7.156 所示。

最后配置 UART 模块。修改 UART 模块名为 UART,其他参数保持默认即可,如图 7.157 所示。

(3) 用户模块线路互联。

配置完用户模块后需要进行用户模块线路互联。将 Clock 模块的输出连接到 PWM 模块的 clock 输入引脚,PWM 模块的输出 pwm 引脚连接到数字输出引脚 LED。UART 模块无须直接与其他用户模块进行线路互联。

完成线路互联后原理图如图 7.158 所示。

3) 修改项目设置

为了启用 FreeRTOS 以及 I/O 重定向功能,需要修改项目设置。在工作区浏览器窗口

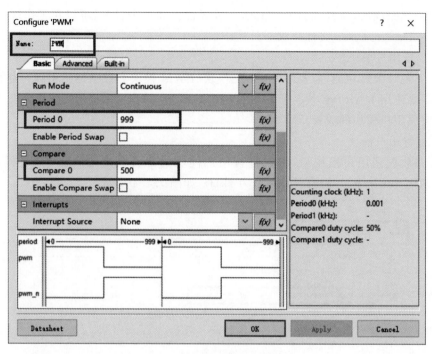

图 7.155　配置 PWM 模块

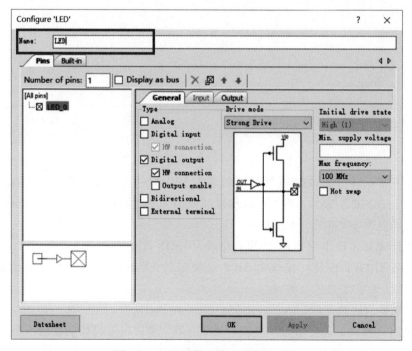

图 7.156　配置数字输出引脚"LED"

内的项目名上单击右键，选择 Build Settings，并切换到 Peripheral Driver Library 设置页（具体操作方法可参见第 6.6 节项目设置部分或参见 7.1.3 节实验部分）。在如图 7.159 所示的设置页内，勾选 FreeRTOS 栏下的 Memory Management 选择框并根据实验需求合理设

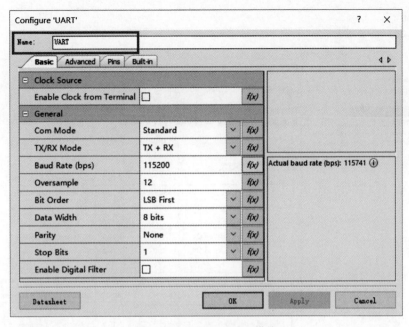

图 7.157 配置 UART 模块

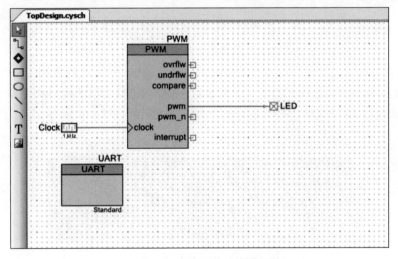

图 7.158 线路互联后的原理图

置其右侧 Variant 列的下拉框。该下拉框有 None 以及从 heap_1～heap_5 共六个选项,设置为 None 时将不允许动态分配内存,而从 heap_1～heap_5 则使 FreeRTOS 提供了越来越强的内存管理功能,具体各个选项的含义可参见最右侧 Description 列的描述。本实验可以选择将下拉框设置为 heap_4,如图 7.159 所示。

为了启用 I/O 重定向功能,再勾选 Retarget I/O 选择框,如图 7.159 所示,之后单击 Apply 及 OK 以应用该设置。

4) 分配引脚

为了在计算机上使用串口通信软件与 PSoC6 实验套件进行串口通信,需要给 UART 分配合适的引脚。通过查看 PSoC6 实验套件主板背面的引脚连接图或参见第 4 章图 4.3

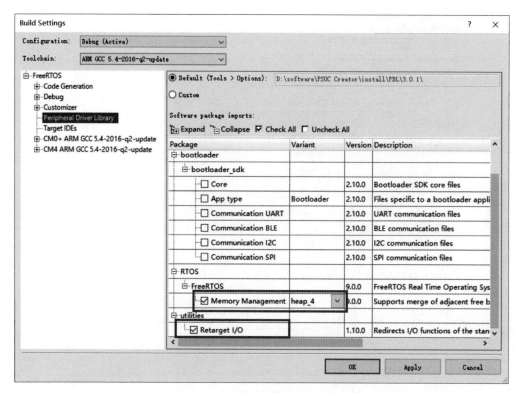

图 7.159　修改外设驱动库设置页设置

和表 4.3 或查看参考文献[7] 可知引脚信息，UART 的 rx 引脚需连接到 PSoC6 实验套件的 P5[0] 引脚，tx 引脚需连接到 P5[1] 引脚。数字输出引脚 LED 则接到 PSoC6 实验套件上 RGB LED 的蓝色 LED 引脚，即 P11[1]。引脚分配结果如图 7.160 所示。

Name	Port	Pin	Lock
\UART:rx\	P5[0]	L6	☑
\UART:tx\	P5[1]	K6	☑
LED	P11[1]	E5	☑

图 7.160　引脚分配结果

5）生成应用程序文件

单击菜单栏的 Build→Generate Application，生成应用程序文件。通常，系统会自动检查原理图及相关配置是否有误。如果出现明显错误，则系统将会提示错误信息。

6）编辑应用程序

首先为了实现 I/O 重定向功能，还需要修改 stdio_user.h 文件。打开 stdio_user.h 文件，输入 ♯include "project.h" 将项目的 project.h 头文件包含进来，并将 IO_STDOUT_UART 和 IO_STDIN_UART 宏定义为 UART_HW，代码如下：

```
♯include "cy_device_headers.h"
♯include "project.h"
```

```
/* Must remain uncommented to use this utility */
#define IO_STDOUT_ENABLE
#define IO_STDIN_ENABLE
#define IO_STDOUT_UART      UART_HW
#define IO_STDIN_UART       UART_HW
```

接下来编辑在 CM4 核上运行的代码,即编辑"main_cm4.c"文件,在工作区浏览器窗口中找到并双击 main_cm4.c 文件便可打开该文件的编辑窗口进行文件编辑。首先编写一个任务函数 uartTask,该函数通过串口通信监控用户的输入,如果输入字符"s",则调用 PWM_Disable 函数禁用 PWM 模块以停止呼吸灯闪烁,并调用 printf 函数输出相应的调试语句;如果输入字符"S",则调用 PWM_Enable 及 PWM_TriggerStart 函数重新启用 PWM 模块以开启呼吸灯,并调用 printf 函数输出相应的调试语句。该部分代码如下:

```
void uartTask()
{
    char c;
    setvbuf(stdin, 0, _IONBF,0);
    while(1)
    {
        c = getchar();
        switch(c)
        {
            case 's':
            {
                printf("stopped pwm\n");
                PWM_Disable();
                break;
            }
            case 'S':
            {
                printf("start pwm\n");
                PWM_Enable();
                PWM_TriggerStart();
                break;
            }
            default: break;
        }
    }
}
```

之后在 main 函数中通过创建 FreeRTOS 任务以执行 uartTask 函数。通过调用 xTaskCreate 函数可以创建一个 FreeRTOS 任务,多次调用 xTaskCreate 函数可以创建多个 FreeRTOS 任务。然后通过调用 vTaskStartScheduler 函数让 FreeRTOS 对创建的一个或多个任务进行任务调度以实现任务的多线程执行。main_cm4.c 代码如下:

```
int main(void)
{
    __enable_irq();

    UART_Start();
    PWM_Start();
    xTaskCreate(uartTask, "uart task", configMINIMAL_STACK_SIZE, 0, 3, 0);
```

```
    vTaskStartScheduler();
    for(;;)
    {
    }
}
```

7）编程调试

使用 USB Type-C 编程线连接 PSoC6 实验套件与计算机。单击菜单栏 Debug →
Program 进行项目的编译，并下载代码到 PSoC6 器件。

程序成功运行后，可以观察到 PSoC6 实验套件上 RGB LED 的蓝色 LED 以 1Hz 的频
率闪烁。在计算机上使用串口调试助手软件并打开 PSoC6 实验套件所连接的 COM 端口
即可与 PSoC6 实验套件进行串口通信，具体操作参见 7.1.3 UART 与 IPC 实验的"编程调
试"部分。输入小写字母"s"，即可在串口调试助手显示窗口观察到代码中输出的语句
"stopped pwm"，并观察到 RGB LED 的蓝色 LED 灯保持常亮，不再闪烁。再输入大写字母
"S"，即可观察到输出语句"start pwm"，同时蓝色 LED 恢复呼吸灯状态，以 1Hz 的频率闪
烁。通过串口调试助手软件观察到的实验现象如图 7.161 所示。

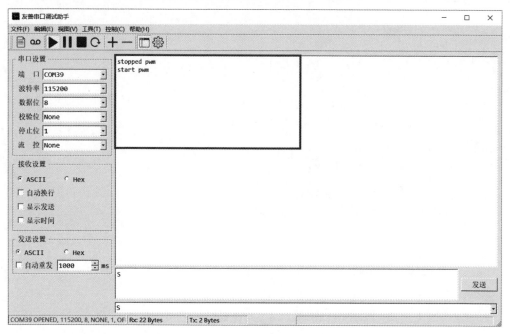

图 7.161　串口调试助手软件输出结果

7.1.13　Flash 实验

本实验基于 Code Example"CE220120_Blocking_Mode_Flash_Write"实验修改，可参
考该 Code Example 学习 Flash 的使用。

1. 实验内容

通过串口通信并使用 Flash 保存用户在计算机上最近输入的 5 条信息，当输入 1～5 的
数字时，能将最近的信息读取并显示出来。同时使用 LED 的颜色指示 Flash 相关操作是否
成功，如果操作成功则点亮 RGB LED 的绿色 LED，否则点亮红色 LED。

2. 实验目的

学习 Flash 的使用方法。

3. 实验要点

1) Flash 的使用

本实验的要点之一是使用 Flash 存储用户数据。为了将数组分配到 Flash 而不是 RAM(Random Access Memory)中存储,需要将数组变量定义为全局变量,且添加 const 修饰符,并且需要显式初始化。此外,还可使用 CY_ALIGN 宏保证分配在 Flash 上的数组的地址是 Flash 行大小的整数倍,以保证在调用 Cy_Flash_WriteRow 函数向 Flash 写入数据时写入操作能够顺利执行。否则,若向 Cy_Flash_WriteRow 函数传入的地址不是行大小的整数倍,函数会返回 CY_FLASH_DRV_INVALID_INPUT_PARAMETERS 且写入操作执行失败。

2) I/O 重定向

请参见 7.1.2 节 UART 与 IPC 实验中的说明。

4. 实验步骤

1) 新建项目

新建项目的具体步骤参见 7.1.1 节 PWM 实验。

2) 编辑原理图

项目创建完成后,将自动打开 TopDesign 界面。如果未打开,可以在工作区浏览器界面找到 TopDesign. cysch 文件并双击。

(1) 放置用户模块。

为了实现串口通信,需要使用 UART 模块。为了用 RGB LED 的绿色 LED 和红色 LED 指示 Flash 相关操作是否成功,需要使用两个数字输出引脚。从 Component Catalog 子窗口中把所需模块拖曳放置到原理图中,完成用户模块的放置。

(2) 配置用户模块。

选择并放置完用户模块后,可以进行用户模块的配置。首先配置 UART 模块,双击 UART 模块,打开配置窗口,修改模块名为 UART,其余参数保持默认即可,如图 7.162 所示。

再配置两个数字输出引脚,分别修改模块名为 LED_OK 和 LED_FAIL。由于两个引脚均不需要与其他模块直接进行线路互联,因此取消勾选 HW connection 选择框。LED_OK 模块的配置结果如图 7.163 所示,LED_FAIL 模块只有模块名与 LED_OK 不同,就不再展示配置图。

(3) 用户模块线路互联。

配置完用户模块后需要进行用户模块线路互联。本实验各个模块之间无须直接进行线路互联,因此用户模块线路互联后的原理图如图 7.164 所示。

3) 修改项目设置

为了启用 I/O 重定向功能,需要修改项目设置。在工作区浏览器窗口内的项目名上单击右键,选择 Build Settings,并切换到 Peripheral Driver Library 设置页(具体操作方法可参见 6.6 节项目设置部分)。在如图 7.165 所示的设置页内,勾选 Retarget I/O 选择框,并单

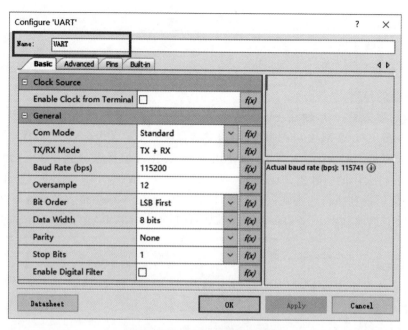

图 7.162　配置 UART 模块

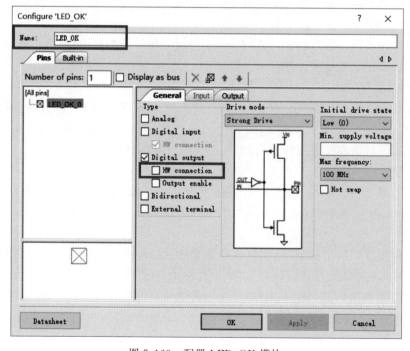

图 7.163　配置 LED_OK 模块

击 Apply 及 OK 以应用该设置。

4）分配引脚

为了在计算机上使用串口通信软件与 PSoC6 实验套件进行串口通信，需要给 UART 分配合适的引脚。通过查看 PSoC6 实验套件主板背面的引脚连接图或参见第 4 章图 4.3 和表 4.3 或查看参考文献［7］可知引脚信息，UART 的 rx 引脚需连接到 PSoC6 实验套件

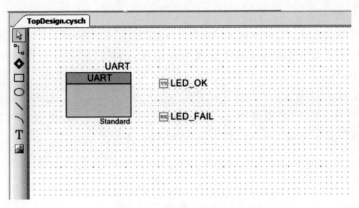

图 7.164　线路互联后的原理图

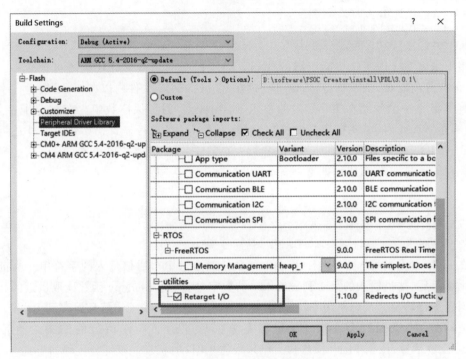

图 7.165　修改外设驱动库设置页设置

的 P5[0]引脚,tx 引脚需连接到 P5[1]引脚。LED_OK 模块需连接到 PSoC6 实验套件上 RGB LED 的绿色 LED 所在引脚,即 P1[1],LED_FAIL 模块需连接到 PSoC6 实验套件上 RGB LED 的红色 LED 所在引脚,即 P0[3]。引脚分配结果如图 7.166 所示。

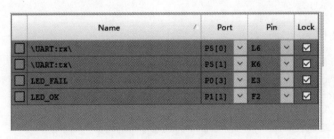

图 7.166　引脚分配结果

5）生成应用程序文件

单击菜单栏的 Build → Generate Application，生成应用程序文件。通常，系统会自动检查原理图及相关配置是否有误，如果出现明显错误，则系统将会提示错误信息。

6）编辑应用程序

首先为了实现 I/O 重定向功能，还需修改 stdio_user.h 文件。打开 stdio_user.h 文件，输入 #include "project.h"将项目的 project.h 头文件包含进来，并将 IO_STDOUT_UART 和 IO_STDIN_UART 宏定义为 UART_HW，代码如下：

```
# include "cy_device_headers.h"
# include "project.h"


/* Must remain uncommented to use this utility */
# define IO_STDOUT_ENABLE
# define IO_STDIN_ENABLE
# define IO_STDOUT_UART        UART_HW
# define IO_STDIN_UART         UART_HW
```

接下来编写实现实验功能所需的代码。需要说明的是该部分代码既可放置在 main_cm0p.c 文件内以在 CM0 核运行，也可放置在 main_cm4.c 文件内以在 CM4 核运行。

首先定义一个放置在 Flash 内的数组 flashData。为了保证数组内存被分配在 Flash 内，而不是 RAM 内，需要在定义时添加 const 修饰符，且进行显式初始化。此外还可以使用 CY_ALIGN 宏保证数组地址为 Flash 行大小的整数倍，在本实验中 msgSize 宏定义为最多能保存的消息数为 5，代码如下：

```
# define msgSize 5

CY_ALIGN(CY_FLASH_SIZEOF_ROW)
const char flashData[msgSize][CY_FLASH_SIZEOF_ROW] = {0};
```

在 main 函数的 for 循环内使用 gets 函数读取通过串口通信输入的字符串。当读取到输入字符串后，如果输入的是 1 到 msgSize 的数字，则调用 memcpy 函数读取最近的相应索引的消息进行输出。否则使用 Cy_Flash_WriteRow 函数将输入的信息保存到 flashData 数组合适的位置，该函数会在向 Flash 写完数据后才返回操作执行的结果。然后调用 UpdateLED 函数，根据 Flash 操作执行结果设置 LED 的状态。该部分代码如下：

```
int curIdx = 0;
cy_en_flashdrv_status_t flashStatus;
for(;;)
{
    memset(ramData, 0, sizeof(ramData));
    gets(ramData);
    int num = atoi(ramData);
    //把字符串保存进 Flash 数组
    if(num <= 0 || num > msgSize)
    {
        flashStatus = Cy_Flash_WriteRow((uint32_t)flashData[curIdx],
      (const uint32_t * )ramData);
        printf("save % s to flash array idx % d !\n", ramData, curIdx);
        curIdx = (curIdx + 1) % msgSize;
        UpdateLED(flashStatus);
```

```
}
    //取出最近的第num条字符串,输出(1 <= num <= msgSize)
else{
    int getIdx = (curIdx - num + msgSize) % msgSize;
    memcpy(ramData, flashData[getIdx], sizeof(ramData));
    printf("the latest % d string, idx is % d, content is: % s\n", num, getIdx, ramData);
}
}
```

最后实现 UpdateLED 函数。在该函数内,需要根据 Cy_Flash_WriteRow 函数返回的结果设置 LED 的状态。若返回结果为 CY_FLASH_DRV_SUCCESS,则表示 Flash 操作执行成功,则点亮绿灯;否则表示操作执行失败,则点亮红灯。通过 Cy_GPIO_Write 函数可以向输出引脚写入逻辑 0 或逻辑 1,从而改变引脚电平,控制 LED 的亮灭。该部分示例代码如下:

```
void UpdateLED(cy_en_flashdrv_status_t status)
{
    if(status == CY_FLASH_DRV_SUCCESS)
    {
        //成功,则关红灯,开绿灯(低电平有效)
        Cy_GPIO_Write(LED_FAIL_PORT, LED_FAIL_NUM, 1);
        Cy_GPIO_Write(LED_OK_PORT, LED_OK_NUM, 0);
    }
    else{
        //失败,关绿灯,开红灯
        Cy_GPIO_Write(LED_OK_PORT, LED_OK_NUM, 1);
        Cy_GPIO_Write(LED_FAIL_PORT, LED_FAIL_NUM, 0);
    }
}
```

7) 编程调试

使用 USB Type-C 编程线连接 PSoC6 实验套件与计算机。单击菜单栏 Debug→Program 进行项目的编译,并下载代码到 PSoC6 器件。

程序运行之后,在计算机上使用串口调试助手软件并打开 PSoC6 实验套件所连接的 COM 端口即可与 PSoC6 实验套件进行串口通信,具体操作参见 7.1.3 UART 与 IPC 实验的"编程调试"部分。

串口调试助手软件界面如图 7.167 所示,在界面下方对应"发送"的窗口输入非数字 1~5 的字符串,即可将字符串保存到 Flash 数组中,同时在串口调试助手最下面的窗口中观察到相应的输出语句,且同时观察到 PSoC6 实验套件上的 RGB LED 被点亮为绿色。如果输入的字符串数量大于 Flash 数组最多能保存的消息条数,即大于 5,则会依次覆盖最旧的字符串。若输入数字 1~5,即可将最近的指定消息读取并显示出来。注意,由于在程序中使用 gets 函数读取输入,因此需要输入回车符才能让程序完成一次消息的读取,否则会一直等待直到输入回车符。实验效果如图 7.167 所示,最后一次输入"Hello,PSoC 63"消息后,可以看到串口调试助手输出了对应的调试信息,且 PSoC6 实验套件上的 RGB LED 被点亮为绿色,如图 7.168 所示。

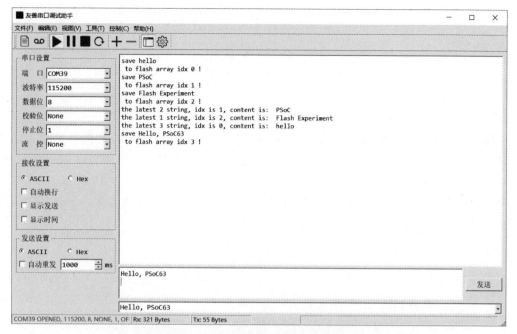

图 7.167 串口调试助手软件输出结果

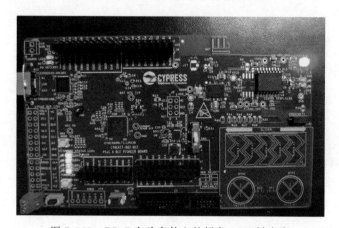

图 7.168 PSoC 实验套件上的绿色 LED 被点亮

7.2 提高实验

7.2.1 基于双核的 FreeRTOS 和 BLE 实验

1. 实验内容

基于 FreeRTOS 完成触摸感应灯及多终端显示实验，具体为：用一个核通过 CapSense 滑条控制 RGB LED 的亮度并显示在 E-INK 上，同时将亮度信息通过 BLE 模块发送给计算机或者手机，另一个核通过 IPC 通道获取 RGB LED 亮度信息并通过 UART 发送给计算机。

2. 实验目的

掌握综合运用 CapSense 模块、PWM 模块、E-INK 模块、BLE 模块、UART 模块等多个模块进行实验设计的能力。

3. 实验要点

1) LED 亮度的控制方法

通过脉冲宽度调制技术(PWM 控制)可以控制 LED 的亮度。PSoC6 实验套件上的 LED 为低电平有效,即在一个 PWM 波周期中,低电平所占比例越大,LED 越亮。通过获取手指滑动 CapSense 滑条的位置,相应地改变驱动 LED 的 PWM 波的占空比即可调整 LED 的亮度。

2) E-INK 的使用

参见本章 7.1.11 节实验要点部分。

3) BLE 模块的使用

通过合理配置 BLE 模块的 GATT(Generic Attribute Profile)设置和 GAP(Generic Access Profile)设置,并合理地处理蓝牙协议栈事件,可以让 PSoC6 实验套件与开启蓝牙的手机或电脑进行通信。

GATT 是低功耗蓝牙设备之间发送和接收数据的通用属性规范。服务端(Server)和客户端(Client)是 GATT 协议中重要的概念。GATT 服务端会保存数据,为 GATT 客户端提供数据服务。而 GATT 客户端可以向服务端发起请求,进行数据的读写。在本实验中,PSoC6 作为 LED 亮度信息的持有者,可以将其设置为 GATT 服务端,并添加 LED 亮度信息相关的特性(Characteristic)以便将亮度信息通知发送给 GATT 客户端。

4) I/O 重定向

参见 7.1.3 节 UART 与 IPC 实验一节实验要点 1)。

5) IPC 通信

参见 7.1.3 节 UART 与 IPC 实验一节实验要点 2)。

6) FreeRTOS 的使用

参见 7.1.12 节 FreeRTOS 实验一节实验要点 3)。

4. 系统框图

根据实验内容,该实验主要可以分为以下五个功能模块。

(1) CapSense 功能模块:该功能模块主要读取 CapSense 滑条的位置,然后利用滑条位置决定 LED 的亮度值,并把亮度值信息发送给其他所需模块。

(2) PWM 功能模块:该功能模块根据 LED 亮度值设置 PWM 波的占空比,以改变 RGB LED 的亮度。

(3) E-INK 功能模块:该功能模块根据 LED 亮度值输出相应的信息到 E-INK 电子墨水屏上,实现亮度信息的显示。

(4) BLE 功能模块:该功能模块通过蓝牙通信把 LED 亮度信息发送给与 PSoC 实验套件进行蓝牙连接的手机或计算机,以实现远程查看 LED 亮度信息的目的。

(5) IPC 及 UART 功能模块:该功能模块将运行在 CM0 核,通过 IPC 与 CM4 核通信获取到 LED 亮度信息,再通过 UART 串口通信把 LED 亮度信息发送给计算机。

各个功能模块之间的关系框图如图 7.169 所示。

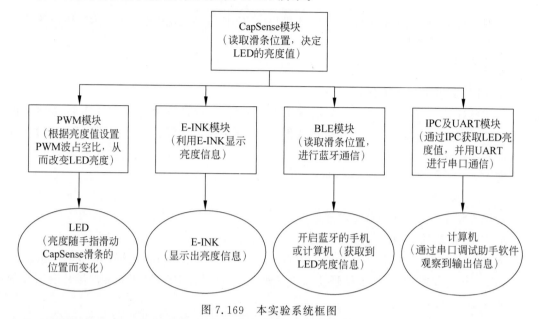

图 7.169　本实验系统框图

5. 原理图配置提示

新建项目之后，首先需要进行原理图的编辑。

1）放置用户模块

根据对实验内容的分析，本实验需要使用的用户模块包括 CapSense 模块、PWM 模块、UART 模块、BLE 模块，以及 E-INK 所需的 SPI 模块和数字输入、数字输出引脚。

2）配置用户模块

（1）CapSense 模块的配置。

本实验需要用到 CapSense 模块的 LinearSlider 部件。添加 LinearSlider 部件的具体方法参见本章 7.1.10 CapSense 实验的实验步骤部分。

（2）PWM 模块及相应 Clock 模块的配置。

通过配合设置 PWM 模块的 Period 0 和 Compare 0 参数可以设置 PWM 波的占空比。本实验可以设置 Period 0 参数为 99，则 Compare 0 参数可以设置为从 0～100 在内共 101 个值中任意值，即将 LED 亮度分为了 101 个亮度等级。由于 PSoC6 实验套件的 LED 为低电平有效，为了让 Compare 0 参数值越大代表 LED 越亮，需要将 PWM 的输出反相。

此外，为了让人眼观察到 LED 亮度的改变，而不是不断闪烁的 LED，需要 PWM 波具有足够高的频率，为此需要合理设置 PWM 模块输入时钟的频率。

（3）E-INK 模块的配置。

为了使用 E-INK 墨水显示屏扩展板，需要通过 SPI 模块以及片选、启动、I/O 使能、放电、边界、复位和忙信号共七个数字引脚对 E-INK 外设进行控制。E-INK 模块的具体配置方法可参见 7.1.11 节 E-INK 实验的实验步骤部分。

（4）BLE 模块的配置。

BLE 模块配置的关键在于正确设置 PSoC6 器件的 BLE 模块扮演的 GAP 层协议角色，

并根据实验实际需求设置 GATT 层的服务和特性以及 GAP 层广播和扫描应答相关的参数、数据等。

首先设置 BLE 模块在 GAP 层的角色。在新版的 BLE 协议(如 BLE5.0 协议)中,GAP 定义了四种角色:广播者(Broadcaster)、监听者(Observer)、外围设备(Peripheral)和中心设备(Central)。其中广播者和监听者都不支持建立连接,外围设备通常主动发送广播数据并等待连接的建立,而中心设备通常扫描广播数据并主动向外围设备发起连接。在本实验中,将通过手机等设备主动发起蓝牙连接,因此手机等设备作为 GAP 层中心设备,而 PSoC6 器件的 BLE 组件应设置为 GAP 层外围设备。

接下来设置 BLE 模块 GATT 层的服务和特性,打开 BLE 模块配置窗口并切换到 GATT Settings 标签页即可进行相关配置。在本实验中需要通过蓝牙通信将 LED 亮度信息发送给与 PSoC6 实验套件建立蓝牙连接的手机或计算机等。PSoC6 器件作为 LED 亮度信息的持有者,应该作为 GATT 服务端。选择添加一个自定义服务(Custom Service),重命名为 Brightness,并设置该服务的特征(Characteristic)。由于本实验设置亮度为 101 个等级,可以使用 1 个字节存储,因此特征的值类型可以保持默认值 uint8;由于本实验需要在 LED 亮度信息发生改变时主动通知 GATT 客户端,因此需要开启通知(Notify)属性。此外,为了借助 CySmart 软件可视化显示 LED 亮度信息,需要合理设置服务和特性的 UUID 值。设置服务的 UUID 为 0003CAB5-0000-1000-8000-00805F9B0131,特性的 UUID 为 0003CAA2-0000-1000-8000-00805F9B0131,参考设置如图 7.170 所示。

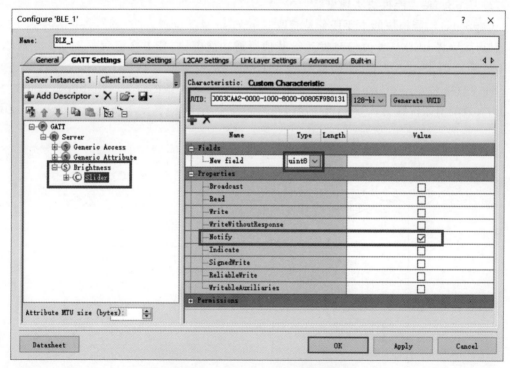

图 7.170 BLE 模块 GATT 相关设置

接下来再设置 GAP 层广播和扫描应答相关的参数、数据等,打开 BLE 模块配置窗口并切换到 GAP Settings 标签页即可进行相关配置。该部分设置自由度较高,可以根据自己的需求设置参数，甚至完全保持默认值也可顺利进行实验。在 GAP 配置页面左侧菜单栏单击 General，可以设置器件名称（Device Name）和外观（Appearance）等。在左侧菜单栏单击 Advertisement settings，可以设置广播相关的参数，如广播类型（Advertising type）、广播间隔（Advertising interval）等，本实验广播类型需要设置为 Connectable undirected advertising。在左侧菜单栏单击 Advertisement packet 可以设置广播包的内容，比如勾选 Local Name 选项框以在广播时发送器件名称。在左侧菜单栏单击 Scan response packet，可以设置扫描应答包的内容。

最后还可进行一些其他配置，比如在 BLE 模块配置窗口 General 标签页下设置 BLE 协议栈在哪个 CPU 核工作等。本实验设置 BLE 协议栈在两个内核上工作，CM0＋核运行 BLE 控制器部分，CM4 核运行 BLE 主机部分。

（5）UART 模块配置。

UART 模块无需特殊配置，具体配置方法可参见 7.1.3 UART 与 IPC 实验。

6. 应用程序编辑提示

1）I/O 重定向

为了启用 I/O 重定向功能，直接使用 C 语言 printf 等函数通过串口进行输入输出，还需修改 stdio_user.h 文件，将 IO_STDOUT_UART 和 IO_STDIN_UART 宏定义为 UART_HW。

2）CapSense 功能模块实现思路

CapSense 功能模块的主要任务是获取 CapSense 滑条位置，并根据滑条位置决定 LED 亮度值，然后将 LED 亮度值信息发送给其他所需功能模块，其工作流程如图 7.171 所示。其中可通过 CapSense_IsBusy 函数判断 CapSense 是否正忙于扫描 CapSense 硬件，通过 CapSense_GetCentroidPos 函数获取手指滑动 CapSense 滑条的位置。由于在默认设置情况下，有效的滑条位置为从 0～100 的数，在本实验中 LED 的亮度等级也设置为从 0～100

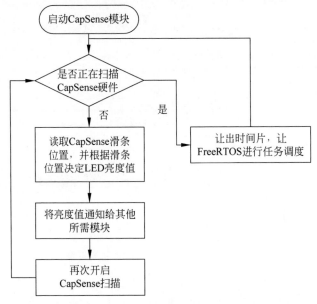

图 7.171　CapSense 功能模块工作流程图

共 101 个等级,因此可以直接将有效的滑条位置作为 LED 亮度值。然后可以直接通过全局变量的方式将 LED 亮度信息通知给其他所需功能模块,如 PWM 功能模块、E-INK 功能模块以及 BLE 功能模块;通过双核共享的变量通知给 CM0+核的 UART 功能模块。最后,可调用 CapSense_ScanAllWidgets 函数再次开始 CapSense 扫描。

3) PWM 功能模块实现思路

PWM 功能模块的主要任务是根据 CapSense 功能模块通知的 LED 亮度值,改变 PWM 波的占空比,从而调整 LED 亮度到所要设置的亮度等级。通过 Cy_TCPWM_PWM_SetCompare0 函数即可改变 PWM 模块的 Compare 0 参数,从而改变输出的 PWM 波的占空比。

4) E-INK 功能模块实现思路

E-INK 功能模块的主要任务是根据 CapSense 功能模块通知的 LED 亮度值,将亮度信息显示在 E-INK 电子墨水屏扩展板上。首先可以调用 C 语言相关函数如 sprintf 函数把整型亮度值转化为字符串,然后通过 Cy_EINK_TextToFrameBuffer 函数把要显示的字符串转化为 E-INK 显示所需的像素形式的帧数据,最后调用 Cy_EINK_ShowFrame 函数传入所要显示的帧数据,即可刷新屏幕,显示出包含亮度信息的字符串。

5) BLE 功能模块实现思路

BLE 功能模块的主要任务是启动 CM4 核的 BLE 主机部分,并根据 CapSense 功能模块通知的 LED 亮度值,在亮度值发生改变时将亮度值信息发送给与 PSoC6 实验套件建立蓝牙连接的手机或计算机。

首先是 BLE 主机部分的启动。通过调用 Cy_BLE_Start 函数并传入蓝牙堆栈事件处理程序即可启动 BLE 主机部分。该部分的关键在于合理地实现蓝牙堆栈事件处理程序,以在发生各种蓝牙事件时执行合适的操作。必须处理的蓝牙事件及相应执行的操作如表 7.5 所示。调用 Cy_BLE_GAPP_StartAdvertisement 函数即可开启广播。当发生 CY_BLE_EVT_GATT_CONNECT_IND 事件时,蓝牙堆栈事件处理程序的第二个参数即为当前建立连接的设备句柄,直接把该值赋给一个变量保存即可。

表 7.5　蓝牙事件及对应操作表

BLE 堆栈事件名称	事件描述	事件处理程序处理操作
CY_BLE_EVT_STACK_ON	BLE 堆栈初始化成功完成	需要开启广播,以便被中心设备发现
CY_BLE_EVT_GATT_CONNECT_IND	已经与对等的 GAP 中心设备建立连接	需要保存当前建立的设备句柄,以便在发送通知时使用
CY_BLE_EVT_GAP_DEVICE_DISCONNECTED	与远程设备断开或无法建立连接	需要重新开启广播,以便被中心设备发现

启动 CM4 核的 BLE 主机部分之后,BLE 功能模块需要在循环内不断监听 CapSense 功能模块通知的 LED 亮度值,如果亮度值发生改变,需要填充 cy_stc_ble_gatts_handle_value_ntf_t 结构体,并调用 Cy_BLE_GATTS_Notification 函数将新的亮度信息发送给远程设备。填充 cy_stc_ble_gatts_handle_value_ntf_t 结构体需要 GATT 特性句柄、LED 亮度值、LED 亮度值所占字节数以及要发送的设备句柄四个参数。在原理图 BLE 模块GATT 配置部分,添加了名为 Brightness 的服务,该服务有名为 Slider 的特性,如图 7.170

所示。在生成应用程序时，会自动为该特性句柄生成宏定义，该宏定义可在 BLE_config. h 文件内找到，利用该宏定义填充结构体的 GATT 特性句柄项即可。而设备句柄一项则决定要往哪个设备发送通知，直接填充在蓝牙堆栈发生 CY_BLE_EVT_GATT_CONNECT_IND 事件时保存的与 PSoC6 器件建立蓝牙连接的设备句柄即可。

6）IPC 及 UART 功能模块

上述功能模块都工作在 CM4 核，本实验还需在 CM0＋核通过 IPC 获取 CapSense 功能模块通知的 LED 亮度信息，并借助 UART 进行串口通信将 LED 亮度信息发送给计算机。通过调用 Cy_IPC_Sema_Init 和 Cy_IPC_Drv_GetIpcBaseAddress 函数可初始化 IPC 相关资源，然后通过 Cy_IPC_Drv_SendMsgPtr 和 Cy_IPC_Drv_ReadMsgPtr 函数可进行消息的发送和读取，实现双核通信。

通过双核通信获取 LED 亮度信息之后，由于进行了 I/O 重定向并给 UART 模块分配了合适的引脚，直接调用 C 语言 printf 函数即可将亮度信息通过串口通信发送给计算机。

7）FreeRTOS 多任务调度

本实验在 CM4 核需要同时运行 CapSense 功能模块、PWM 功能模块、E-INK 功能模块和 BLE 功能模块等多个功能模块，因此需要使用 FreeRTOS 创建多个任务并进行任务调度，让各个功能模块达到多线程执行的效果。通过 xTaskCreate 函数传入相关参数即可创建一个任务。需要注意的是，为了保证各个任务能够正常执行，在调用 xTaskCreate 函数时需要合理设置任务所用栈空间的大小、任务的优先级（优先级数值越小，优先级越低）等参数。此外，还可修改 FreeRTOSConfig. h 文件内的一系列参数，以满足实验的需求，如修改 FreeRTOS 总共使用的栈空间大小等。

7. 编程调试

然后使用 USB Type-C 编程线连接 PSoC6 实验套件与计算机。单击菜单栏 Debug→Program 进行项目的编译并下载代码到 PSoC6 器件。

程序成功运行后，打开手机上的 CySmart 软件并与 PSoC6 实验套件建立蓝牙连接。用手指滑动 CapSense 滑条，可发现往右滑动滑条时 PSoC6 实验套件上的 RGB LED 亮度增加，往左滑动滑条时 RGB LED 亮度降低。在滑动滑条的同时，通过 E-INK 墨水显示屏扩展板、计算机串口调试助手软件以及手机 CySmart 软件均可实时看到最新的 LED 亮度值信息，如图 7.172、图 7.173、图 7.174 所示。

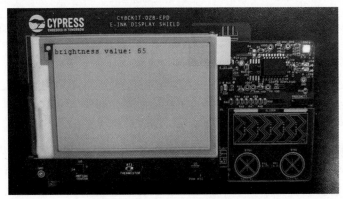

图 7.172　E-INK 显示效果图

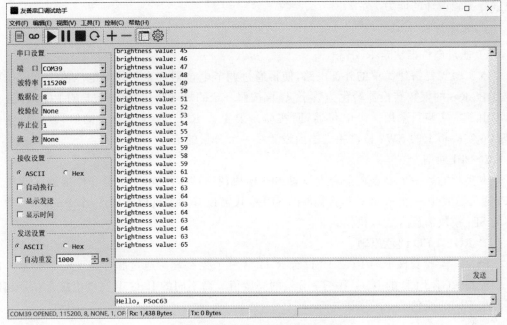

图 7.173　串口调试助手软件结果图

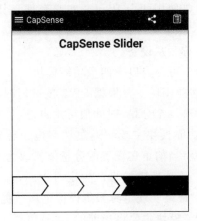

图 7.174　CySmart 软件结果图

7.2.2　基于 SPI 和 ADC 的 RGB LED 颜色调节

1. 实验内容

基于 SPI(Serial Peripheral Interface)通信完成一个 PSoC6 实验套件控制另一个 PSoC6 实验套件上 RGB LED 的颜色,具体为:在一个 PSoC6 实验套件上将电位器及按键的值通过 SPI 通信发送给另一个 PSoC6 实验套件,另一个实验套件用电位器的值控制 R、G 或 B 的值,而用按键的次数来表示需要控制 R、G 或 B 哪一个分量的值,最后改变 RGB LED 的颜色。

2. 实验目的

掌握综合运用 Opamp 模块、ADC 模块、MCWDT 模块、SPI 模块、PWM 模块等多个模块进行实验设计的能力。

3. 实验要点

1）通过电位器决定 RGB 值

本实验需要搭建简单的外部电路，使得通过调节电位器产生不同的电压值。该电压值经过 PSoC6 的模数转换器转化为数字量，再按照一定的规则转化为 0～255 的 RGB 分量。

由于本实验只采用一个电位器，而实验需要更改 R、G、B 三个分量的值，因此再使用 PSoC6 实验板上的 SW2 按键决定当前设置哪一个分量的值。

2）SPI 通信

本实验的另一个要点在于合理设置 SPI 模块使得两个 PSoC6 实验套件能够正常进行 SPI 通信。其中一个 PSoC6 实验套件的 SPI 模块需设置为主机模式，另一个 PSoC6 实验套件的 SPI 模块需设置为从机模式。

3）RGB LED 调色原理

PSoC6 实验套件上的 RGB LED 有 R、G、B 三个控制端。通过脉冲宽度调制技术可以分别控制 RGB LED 的 R、G、B 三个分量的亮度值。而不同的 R、G、B 亮度值组合在一起便可产生不同的颜色。

4. 系统框图

根据实验内容，本实验需要使用两个 PSoC6 实验套件。其中根据电位器决定 RGB 值并主动发送 RGB 值的 PSoC6 实验套件称为主设备，另一块接收 RGB 值并据此改变 RGB LED 颜色的 PSoC6 实验套件称为从设备。

根据具体实验内容，主设备可分为以下四个功能模块。

（1）SW2 功能模块：该功能模块主要根据 SW2 按键短时间内连续按下的次数决定当前设置 R、G、B 三个分量中的哪一个分量，时间值可由自己确定。

（2）ADC 功能模块：该功能模块主要将通过调节电位器产生的模拟电压转化为数字量，并映射为 0～255 的值，并将当前正在设置的分量值修改为映射结果。

（3）MCWDT 功能模块：该功能模块将产生定时中断，并在中断服务程序中启用一次 ADC 转换以采集模拟电压值，最终实现定时采集模拟电压数据的目的。

（4）SPI 功能模块：该功能模块主要将当前的 RGB 值通过 SPI 通信发送给从设备。

主设备各个功能模块之间的关系框图如图 7.175 所示。

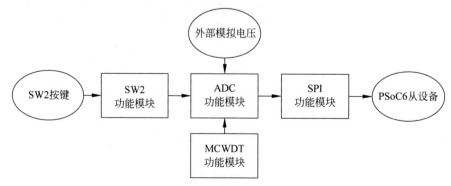

图 7.175　主设备系统框图

根据具体实验内容,从设备可分为以下两个功能模块。

(1) SPI功能模块:该功能模块主要接收主设备发送的 RGB 值。

(2) 调色功能模块:该功能模块主要根据接收的 RGB 值,设置各 PWM 模块输出 PWM 波的占空比,从而分别调节 RGB 分量值,实现 RGB LED 的调色功能。

从设备的各个功能模块之间的关系框图如图 7.176 所示。

图 7.176 从设备系统框图

5. 原理图配置提示

新建项目之后,首先需要进行原理图的编辑。

1) 放置用户模块

根据对实验内容的分析,本实验主设备需要使用的用户模块包括 Opamp 模块、ADC 模块、MCWDT 模块、SPI 模块、中断模块以及数字输入引脚、模拟引脚。其中 Opamp 模块用于实现电压跟随器,以提高输入阻抗,减小对输入模拟电压的影响。

从设备需要使用的模块包括 SPI 模块、PWM 模块及其所需的 Clock 模块。

2) 配置用户模块

(1) ADC 模块的配置。

由于本实验只有一路模拟电压信号需要转换为数字量,可设置 ADC 模块的通道数为 1。为了实现定时采集模拟电压信号的功能,设置采样模式为 Single shot。

(2) MCWDT 模块的配置。

可通过修改 MCWDT 模块的 Match 参数和 Clear on Match 参数,设置 MCWDT 模块定时触发中断的频率。

(3) 主设备 SPI 模块的配置。

可将主设备的 SPI 模块的工作模式设置为 Master。由于在 SPI 通信时将以字节为单位发送数据,因此设置 RX Data Width 和 TX Data Width 参数为 8。

(4) 从设备 SPI 模块的配置

可将从设备的 SPI 模块的工作模式设置为 Slave。与主设备相同,RX Data Width 和 TX Data Width 参数设置为 8。

(5) SW2 数字输入引脚的配置。

可以通过中断的方式统计 SW2 按键按下的次数,为此需要配置数字输入引脚。设置数字输入引脚的驱动模式(Drive mode)为电阻上拉(Resistive Pull Up),并切换到 Input 标签页设置中断(Interrupt)为上升沿(Rising edge)或下降沿(Falling edge)触发。

6. 应用程序编辑提示

1) SW2 功能模块实现思路

该功能模块的主要任务是统计 SW2 按键按下的次数,并依此决定当前设置 R、G、B 三个分量中的哪一个分量。在配置 SW2 数字输入引脚的中断为上升沿或下降沿触发后,按一次 SW2 按键,中断服务程序将执行一次,因此直接在中断服务程序中统计按键次数即可。

短时间内连续按键的次数决定设置的分量，时间值可由自己设置。

2）MCWDT 功能模块实现思路

MCWDT 模块将产生定时中断，并定时执行中断服务程序。为了实现定时采集并转换模拟电压的功能，在 MCWDT 模块的中断服务程序中以 Single Shot 的方式启用一次 ADC 转换即可。

3）ADC 功能模块实现思路

通过调用 ADC_IRQ_Enable 函数，可以让 ADC 模块在每次转换完毕数据后触发中断。在 ADC 的中断服务程序中读取转换结果，并根据一定规则映射为 0～255 的数值，并以此修改当前设置的 RGB 分量，并通知 SPI 功能模块发送更新后的 RGB 数值即可。

4）主设备 SPI 功能模块实现思路

通过 SPI 通信发送 RGB 三个分量的数值即可。具体 SPI 通信的实现方式可参见 7.1.4 节。

5）从设备 SPI 功能模块实现思路

该功能模块的主要任务是监听并及时读取主设备发送的 RGB 值。轮询判断 Rx 缓冲区是否有数据，若接收到数据，读取数据并通知调色功能模块更新 PWM 波占空比即可。具体 SPI 通信的实现方式可参见 7.1.4 节。

6）从设备调色功能模块实现思路

当接收到更新后的 RGB 值之后，分别修改 RGB LED 的红色、绿色和蓝色的控制引脚对应的 PWM 波的占空比即可。

7. 编程调试

使用 USB Type-C 编程线连接 PSoC6 实验套件与计算机。单击菜单栏 Debug→Program 进行项目的编译并下载代码到 PSoC6 器件。

使用导线将两个 PSoC6 实验套件的 SPI 模块引脚相连接，连接时同名引脚相连，即主设备 miso 引脚与从设备 miso 引脚相连、主设备 mosi 引脚与从设备 mosi 引脚相连，以此类推。SPI 模块引脚可参见第 4 章图 4.4 和表 4.3。此外，还需将两个 PSoC6 实验套件共地。

程序成功运行后，调节电位器及 SW2 按键可任意设置 RGB LED 的颜色，如图 7.177 所示，此时 RGB LED 颜色偏黄色；增加蓝色分量值后，RGB LED 颜色偏蓝色。

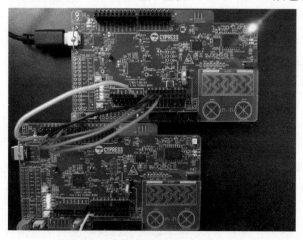

图 7.177　RGB LED 偏黄色

7.3　综合实验

7.3.1　数字示波器

1. 实验内容

利用 PSoC6 实验套件设计一个数字示波器,可测量幅值范围为±3.3V、频率为 0~200kHz 的信号,同时将测量数据通过蓝牙发送到智能手机或通过串口发送给计算机存储和显示。

2. 实验目的

掌握综合应用 PSoC6 实验套件设计实验的能力。

3. 实验原理

数字示波器原理如图 7.178 所示,主要由采集与存储、触发与时基、处理与显示三大部分组成。

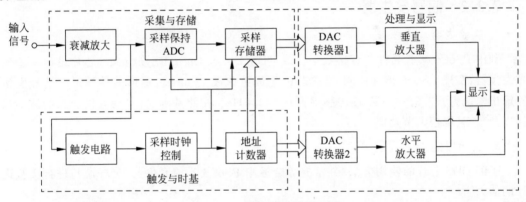

图 7.178　数字示波器原理图

1) 采集与存储

采集与存储部分包括衰减及放大、采样保持及 A/D 转换、采样存储器等三部分。输入的被测模拟信号经前置放大器放大和衰减后,信号送至 A/D 转换器进行取样、量化和编码,连续模拟量被量化为离散的数字量,存入采样存储器 RAM 中。

2) 触发与时基

触发与时基部分包括触发电路、采样时钟控制及地址计数器等部分。触发电路保证示波器每次都从输入信号满足设定的触发条件时开始采集,从而每次可以捕获到相重叠即同样的波形,以达到稳定显示波形的效果。时基及采样时钟则是示波器显示波形的时域度量标准,通常是示波器横坐标一格所占据的时间。时基决定了示波器横轴的测量范围和精度,选用不同的时基则决定了当前 A/D 转换器的采样率。

3) 处理与显示

处理与显示部分包括 D/A 转换、垂直放大器和水平放大器等部分。经采样量化后的数字信号将通过 D/A 转换重新变为模拟信号,然后经过显示控制电路,将信号显示在示波器屏幕的合适位置。

4. 实验提示

对于基本要求,可忽略触发与时基部分,直接对信号进行采集和存储,然后进行处理与显示。采集和存储部分可利用 PSoC6 器件实现,而显示部分可通过蓝牙通信或串口通信等方式,将数据发送给智能手机或计算机进行显示,系统框图如图 7.179 所示。

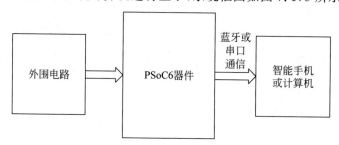

图 7.179　数字示波器工作原理图

7.3.2　信号发生器

1. 实验内容

利用 PSoC6 实验套件与直接数字合成 DDS(Direct Digital Synthesis)芯片设计一个信号发生器,实现 PSoC6 器件控制 DDS 芯片生成正弦波、三角波、矩形波等波形。信号发生器输出幅值为 −3.3～3.3V,输出频率为 0～200kHz。在此基础上,实现人机交互的波形选择以及频率、幅值调节功能。

2. 实验目的

了解 DDS 芯片的使用方法,并掌握综合运用 PSoC6 实验套件与 DDS 芯片进行实验设计的能力。

3. 实验原理

当前主流的信号发生器采用直接数字合成 DDS 技术生成各种波形。DDS 的基本原理是将待产生的波形通过采样量化变成数字信号,存放在存储器里;需要生成波形时,按照一定的频率从存储器中读取波形的幅值,然后通过 DAC 转换成相应波形。DDS 技术又分为直接数字频率合成(Direct Digital Frequency Synthesis,DDFS)技术和直接数字波形合成(Direct Digital Wave Synthesis,DDWS)技术。本节主要介绍 DDFS 技术的原理。

DDFS 工作原理图如图 7.180 所示,主要由相位累加器、波形存储器、数模转换器、低通滤波器和时钟五部分组成。

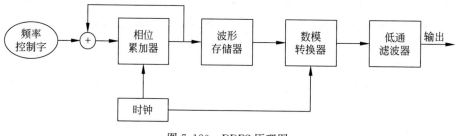

图 7.180　DDFS 原理图

以正弦波的合成为例,理想正弦波信号可表示为

$$S(t) = \sin(2\pi f_0 t) \tag{7.1}$$

若对式(7.1)的信号进行采样,采样周期为 T_c,则采样得到的离散波形序列为:

$$S(n) = \sin(2\pi f_0 n T_c) \quad (n = 0, 1, 2 \cdots) \tag{7.2}$$

如式(7.2)所示的离散波形序列对应的相位序列为 $\theta(n) = 2\pi f_0 n T_c = \Delta\theta \cdot n$,其中 $\Delta\theta = 2\pi f_0 T_c$ 是两次采样之间的相位增量。只要满足采样定理,就能根据式(7.2)所示的离散的采样序列恢复出式(7.1)所示的原始正弦波信号,且可使得 $f_0 = \Delta\theta/(2\pi T_c)$。由此可知通过控制两次采样之间的相位增量 $\Delta\theta$,即可控制合成的正弦波信号的频率。

在合成正弦波时,波形存储器内存储了一个周期内的正弦波采样并量化的值。假定相位累加器的位数为 N,则可存储共 $M = 2^N$ 个值,相位累加器相邻值之间的相位增量为 $\delta = 2\pi/M$。通过设置频率控制字为 K,则当时钟信号到来时相位累加器每次增加 K,即每次实际采样点之间的相位增量为 $K\delta$。通过从波形存储器内读取对应相位的波形幅值,并经过数模转换和低通滤波之后,便可得到合成的正弦波形,且合成正弦波的频率为 $f_0 = K/(MT_c)$。在 DDFS 中,时钟信号的频率是固定的,即 T_c 是定值,而通过改变频率控制字 K,即可合成不同频率的正弦波。当 $K = 1$ 时,DDFS 获得最小输出频率也即 DDFS 的频率分辨率为 $f_\Delta = 1/(MT_c)$。

对于合成三角波、矩形波等其他波形,DDFS 的工作原理与合成正弦波一致。在实际应用中,还可利用正弦波的对称性只存储四分之一周期内的正弦波采样值,从而降低所需的存储量。

4. 实验提示

1) DDS 芯片 AD9833

AD9833 是一个低功耗、可编程的波形发生器,能够产生正弦波、三角波和方波。波形频率和相位可通过软件进行编程,调整简单,无须外部元件。其相位累加器为 28 位,当时钟速率为 25MHz 时,可以实现 0.1Hz 的分辨率;而时钟速率为 1MHz 时,则可以实现 0.004Hz 的分辨率。通过 SPI 通信可设置 AD9833 芯片输出的波形种类、频率控制字以及波形初始相位值。

由于 AD9833 的输出信号的峰峰值的典型值为 0.6V,而且是单极性的,不能满足设计要求,所以还需通过电路实现单极性波形转换为双极性波形和幅值放大两项功能。

2) 总体方案

本实验系统框图如图 7.181 所示。通过 PSoC6 器件设置 DDS 芯片输出的波形种类、波形频率等参数,再利用外围模拟电路完成单极性波形到双极性波形转换以及幅值放大的

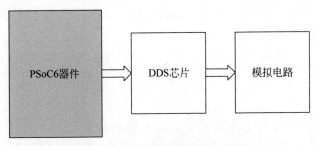

图 7.181 信号发生器工作原理图

功能,最终输出所需的波形。

7.3.3 迷你车载冰箱温控系统

1. 实验内容

利用 PSoC6 和温度传感器、半导体制冷片实现小型冰箱的温度控制。具体内容为利用 PSoC6 实验套件的按键或 CapSense 滑条实现对目标温度值的修改设定；设计控制算法驱动半导体制冷片,实现对温度的简单控制；采用 PSoC6 实验套件测量并显示温度,实现温度超限报警。

2. 实验目的

熟悉温度传感器和半导体制冷片的使用方法,掌握综合运用 PSoC6 实验套件与温度传感器进行实验设计的能力。

3. 实验原理

1)温度传感器 LM35 工作原理

LM35 是高精度集成电路温度传感器,其输出电压与摄氏温度呈线性关系。LM35 在 30~60℃温度内具有良好的线性特性,根据实验观测得到的数据在 0~100℃温度内,LM35 传感器的输出电压与温度的关系大致如下:

$$T = 0.1019 \cdot V - a$$

其中,T 为温度传感器周围的温度,单位为℃；V 为传感器输出电压,单位为 mV；a 为常数,可以根据上述公式测量两组温度和电压值之后计算得到。

2)半导体制冷片工作原理

半导体制冷的基本原理是帕尔帖效应,即当有电流通过不同的导体组成的回路时,除产生不可逆的焦耳热外,在不同导体的接头处随着电流方向的不同会分别出现吸热、放热现象。目前采用半导体材料锑化铋做成 N 型和 P 型热电偶,再组成半导体制冷器件。N 型材料自由电子多。P 型材料空穴多。

图 7.182　半导体制冷片实物图

半导体制冷片包含多组 PN 结,采用陶瓷封装制成,侧面引出两条导线。

以市面常见的 TEC1-12605 为例,实物图如图 7.182 所示,其工作特点是一面制冷而另一面发热。红色为正极,接通直流电源后,电子由负极出发,首先经过 P 型半导体,在此吸收热量,到了 N 型半导体,又将热量放出,每经过一个 NP 模组,就有热量由一边被送到另外一边,造成温差,从而形成冷热端。因此为了制冷,需要在发热的一面安装散热装置如风扇。

TEC-12605 额定电压为 12V,额定电流为 5A,静态电阻为 2.1~2.4Ω。

4. 实验提示

1)总体方案

本实验系统框图如图 7.183 所示。温度传感器将温度信号转换为电压信号,进入 PSoC6 器件后经放大、滤波、A/D 转换成为数字信号,得到环境实际温度并实时显示。

PSoC6 器件根据相应控制算法计算出驱动信号,驱动半导体制冷片和风扇,实现对环境温度的控制。

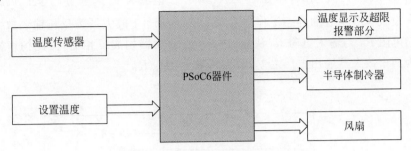

图 7.183　迷你车载冰箱系统框图

2) 模块及元器件选择

温度传感器可采用 LM35,制冷片可选择 TEC1-12605。可以使用按键或 CapSense 滑条来设置目标温度值,使用 E-INK 电子墨水屏来显示实际温度值和设定温度值,报警可以通过蜂鸣器或 LED 实现。

3) 半导体制冷片驱动电路

半导体制冷片工作时需要有专门的驱动电路进行控制,还必须有散热片或风扇辅助散热。制冷片驱动电路如图 7.184 所示,可以利用 PSoC6 器件输出 PWM 波来驱动 MOSFET,进而控制半导体制冷片的开关。

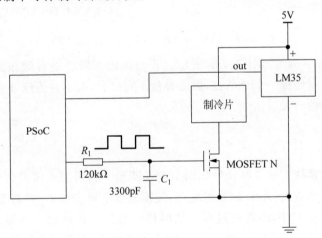

图 7.184　半导体制冷片驱动电路

7.3.4　语音存储回放系统

1. 实验内容

将语音信号转换成数字信号并存储,之后可以回放。

2. 实验目的

熟悉麦克风和音频功放芯片的使用,掌握综合运用 PSoC6 实验套件与其他元器件进行实验设计的能力。

3. 实验原理

音频功放 MC34119 工作电路如图 7.185 所示。电源为 V_{CC}，通过两个 50kΩ 电阻与二极管串联来设置音频功放的静态工作点为 $V_{CC}/2$，内部 ♯1 放大器为反相输入放大器，放大倍数由反馈电阻 R_f 与输入电阻 R_i 决定，内部 ♯2 放大器构成反相器，因此扬声器 Speaker 上的电压为两个放大器输出电压之差，放大倍数为 $2R_f/R_i$。

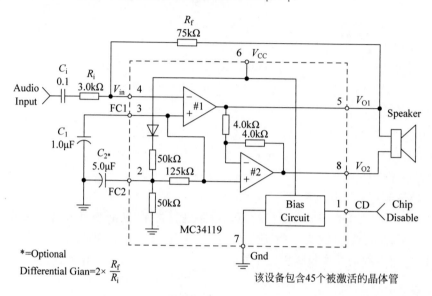

图 7.185　音频功放芯片 MC34119 工作电路

MC34119 芯片引脚图如图 7.186 所示。若音频放大器产生自激振荡，可在 MC34119 芯片 4 和 5 引脚之间连接一个小电容，但是容量不宜过大，电容容值选择在 1pF～0.1μF，否则会减小正常声音的音量。

4. 实验提示

1）总体方案

语音存储回放系统总体方案设计如图 7.187 所示。利用麦克风采集语音信号，对语音信号进行简单滤波和放大、A/D 转换等处理，转换成数字语音信号，并将数字语音信号存储到 PSoC6 器件的 Flash 中，或者通过串口实时传送给计算机存储。当需要回放语音时，将存储的数字语音通过 D/A 转换、滤波、功率放大等处理，实现对语音信号的恢复回放。

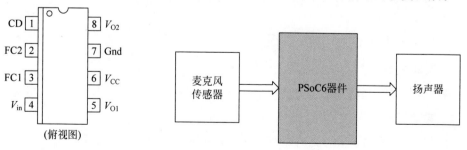

图 7.186　MC34119 芯片引脚图　　　　图 7.187　语音存储回放工作原理图

2）麦克风工作电路

麦克风工作电路可参考图7.188所示电路。静态时，通过调节 R 使A点电压为 $V_{cc}/2$。有语音输入时，A点电压值将发生改变，然后通过 R、C 进行低通滤波后输入 PSoC6 器件进行处理。

3）实验技巧

（1）搭接语音采集和回放电路时连线要尽量短且整洁，以免产生干扰影响语音效果。

（2）可先将语音采集与回放电路直接连接，测试语音效果，如果没有问题再将两个电路分别接入 PSoC6。

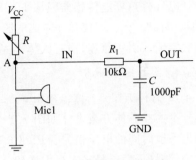

图7.188 麦克风工作电路

7.3.5 安防短信报警系统

1. 实验内容

利用红外热释电传感器模块或红外热释电传感器设计一个报警系统，实现当有人经过时用蜂鸣器或 LED 示警，并将报警信息通过 GPRS 短信收发模块发送至手机，实现短信报警。

2. 实验目的

熟悉红外热释电传感器模块以及 GPRS 短信收发模块的使用，掌握综合应用 PSoC6 实验套件与其他模块进行实验设计的能力。

3. 实验原理

1）红外热释电传感器原理及特性介绍

红外热释电传感器能以非接触方式检测出人体辐射的红外线，并将其转变为电压信号。

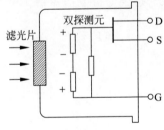

图7.189 双探测元热释电红外传感器

图7.189是一个双探测元红外热释电传感器的结构示意图。使用时 D 端接电源正极，G 端接电源负极或地，S 端为信号输出。该传感器将两个极性相反、特性一致的探测元串接在一起，目的是消除因环境和自身变化引起的干扰。热释电传感器通过安装在传感器前面的菲涅尔透镜将红外辐射聚焦后加至两个探测元上，从而使传感器输出电压信号。

制造红外热释电探测元的高热电材料是一种广谱材料，它的探测波长范围为 $0.2 \sim 20\mu m$。为了对某一波长范围的红外辐射有较高的敏感度，该传感器在窗口上加装了一块干涉滤波片。这种滤波片除了允许某些波长范围的红外辐射通过外，还能将灯光、阳光和其他红外辐射率除掉。

2）红外热释电传感器模块介绍

红外热释电传感器在人体经过时，发出频率为 $0.1 \sim 16Hz$、幅值约 $2mV$ 的电压信号，需要经过简单滤波和放大、A/D 转换或者电压比较等处理进行检测和判断。而红外热释电传感器模块在热释电传感器基础上增加了 BISS0001 等信号处理电路，输出信号是可供 PSoC6 器件直接使用的数字信号。

以红外热释电传感器模块 HC-SR501 为例,该模块只有三个引脚,分别为 V_{CC}、GND 和 OUT 引脚。V_{CC} 引脚接正 5V 电源,GND 引脚接数字地,OUT 引脚可直接与 PSoC6 器件的数字输入引脚相连,当有人体经过时,会直接输出一定时长的电压信号。

4. 实验提示

1) 总体方案

本实验总体方案设计如图 7.190 所示。当红外热释电传感器模块探测到人体经过时,输出一段时间的电压信号。PSoC6 芯片检测到信号后发出报警信号,利用 LED 或蜂鸣器示警,并将报警信号经串口发送给 GPRS 短信收发模块。GPRS 短信收发模块收到报警信号后将报警信息发送到设置好的手机号中,实现短信报警。

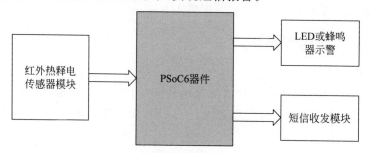

图 7.190 安防短信报警系统工作原理图

2) GPRS 短信收发模块的使用

GPRS 短信收发模块为 GSM/GPRS 模块,PSoC6 器件可通过 UART 接口向 GSM/GPRS 模块发送 AT 指令实现短信的收发。AT 指令是一系列以 AT 开头的指令集,能够通过 AT 指令控制手机的许多功能,包括拨叫号码、按键控制、传真、GPRS 等。通过 AT+CSCS 指令可以设置 TE 字符集,如果发送的短信包含中文,一般需要通过 AT+CSCS="UCS2"命令设置字符集为 Unicode 字符集。通过 AT+CMGS 指令即可发送短信。更多关于 GPRS 模块和 AT 指令集的信息可参考网上相关资料。

7.3.6 超声波测距系统

1. 实验内容

利用超声波传感器模块测量物体的距离。

2. 实验目的

熟悉超声波传感器模块的使用方法,掌握综合应用 PSoC6 实验套件与超声波模块进行实验设计的能力。

3. 实验原理

超声波传感器模块包含一对超声波发射器和接收器。当超声波发射器将超声振动信号向外发射出去之后,发射出去的超声波向四周直线传播,遇到障碍物之后便会发生反射。由于超声波的传播速度是一定的,当超声波接收器收到反射回来的超声波之后,根据收发的时间差即可推算出障碍物离超声波发射装置的距离。

超声波传感器模块的工作时序示意图如图 7.191 所示,首先给超声波模块一个至少 $10\mu s$ 的高电平触发信号,模块内部则会循环发出 8 个 40KHz 的脉冲驱动超声波发射器发射超声波。当检测到反射信号之后,超声波模块会输出一个高电平,高电平持续的时间就是超声波从发射到返回的时间。因此,根据输出高电平持续时间即可计算出障碍物距离。

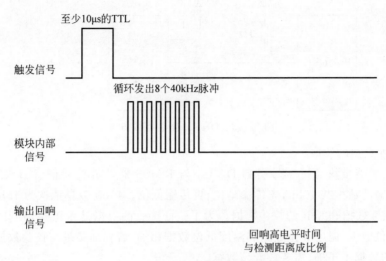

图 7.191　超声波模块时序图

4. 实验提示

本实验总体方案设计图如图 7.192 所示。PSoC6 器件首先给超声波传感器模块一个触发信号,然后检测超声波传感器模块输出高电平的时间,根据高电平时间计算得到障碍物距离,最后通过 E-INK 电子墨水显示屏显示距离。实验者可自由发挥,实现距离小于一定阈值时进行报警的功能。

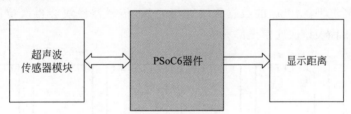

图 7.192　超声波测距系统工作原理图

7.3.7　温湿度测量系统

1. 实验内容

利用温湿度传感器模块实现温度和湿度值的测量和显示。

2. 实验目的

熟悉温湿度传感器模块的使用方法,掌握综合应用 PSoC6 实验套件与温湿度传感器模块进行实验设计的能力。

3. 实验提示

1) 温湿度传感器模块电路连接

本实验可采用 DHT22 温湿度传感器模块进行温湿度测量。该模块与 PSoC6 器件连接的电路图如图 7.193 所示。1 号引脚 VCC 可接入 3.3～6V 的电源，4 号引脚 GND 接地，3 号引脚 NC 悬空，2 号引脚 DATA 需要通过一个阻值为 5kΩ 的上拉电阻连接到 V_{CC}。

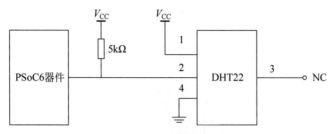

图 7.193　DHT22 电路连接图

2）温湿度数据的读取

温湿度传感器模块通过 2 号引脚 DATA 与 PSoC6 器件进行通信。一次通信时间为 5ms 左右，传输的数据共 40bit，先传输高位，再传输低位。40bit 数据依次为 16bit 的湿度数据、16bit 的温度数据和 8bit 的校验数据。为了验证接收的数据是否正确，需要将湿度高位数据、湿度低位数据、温度高位数据和温度低位数据相加，若相加结果与校验数据不等，则说明本次接收的数据不正确，需要放弃该数据。

数据读取的通信时序图如图 7.194 所示。空闲时总线为高电平，当需要读取数据时，PSoC6 器件需要先拉低总线 1～10ms，然后释放总线以发送起始信号；等待 20～40μs 之后传感器模块会发送响应信号，即拉低总线 80μs 左右。随后传感器模块再拉高总线 80μs 左右，代表即将发送 40bit 的数据。每 1bit 的数据都由一个低电平时隙和一个高电平组成。低电平时隙是一个 50μs 左右的低电平，代表数据位的起始，之后高电平持续时间代表数据值。较长的持续时间代表 1，典型值为 70μs 左右的高电平，较短的持续时间代表 0，典型值为 26μs 左右的高电平。40bit 的数据传输完毕之后，传感器模块会再次拉低总线 50μs 左右，然后释放总线代表该次通信全部完成。

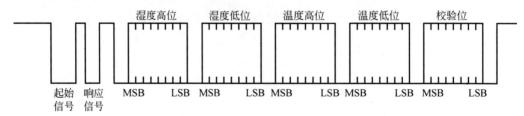

图 7.194　温湿度模块通信时序图

根据温湿度传感器模块通信时序图，可设计程序完成温湿度数据的读取，数据读取程序参考流程图如图 7.195 所示。需要注意的是，每次读取温湿度数值都是上一次测量的结果，要获取实时温湿度数据，可连续进行两次温湿度数据的读取，但每次读取间隔需要大于 2s 才能获得准确数据。

3）总体方案

本实验总体方案设计如图 7.196 所示。PSoC6 器件首先给温湿度模块一个起始信号，然后通过数据读取程序进行温湿度数据的读取，获取到有效的温湿度数据之后，可通过 E-INK 电子墨水屏进行温湿度数据的显示。

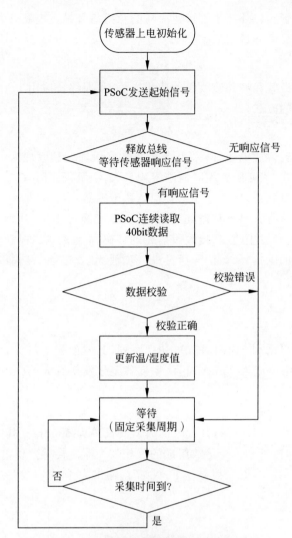

图 7.195　温湿度数据读取程序流程图

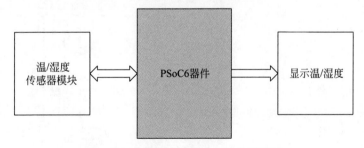

图 7.196　温湿度测量系统工作原理图

7.3.8　红外脉搏表

1. 实验内容

利用红外发光二极管和红外接收管以及 PSoC6 实验套件设计一个脉搏表。具体内容为利用红外发光二极管和红外接收管搭建简易的脉搏信号采集电路，然后利用 PSoC6 实验套件测量脉搏信号并显示测量结果。

2. 实验目的

熟悉红外发光二极管和红外接收管的使用方法，掌握综合应用 PSoC6 实验套件与其他元器件进行实验设计的方法。

3. 实验原理

为了将脉搏信号转换成电信号，采用指端光电容积法。其原理为：微血管的血液在心脏搏动下呈脉动性变化，当心脏收缩时血液容积最大，心脏舒张时容积最小。通过采集血流容积变化信息即可测量脉搏，可通过光电容积脉搏传感器获得，包括一对发射光传感器和接收光传感器。血液中含有大量氧和血红蛋白，当入射光透过手指、耳垂等部位时，由于血液容积的变化，透光率就会发生改变，接收投射光的传感器是光电二极管，它将这种变化转换为与血液容积呈反比的电信号，该信号通过进一步放大、比较后，可输出与脉搏相应的脉冲信号，组成简易脉搏表。

4. 实验提示

1）红外发光二极管

红外发光二极管可采用 SSL-LX5093SRC 系列，其发射光为红光，典型波长为 660nm。当 SSL-LX5093SRC 中电流为 20mA 时，该系列各型号发射红光的强度的典型值从 1200~4000mcd 不等。

2）红外接收管

红外接收管可采用 TSL250R，其接收的典型波长约为 635nm。其内部电路如图 7.197 所示，包括一个光电二极管和一个运放组成的反相放大器。传感器供电电源为 2.7~5.5V，其引脚如图 7.198 所示。当红光照射度 $E_g=0$ 时，输出为 4mV；当 $E_g=14.6\mu W/cm^2$ 时，输出为 2V。

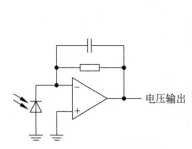
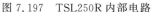
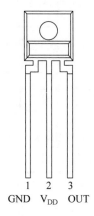

图 7.197　TSL250R 内部电路　　　　图 7.198　TSL250R 引脚分配（正视图）

3）红外发光二极管和红外接收管使用提示

实际应用时，需要将 SSL-LX5093SRC 和 TSL250R 置于手指两侧，当 SSL-LX5093SRC 向手指发射红光，透过手指后，TSL250R 在另一侧接收红光，转换成电压输出。通常 SSL-LX5093SRC 发射的红光透过手指后强度会变弱，经测量 TSL250R 输出信号通常在 5~50mV。

静态时 TSL250R 输出直流电压约为 3.8V,而脉搏信号频率一般为 1～3Hz,且 TSL250R 输出交流信号幅值约为 5～50mV,建议采用放大、滤波、电压比较电路对信号进行预处理。

4) 总体方案

本实验总体方案设计如图 7.199 所示。首先通过红外发光二极管和红外接收管将脉搏信号转化为电信号,通过放大、滤波、电压比较等预处理之后,利用 PSoC6 器件进行计数即可获得脉搏数,最后可利用 E-INK 电子墨水屏显示脉搏数。注意,TSL250R 输出电压范围与 PSoC6 器件不一致,需要转换。

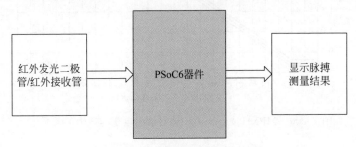

图 7.199　红外脉搏表工作原理图

7.3.9　简易大气压力表

1. 实验内容

利用压力传感器和 PSoC6 实验套件实现一个简易大气压测量计。测量范围为 1 个大气压左右,测量精度为 2% 以内,显示所测量的大气压值,并与当天发布的天气预报值对比。

2. 实验目的

熟悉压力传感器的使用方法,掌握综合应用 PSoC6 实验套件与压力传感器进行实验设计的方法。

3. 实验原理

MPXH6115 压力传感器内部除了压力传感元件外,还包括温度补偿和放大电路。该系列的传感器工作电压为 +5V,输出 0～5V 的模拟信号。图 7.200 给出了输出电压与实际压力的对应关系。由图可知,传感器输出电压为 0.2～4.7V,对应大气压范围为 15～115kPa,即测量精度为 $(4.7-0.2)V \div (115-15)kPa = 45mV/kPa$。

4. 实验提示

1) MPXH6115 压力传感器使用提示

MPXH6115 传感器的使用参考图 7.201,其中电源为 +5V,输出采用 51kΩ 电阻和 47μF 电容组成低通滤波电路,输出为 0～5V 的模拟电压信号。经实际测量,气压约为 100kPa 时,传感器输出约为 4.5V。由于输出信号较大,无须外接放大电路。由于传感器输出阻抗较大,因此考虑使用电压跟随器对传感器输出信号进行缓冲,然后输入模数转换器转换成数字量。

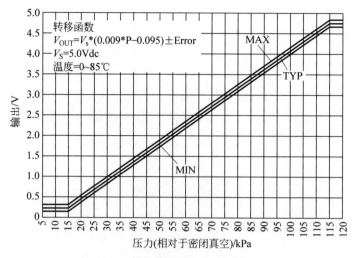

图 7.200 MPXH6115 压力传感器输出电压与压力的关系图

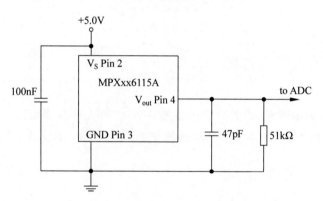

图 7.201 MPXH6115 压力传感器电路

2）总体方案

本实验总体方案设计如图 7.202 所示。利用 MPXH6115 压力传感器将大气压转化为 0～5V 的模拟电压信号，然后利用 PSoC6 器件的 ADC 组件将模拟电压转化为数字量，并根据电压与大气压力的关系计算得到大气压，最终将测量得到的大气压通过 E-INK 电子墨水显示屏进行显示。注意，MPXH6115 输出电压范围与 PSoC6 器件不一致，需要转换。

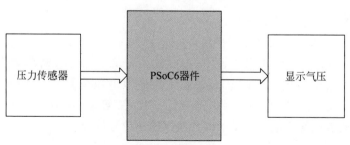

图 7.202 简易大气压力表工作原理图

7.3.10 简易光强计

1. 实验内容

利用光电二极管和 PSoC6 实验套件设计完成对自然光强的测量,并显示测量结果。

2. 实验目的

熟悉光电二极管的使用方法,掌握综合应用 PSoC6 实验套件与其他元器件进行实验设计的方法。

3. 实验原理

光信号处理元件一般有两类,即光敏电阻和光电二极管。光电二极管内部为一个 PN 结,通过内光电效应来产生光电流,从而实现光信号到电信号的转化。实际的光电流还包括了暗电流,因此必须最小化暗电流来提高器件对光的灵敏度。由于光电二极管的良好线性度,常用于光强的精确测量。

测量光强一般指测量光的照度即光照强度。光照强度指单位面积上所接收可见光的能量,可通过照度计来测量,单位为勒克斯(lux 或 lx)。一般在夏季室外光照强度可达 60 000~100 000lx,夏天明朗的室内照度为 100~550lx,夜间室外照度为 0.2lx。

光电二极管并不是对照度直接作出响应,一般光电二极管对特定波长的光照能量转换成与之成线性关系的电流。因此需要确定照度和光照能量之间的关系,才能计算出照度下对应的光电流大小。根据定义,表面上一点的照度可表示为入射在包含该点的面元上的光通量 $d\phi$ 除以该面元面积 dA,即

$$E = \frac{d\phi}{dA}$$

波长为 555nm 的单色光源产生 683lx 照度的功率为 1W,即光源消耗 1W 功率,理论上最大能辐射出 683lx 照度的可见光。

假设光波长为 555nm,用式(7.3)估算一般情况下室内可见光强(300lx)对光电二极管照射时产生的光电流大小:

$$I = S \cdot \frac{\phi}{K} = \frac{S \cdot E \cdot A}{K} = \frac{0.35\text{A/W} \cdot 300\text{lx} \cdot 5.9\text{mm}^2}{683\text{lm/W}} = 0.9\mu\text{A} \tag{7.3}$$

即 300lx 光强对应 0.9μA 光电流,因此 100lx 光强对应 0.3μA 光电流。相应地,强光如 100 000lx 照射下光电流能达到 300μA,最大和最小值能相差 1000 倍,因此需要采用对数放大器,将大范围的测量值压缩至一个小范围的可测区间内。

4. 实验提示

1) 光电二极管

可采用 S1227-66B 光电二极管。该光电二极管灵敏范围主要在可见光区域,适合本实验的测量。

2) 对数放大器 LOG104 的使用

对数放大器是指输出信号幅度与输入信号幅度呈对数函数关系的放大电路。由于在不同光照条件下光电二极管产生的光电流相差巨大,因此需要采用对数放大器将大范围的光电流信号压缩至可测量区间内。

如图 7.203 所示为 LOG104 电路。LOG104 使用 ±5V 电源供电，用理想电流源代表光电二极管。输入参考电流 I_2 采用 5V 参考电压通过电阻 R_1、R_2 和 R_3 设置。根据该参数配置，有如下关系：

$$I_2 \approx \frac{R_2}{(R_1 + R_2)} \frac{5}{R_3} \approx 100(\text{nA})$$

$$V_{\text{out}} = 0.5 \log \frac{I_1}{I_2}$$

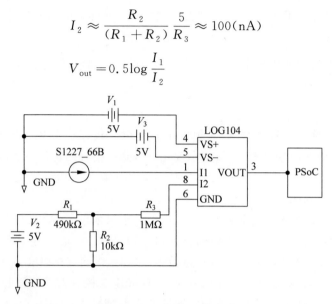

图 7.203　LOG104 电路图

3）总体方案

本实验总体方案设计如图 7.204 所示。光强测量电路将自然光强转化为模拟电压信号，然后通过 PSoC6 器件进行模数转换并根据关系式计算得到光强，最终可使用 E-INK 电子墨水屏显示测得的光强。注意，LOG114 输出电压范围与 PSoC6 器件不一致，需要转换。

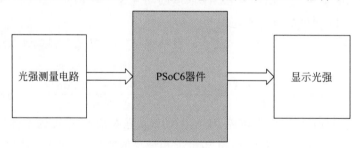

图 7.204　简易光强计工作原理图

7.4　创新实验

7.4.1　机器蛇

1. 实验内容

利用 PSoC6 实验套件和创意之星机器人套件实现蛇形仿生机器人。

2. 实验原理

创意之星机器人套件是一套模块化的机器人套件，它包含数百个基本的单元，如传感器单元、执行器单元、控制器单元和可通用的结构零件等。传感器单元主要包含红外距离传感器、声音传感器、碰撞传感器、光强传感器、灰度传感器以及视觉传感器等。执行器单元主要为 CDS5516 舵机及其配套的 UP-Debugger 多功能调试器。控制器单元主要包含 MultiFLEX™2-PXA270 控制卡。可通用结构零件主要包括舵机支撑件、机械手组件、连接件以及辅助零件等。

通过用"搭积木"的方式自由组合创意之星机器人套件的各个单元,可搭建出各种形态的机器人,如机器狗、机器蛇、机械臂、简单仿人形机器人等。

3. 实验提示

可根据自己的需求和创意对实验内容进一步具体化。如本实验可使用创意之星机器人套件组装出一条机器蛇,然后利用 PSoC6 实验套件控制机器蛇的各个舵机,实现机器蛇的前进、左转、右转等仿生步态。还可添加超声波传感器、红外距离传感器等更多传感器模块实现机器蛇的自动避障、行人跟随等更多功能。

1) 可能使用的模块及器件

根据对具体实验内容的分析,需要使用的传感器模块包括超声波传感器模块以及红外距离传感器模块。其中超声波传感器模块用于机器蛇的自动避障,红外距离传感器模块用于行人跟随功能。此外还需使用 PSoC6 实验套件以及创意之星机器人套件。

2) 参考实验方案

可供参考的实验原理示意图如图 7.205 所示,PSoC6 器件将根据各个传感器模块的输入决定机器蛇接下来的动作,如前进、左转、停止等,并通过控制舵机让机器蛇完成相关动作。

4. 实验效果展示

机器蛇以蛇形曲线蜿蜒前行的效果图如图 7.206 所示。

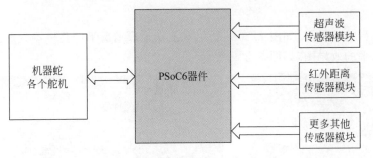

图 7.205 机器蛇实验工作原理示意图

图 7.206 机器蛇以蛇形
曲线前行

7.4.2 全地形多形态物流机器人

1. 实验内容

利用 PSoC6 实验套件和创意之星机器人套件实现多形态机器人。四足或多足机器人的地形适应能力强,但是移动速度较慢;而车辆形态的机器人运动速度快,但是对地形要求高。因此本实验设计一个能进行形态切换的多形态机器人以兼具不同形态的优点。

2. 实验提示

可根据自己的需求和创意对实验内容进一步具体化。例如，设计一个具备蓝牙远程遥控和自主避障两种模式的多形态机器人，能实现四足机器人形态和车辆形态的切换，并且在四足机器人形态下能保持载物平台的水平。

1）可能使用的模块及器件

根据对具体实验内容的分析，可能使用到的传感器模块有超声波传感器模块、陀螺仪模块。其中超声波传感器模块用于实现自主避障功能，陀螺仪模块用于维持载物平台的水平。此外，还需使用 PSoC6 实验套件以及创意之星机器人套件。

2）参考实验方案

可供参考的实验原理示意图如图 7.207 所示。由于本实验使用的舵机、传感器及 PSoC6 器件资源较多，可采用两套 PSoC6 实验套件进行实验。其中第一块 PSoC6 套件负责与各种传感器模块以及远程蓝牙设备进行通信，并根据传感器输入以及远程遥控指令输入决定机器人应该执行的指令，并把指令发送给第二块 PSoC6 套件。第二块 PSoC6 设备则根据要执行的指令，控制机器人的各个舵机完成相应的动作。

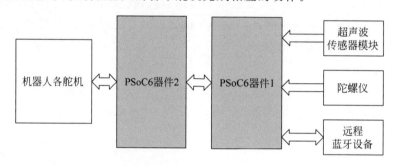

图 7.207　多形态机器人工作原理示意图

3. 实验效果展示

以四足机器人形态前行的效果图，如图 7.208 所示，在复杂地形情况下四足机器人形态仍然保持顶端载物平台水平的效果图，如图 7.209 所示。

图 7.208　四足机器人形态前行图

图 7.209　在复杂地形下自动保持载物平台的水平

以车辆形态向前行驶的效果图如图 7.210 所示。

图 7.210　以车辆形态向前行驶

7.4.3　多功能平衡车

1. 实验内容

基于 PSoC6 实验套件设计多功能平衡车。需要实现小车的自平衡功能,并能通过遥控控制小车前进、后退、转向、停止等。还可根据自己的需求和创意给小车添加更多功能。

2. 实验提示

可根据自己的需求和创意对实验内容进一步具体化。本参考实验案例除了具备基本功能之外,还能自动避障、实现小车视野视频共享,并在主机端实现了二维码扫描、语音控制等高级功能。

1) 可能使用的模块及器件

根据对实验内容的具体分析,需要使用的传感器模块包括超声波传感器模块、姿态传感器模块以及无线摄像头模块。其中超声波传感器模块用于小车的自动避障,姿态传感器模块用于实现自平衡功能,无线摄像头模块用于拍摄小车前方的视频并将视频上传至计算机。为了让 PSoC6 器件与计算机主机进行稳定可靠的通信,还可使用 WiFi 模块;为了驱动及控制小车,还需使用直流编码电机。此外还需使用 PSoC6 实验套件以及相应的电源。

2) 参考实验方案

可供参考的实验原理示意图如图 7.211 所示。在计算机端,可通过开发的计算机应用实时查看平衡车车载无线摄像头模块发送的视频,并根据当前实时路况通过键盘输入或语音输入的方式对平衡车下达指令。下达的指令将通过无线 WiFi 发送到与 PSoC6 器件连接的 WiFi 模块。由于本书实验所用 PSoC6 实验套件不具备 WiFi 功能,因此可选择具备 UART 通信功能的 WiFi 模块,于是 WiFi 模块将把收到的指令通过 UART 通信转发给 PSoC6 器件。PSoC6 器件综合遥控指令以及超声波传感器模块、姿态传感器模块的输入,决定平衡车应该采取的动作。并通过控制直流编码电机让平衡车执行相应的动作,如加减速、前进、停止、转弯等。

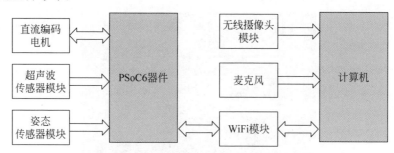

图 7.211　多功能平衡车工作原理示意图

3. 实验效果展示

图 7.212 为平衡车在停止状态下维持自平衡的效果图。

图 7.212　平衡车维持自平衡

7.4.4　虚拟现实交互游戏

1. 实验内容

基于 PSoC6 实验套件设计一套能与现实交互的游戏系统。

2. 实验提示

可根据自己的需求和创意对实验内容进一步具体化。本参考实验案例利用 PSoC6 实验套件做游戏服务器，两台安卓设备通过蓝牙通信与 PSoC6 服务器进行数据交互，实现双人发光曲棍球小游戏。此外，通过颜色传感器模块，玩家可拾取现实中的颜色作为游戏中自身角色的颜色；通过加速度传感器模块，玩家可根据现实中平板的倾斜决定游戏中平台的倾斜，具备一定的现实交互能力。还可增加语音模块播放背景音乐，增强游戏体验。

1）可能使用的模块和器件

根据对实验内容的具体分析，需要使用的传感器模块包括颜色传感器模块、加速度传感器模块以及语音模块。其中，颜色传感器模块用于识别现实中物体的颜色，加速度传感器模块用于检测现实中游戏平板的倾斜度,而语音模块用于播放背景音乐。

2) 参考实验方案

可供参考的实验原理示意图如图 7.213 所示。两台安卓设备通过蓝牙通信与 PSoC6 器件建立连接。玩家可通过颜色传感器模块选取合适的颜色,PSoC6 器件将颜色传感器的输入解码为 RGB 颜色值之后通过蓝牙通信发送给安卓客户端,安卓客户端根据 PSoC6 器件发送的 RGB 颜色值更新显示效果即可。加速度传感器的信号处理流程与颜色传感器相同,先由 PSoC6 器件处理加速度传感器的输入,并将之解码为平台的倾斜度信息,然后通过蓝牙通信将该信息发送给两个安卓客户端,实现游戏效果的更新。此外,PSoC6 器件还可控制语音模块播放合适的背景音乐。

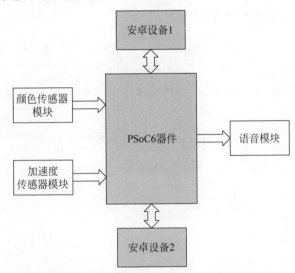

图 7.213　虚拟现实交互游戏工作原理示意图

7.4.5　室内环境检测仪

1. 实验内容

基于 PSoC6 实验套件设计一套能够测量室内环境的检测系统。

2. 实验提示

可根据自己的需求和创意对实验内容进一步具体化。本参考实验案例利用 PSoC6 实验套件作为数据中心,连接传感器获取室内环境数据,再利用一个安卓设备通过蓝牙通信与 PSoC6 实验套件进行数据交互,实现室内数据监测。此外,用户还可以在安卓设备上对室内环境数据进行计算和分析。

1) 可能使用的模块和器件

根据对实验内容的具体分析,可以实现室内温湿度测量、火灾报警、安防报警,需要使用的传感器模块包括温湿度传感器、烟雾传感器、人体红外传感器等。其中,温湿度传感器用于识别室内环境的温度和湿度;烟雾传感器用于识别室内烟雾浓度以检测火灾;人体红外传感器用于识别是否有人通过以检测安防信息。

由于传感器可能是采用的集成传感器,通常已经将模拟信号转换成了数字信号并带有通信接口，例如 SPI、I²C 接口，因此为了获取传感器数据，可能会使用到 SPI、I²C 等通信协议。在 PSoC6 与安卓设备进行通信时，会使用到蓝牙模块。

2）参考实验方案

可供参考的实验原理示意图如图 7.214 所示。安卓设备通过蓝牙通信与 PSoC6 器件建立连接。用户可以通过安卓客户端的应用程序向 PSoC6 器件查询室内环境数据，PSoC6 在蓝牙连接时，持续读取传感器的数据，收到安卓客户端的查询命令时，将最新的数据通过蓝牙传输给客户端，实现室内环境的检测。注意 PSoC6 获取传感器的数据时，需要将其进行处理，转换为常用单位下的数据，例如，摄氏度温度、湿度百分比、烟雾浓度以及是否有人体经过。此外，安卓客户端也可以将不同传感器的数据在应用软件中进行计算分析，例如通过温湿度和烟雾浓度更精准地判断火情。

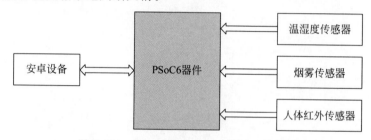

图 7.214　室内环境检测仪工作原理示意图

第四部分

PSoC6原理

本部分主要介绍 PSoC6 各部分工作原理，包括内核、系统资源、数字和模拟资源、其他资源，以利于读者对 PSoC6 进行更深入地研究和应用开发。

需要说明的是，为了使读者能够尽快了解 PSoC6，第 8～10 章只介绍常用的及本书实验部分涉及的资源，而将其他资源单独编为第 11 章置于本部分最后，读者可根据需要查阅。

## 第8章

PSoC6内核

本章主要介绍 PSoC6 的内核结构及内核各部分工作原理。

8.1　PSoC6 内核简介

　　PSoC6 内核是指 PSoC 芯片的核心部分,即微控制器部分。与一般单片机相同,PSoC6 内核包括微处理单元(Microcontroller Unit,MCU)、存储器、中断控制器、通用输入输出(General Purpose IO,GPIO)、睡眠和看门狗、系统时钟源等。不同的是,PSoC6 具有片内和片外两个系统时钟源,因此 PSoC6 不需要外部晶体振荡器,即可依靠片内系统时钟源自行工作,而其他单片机一般都需要外部晶体振荡器才能工作。

　　本章以 PSoC 63 为例进行介绍,其系统结构框图如图 8.1 所示。PSoC 63 的主要子系统:位于图 8.1 上部的中央处理器(Central Processing Unit,CPU)子系统(CPU Subsystem),左侧的系统资源(System Resources),中间的外设子系统,以及下部的 I/O 子系统(I/O Subsystem)。中间的外设子系统包括模拟和数字可编程模块、其他用户模块和和蓝牙子系

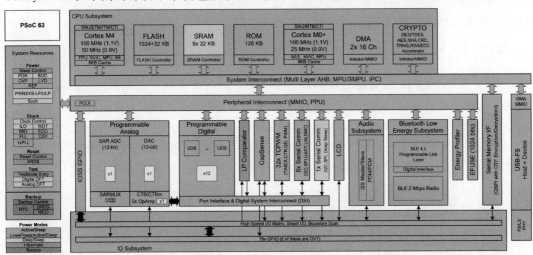

图 8.1　PSoC 63 框图结构

统等。本章主要介绍 CPU 子系统，对于其中的 MCU、内部存储器和直接存储器访问（Direct Memory Access，DMA）控制器进行详细介绍，其余子系统在后续章节介绍。

8.2 中央处理器 CPU 子系统

如图 8.2 所示，PSoC6 的 CPU 子系统中有多个总线主控器，包括双核 CPU、1MB 的闪存 Flash、288KB 的静态随机存取存储器（Static Random-Access Memory，SRAM）、218KB 的只读存储器（Read Only Memory，ROM）、DMA 控制器和电路加密 CRYPTO 模块。一般地，任意内核都可以通过多层 ARM 高级微控制器总线架构（Advanced Microcontroller Bus Architecture，AMBA）中的高性能总线（AMBA High-performance Bus，AHB）协议访问所有的内存和外设。存储器和外设之间也可以通过高性能总线进行信息共享。CPU 之间可以使用处理器间通信（Inter-Process Communication，IPC）进行同步。

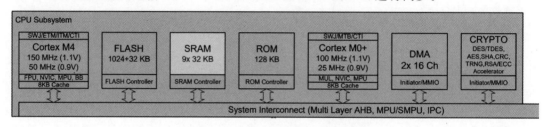

图 8.2　PSoC6 的 CPU 子系统架构

8.2.1　CPU 简介

PSoC63 中的 CPU 子系统包含两个 ARM Cortex 内核即 Cortex M4 和 Cortex M0＋，及其关联的总线和存储器。Cortex M4 和 Cortex M0＋ 均为 32 位处理器，并具有 8KB 的高速缓存（Cache）。其中，Cortex M4 内核包括浮点单元（Floating Point Unit，FPU）和内存保护单元（Memory Protection Unit，MPU）；Cortex M0＋ 内核仅包括内存保护单元 MPU。两个 CPU 都使用了嵌套向量中断控制器（Nested Vectored Interrupt Controller，NVIC），以实现快速且确定地响应中断。

8.2.2　性能

CM4 是主要 CPU，最大运行频率高达 150MHz。在中断响应时间较短、代码密度较高和吞吐量较高的情况下，需要使用 CM4 CPU。CM0＋ 是次要 CPU，最大运行频率可以达到 100MHz，用于实现系统调用和设备级安全、保护等功能。

但是对于 CM4，在高于 100MHz 频率下运行时，CM0＋ 和总线上其他外设的运行速度被限制为 CM4 的一半。例如，在系统超低功耗模式下，CPU 速度被限制在 CM4 运行频率为 50MHz、CM0＋ 运行频率为 25MHz。

CM4 采用的是基于 Thumb-2 技术的 Thumb 指令集，CM0＋ 使用的是 ARMv6-M Thumb 指令集。ARMv6-M Thumb 指令集是一个只支持 56 条指令的小指令集，且大部分指令是 16 位指令。Thumb 指令集则包括许多 32 位指令，这些指令可以高效地使用高位寄存器。因此与 CM4 相比，CM0＋ 指令集的局限性更大，在实现具体函数时将需要更长的运行周期,且每个周期的时间更长。

在开发板接入 3.3V 电源电压情况下,CM4 的功耗为 $22\mu A/MHz$,CM0+的功耗仅为 $15\mu A/MHz$。

在实际应用时,应根据应用需求合理分配双核 CPU 的使用。

8.2.3 安全性

CM0+提供安全且不中断的启动功能,确保在启动后检查系统完整性,并强制执行内存和外围设备访问权限设置。CM0+CPU 的运行可以保证系统和程序的安全性,因此在系统运行工程时,总是由 CM0+开始执行,并通过 CM0+启用 CM4。

8.2.4 启动顺序

根据 8.1.3 节所述的保证系统安全性的前提条件,对于系统的启动顺序描述如下:

(1) 设备重启或复位后,只有 CM0+开始执行,CM4 处于复位状态。

(2) CM0+首先执行 PSoC6 系统和安全代码,包括管理只读存储器(Supervisory Read Only Memory,SROM)代码、闪存启动(Flash Boot)、安全镜像(Secure Image)。

(3) CM0+在执行系统和安全代码后,继续执行应用程序代码。

(4) 在应用程序代码中,CM0+可能释放 CM4 重置,使得 CM4 开始执行其应用程序代码。PSoC Creator 软件中,在 CM0+main()中将自动生成代码重置与启动 CM4 资源。

8.3 内部存储器

PSoC6 的内部存储器包括闪存 Flash、静态随机存取存储器 SRAM 和只读存储器 ROM。

闪存 Flash 部分除了在 8.1.1 节中提到的为 CPU 分配的高速缓存,还具有高达 1MB 的应用闪存、额外的可用于 EEPROM 仿真的 32KB 闪存、可以通过一次性编程的密钥锁定和访问的 32KB 的安全闪存。在需要降低功耗时,闪存将开启 128 位宽的访问权限。由于"写"操作在行级别执行,一行为 512 字节。因此,在低功耗和超低功耗模式均支持"读"操作,但在超低功耗模式下可能无法执行"写"操作。

PSoC6 具有 288KB 的 SRAM 存储器,其中有一个 32KB 的部分用于控制功率和用户设置,允许用户设定深度睡眠模式下保留的内存部分,但在休眠模式下不保留内存。CPU内核具有固定的内存地址映射,可以共享内存和外设。代码可以在两个内核的闪存 Flash和 SRAM 上执行。

128KB 的 ROM,也可以被称为 SROM,为一些系统功能提供代码,如 ROM 启动代码。ROM 可以实现设备初始化、闪存写入、安全性检查、eFuse 编程和其他系统级操作。如8.1.4 节中所述,ROM 代码仅由 CM0+CPU 在保护环境 0 中执行。

8.4 DMA 控制器

CPU 子系统包括两个独立的 DMA 控制器,每个控制器都有 16 个通道。DMA 控制器支持使用 ARM 标准高级微控制器总线架构 AMBA 的高性能总线 AHB 对外设进行独立访问。

　　DMA 在存储器、外设和寄存器之间传输数据。该传输独立于 CPU。DMA 支持由一个通道管理的多个独立数据传输。每个通道通过 DMA 控制器外的触发多路复用器连接到特定的系统触发器。每个通道具有一个优先级，优先级使用 0～3 的数字表示，0 表示最高优先级，3 表示最低优先级，根据优先级确定通道连接的系统触发器。

　　如图 8.3 所示，DMA 实现的数据传输是由输入触发器 System Triggers 发起的。该触发器可能来自数据传输的源设备、数据传输的目标设备、CPU 软件或其他外设。触发器可以在活动或睡眠模式下运行，在深度睡眠和电源休眠模式下不可用。数据传输的详细信息由描述符 Descriptors 指定，该描述符指定了传输的源头和目的地以及数据大小，数据的大小受到通道类型的影响；还指定了通道对外部需要执行的操作，例如生成输出触发器 Trigger out 和中断 Interrupt；另外还定义了数据传输的类型。

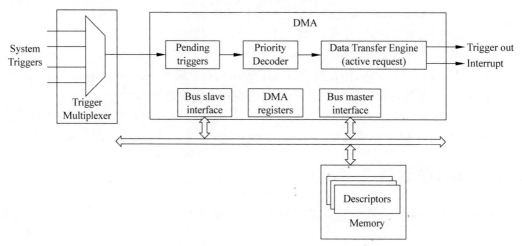

图 8.3　DMA 控制器结构图

习题

8.1　PSoC6 内核包括哪些部分？

8.2　PSoC6 的 CPU 子系统中有哪些总线主控器？

8.3　请说明 PSoC6 系统的启动顺序。

8.4　PSoC6 的内部存储器包括哪几种？

## 第9章

PSoC6系统资源

PSoC6 系统资源提供了系统设计所需的片内资源,包括四部分:电源、多时钟源、睡眠和看门狗、复位。

本章主要介绍常用的以及本书实验部分用到的系统资源的工作原理,包括电源引脚说明、多时钟源的分类和联系、睡眠模式和看门狗定时器的说明、复位方式和影响。

9.1 电源

PSoC6 BLE 系列支持 1.71~3.6V 的工作电压。PSoC6 集成了单输入多输出(Single Input Multiple Output,SIMO)降压转换器,通过降压器实现实验板内模块供电。CPU 内核的工作电压为低功率模式 0.9V 和超低功率模式 1.1V,用户可以选择工作模式从而改变工作电压。

电源系统为实验板中的器件提供多个电源,如图 9.1 所示,包括用于外设供电的 V_{DDD}、V_{DDA}、V_{DDIO};用于备份供电的 V_{BACKUP};用于控制 BLE 的 V_{DDR}。不同项目中电源引脚的使用取决于该项目中使用到的器件模块以及其封装结构。

9.1.1 电源系统

如图 9.1 所示,可以看到电源系统中各电源的作用。V_{DDD} 作为所有核心稳压器的输入电源;V_{DD_NS} 作为 SIMO 降压转换器的输入电源;V_{CCD} 作为所有有源模块和高频模块的输入电源。SIMO 降压转换器的输出 V_{BUCK1} 可以与 V_{CCD} 相连,保持电位相同。

电源系统中还存在一个深度睡眠电压调节器,其输入为 V_{CCD},输出作为深度睡眠模式下外设的供电,当 V_{CCD} 不存在时,其输入切换为 V_{DDD}。休眠模式下的模块使用 V_{DDD} 供电,如低功耗比较器和内部低速振荡器(Internal Low-speed Oscillator,ILO)。V_{DDA} 作为模拟模块的输入电源,当 V_{DDA} 引脚没有启用时,使用 V_{DDD} 对模拟模块进行供电。I/O 单元通过 V_{DDX}(V_{DDD}、V_{DDA}、V_{DDIO})进行供电,具体使用的供电电源取决于 I/O 单元内部的模块的性质。

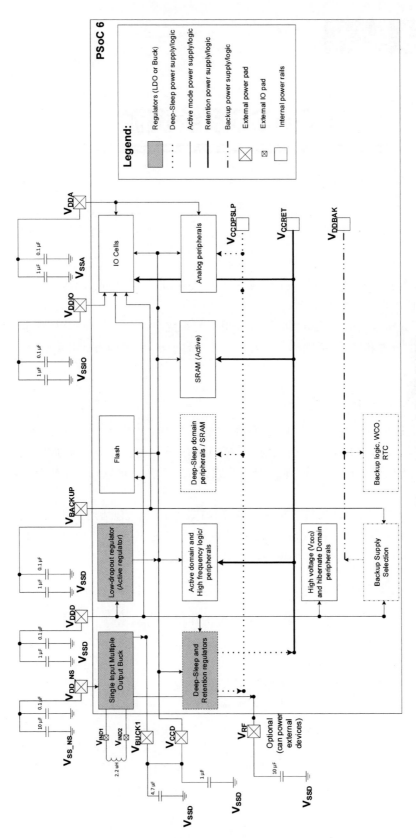

图 9.1　PSoC 6 电源系统结构图

V_{BACKUP} 为备份相关的外设供电,如实时时钟(Real Time Clock,RTC)和时钟晶体振荡器(Watch Crystal Oscillator,WCO)。V_{BACKUP} 相对独立,因此在断开设备电源的情况下,由其供电的设备仍可以正常工作。当 V_{BACKUP} 引脚没有启用时,使用 V_{DDD} 对模拟模块进行供电。

BLE 子系统中的射频收发模块(Radio Frequency Transceiver Blocks,RF Transceiver Blocks)由 V_{DCDC} 供电,SIMO 降压转换器的输出 V_{RF} 可以与 V_{DCDC} 相连,保持电位相同。V_{DDR} 为 BLE 子系统中其余模块供电,此电源与 V_{DCDC} 相连。V_{DDR_HVL} 为 BLE 子系统中的外围设备供电,如外部晶振器(External Crystal Oscillator,ECO)和 BLE 子系统中的 I/O 单元。

除了多个电源和降压器,PSoC6 实验板还提供了电压监测和电压保护相关的电路,包括上电复位(Power-On Reset,POR)电路、掉电检测(Brownout Detect,BOD)电路、过电压保护(Over Voltage Protection,OVP)电路和低电压检测(Low Voltage Detect,LVD)电路。

9.1.2　接地处理

电源系统中所有电源都需要进行接地处理,所有的接地必须在 PCB 板上一起短路。需要通过旁路电容进行接地,一般使用的接地电容为小于 $10\mu F$ 的电容。必须使用旁路电容从 V_{DDD} 和 V_{DDA} 以及图 9.1 中指示的地方接地。

在设计旁路电容时,还需要考虑 PCB 布线时导线的寄生电感和寄生电容。根据经验,V_{RF} 的旁路输出电容值为 $10\mu F$,V_{BUCK1} 的旁路输出电容值为 $4.7\mu F$。

9.2　多时钟源

PSoC6 时钟系统为需要时钟的所有子系统提供时钟源。时钟系统可以避免在各时钟源之间的切换导致的时钟输出信号出现毛刺,同时还可以避免触发器出现亚稳态的情况。

如图 9.2 所示,PSoC6 的时钟系统可以分为内部时钟源、外部时钟源、锁相环(Phase-Locked Loop,PLL)和锁频环(Frequency Lock Loop,FLL)四部分。内部时钟源包括内部主振荡器(Internal Main Oscillator,IMO)、内部低速振荡器(Internal Low-speed Oscillator,ILO)、精密内部低速振荡器(Precision 32kHz Internal Low-speed Oscillator,PILO)。外部时钟源包括外部时钟(EXTCLK)、外部晶振(External Crystal Oscillator,ECO)和外部时钟晶振(Watch Crystal Oscillator,WCO)。锁相环 PLL 和锁频环 FLL 支持扩频操作,即由其他时钟源产生更加高频的时钟信号。可以通过时钟缓冲器将时钟信号引出到 SmartI/O 端口。

通过 PSoC Creator 可以配置系统高频时钟(High Frequency Clock,HFCLK)和低频时钟(Low Frequency Clock,LFCLK)的源和路径。如图 9.3 所示,Source Clocks 选项允许配置各种时钟源,FLL/PLL 选项允许配置 PSoC6 MCU 内部的锁频环 FLL 和锁相环 PLL。

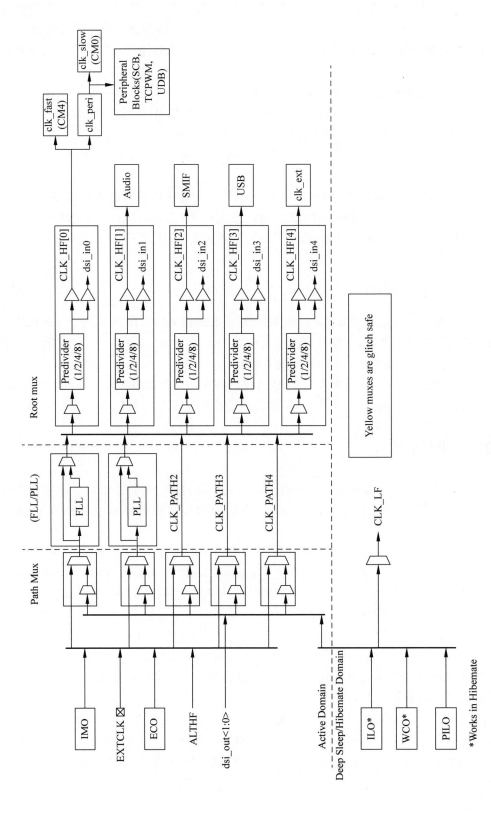

图 9.2　时钟系统结构图

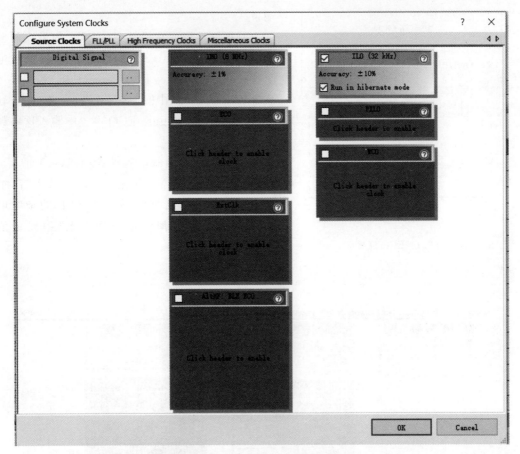

图 9.3　PSoC Creator 时钟配置界面

9.2.1　内部主振荡器(IMO)

在 PSoC6 BLE 中,IMO 是主要的内部时钟源。可以生成频率为 8MHz、准确度为 $\pm1\%$ 的时钟。IMO 输出可以被锁相环或锁频环用来产生大范围的高频时钟,也可以直接被高频时钟源使用。IMO 仅在系统低功耗模式和超低功耗模式启用。

当 USB 存在时,使用 USB SOF(Start-Of-Frame)信号对 IMO 进行裁剪,以确保 IMO 与 USB SOF 的精度相匹配。在 USB 的 USBFS0_USBDEV_CR 寄存器中存在名为的 ENABLE_LOCK 的位字段,需要设置这个特性才能启动精度匹配。PDL 中 USB 块的驱动程序自动完成设置。

CPU 和所有高速外设都由内部主振荡器或外部晶振器提供时钟。

9.2.2　外部晶振器(ECO)

PSoC6 包含一个振荡器,用于驱动外部 $4\sim35$MHz 晶振,从而获得精确的时钟。PSoC6 中的振荡器电路需要一个外部晶振,该晶振连接在 PSoC6 的外部晶振引脚上,即接到端口 12 的引脚 6 和 7,如图 9.4 所示。

如需使用 ECO,需要通过 PSoC Creator 软件配置相应的 I/O 引脚 P12[6]和 P12[7]到

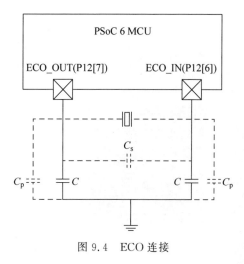

图 9.4　ECO 连接

端口。

晶振制造商通常提供产品参数，如最大驱动电平（Maximum Drive Level，DL）、等效串联电阻（Equivalent Series Resistance，ESR）和并联负载电容（C_L）。如图 9.5 所示，PSoC Creator 软件中，需要在 Configure ECO 设置中输入这些数据以配置 ECO。

ECO 的外部负载电容计算如式（9.1）所示。参数意义如下：C_L 为晶振的并联负载电容，根据晶振数据包可以获得；C_S 为 PCB 的杂散电容；C_p 为封装引脚到地的寄生电容，典型值为 3pF。

$$C = 2(C_L - C_S) - C_p \qquad (9.1)$$

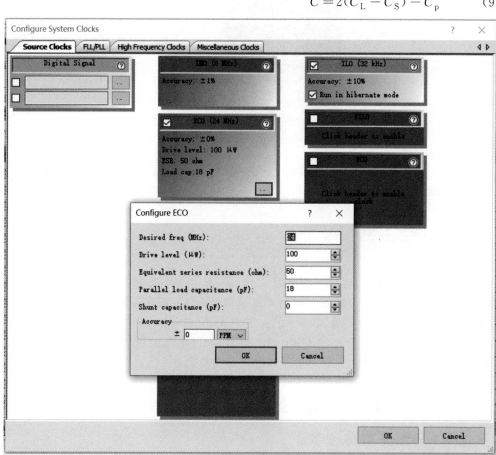

图 9.5　ECO 配置

BLE 子系统上的外部晶体振荡器具有内置的可调谐晶体负载电容，用于生成高精度的 32MHz 时钟。高精度 ECO 时钟也可用作 PSoC 6 BLE 器件高频时钟 CLK_HF 的时钟源，并被指定为交替高频时钟（Alternate High-Frequency Clock，ALTHF）。PSoC Creator 交替高频时钟 ALTHF 配置如图 9.6 所示,勾选 AltHF: BLE ECO。

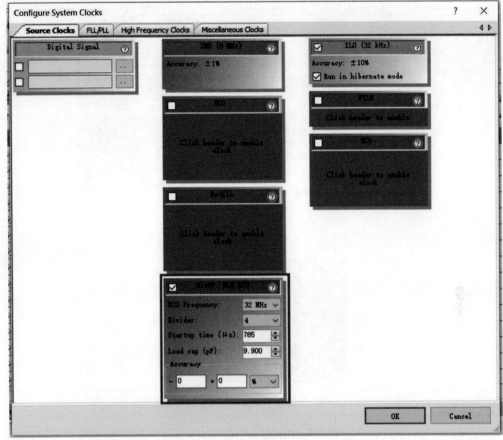

图 9.6 交替高频时钟 ALTHF 配置

9.2.3 外部时钟(EXTCLK)

外部时钟(EXTCLK)是一个 0～100MHz 范围的时钟,可以是来自指定 I/O 引脚上的信号。该时钟可以用作锁相环 PLL 或锁频环 FLL 的源时钟,也可以由高频时钟直接使用。当手动配置某个引脚作为 EXTCLK 的输入时,必须将该引脚的驱动模式设置为高阻抗数字引脚模式,以启用数字输入缓冲区。如图 9.7 所示,在 PSoC Creater 的时钟系统界面,勾选 ExtClk,开启外部时钟。

9.2.4 内部低速振荡器(ILO)

ILO 是一款超低功耗的 32kHz 振荡器,主要为在所有功耗模式下工作的低速外设生成时钟,可用于在深度睡眠和休眠模式下外设的时钟源。在没有外部元件和输出的情况下,ILO 的额定频率为 32.768kHz。利用 IMO 可以校准 ILO 驱动计数器,从而提高时钟准确度。

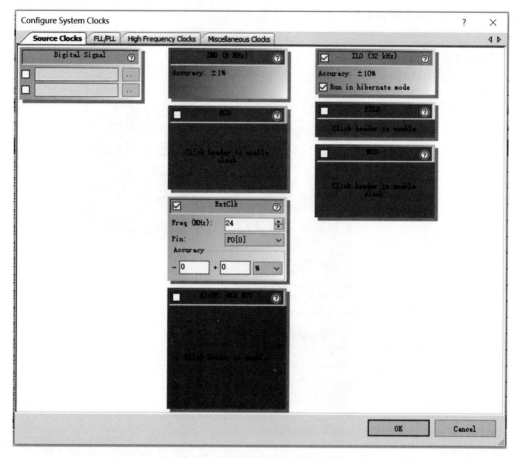

图 9.7　外部时钟 EXTCLK 设置

9.2.5　精密内部低速振荡器（PILO）

PILO 是一种额外的信号源，提供比 ILO 更准确的 32.768kHz 时钟，可以用于 ECO 等高精度时钟进行校准。PILO 在深度睡眠模式和其他更高频率的模式下工作，不能在休眠模式下工作。

9.2.6　时钟晶体振荡器（WCO）

WCO 是一个高精度的 32.768kHz 外部时钟源，可以作为实时时钟 RTC 的主时钟源。WCO 还可以用作 CLK_LF 的源。

通过设置备份域的 CTL 寄存器中的 WCO_EN 位，可以启用和禁用 WCO。WCO 也可以被绕过，直接将 32.768kHz 的外部时钟在 WCO_OUT 引脚输出，此情况下需要保持 WCO_IN 引脚浮动。如图 9.8 所示，在 PSoC Creater 的时钟系统界面，勾选 WCO，单击右下角按键进行进一步设置，将时钟端口设置为旁路（外部正弦波）。该操作会在硬件层面上实现在备份域的 CTL 寄存器中设置 WCO_BYPASS 位。

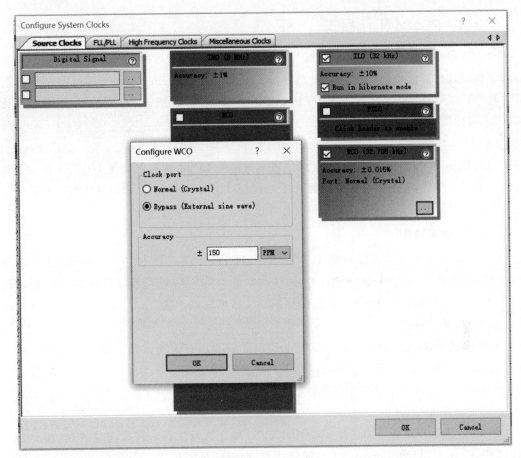

图 9.8 WCO 设置

9.2.7 锁相环(PLL)和锁频环(FLL)

PSoC6 BLE 具有五个高频根时钟(CLK_HF[0-4])。每个 CLK_HF 在器件上都用于一个特定的目标,如串行存储器接口等外设。

PSoC6 包含一个锁相环,位于 CLK_PATH1 上。锁相环能够产生 10.625~150MHz 范围内的时钟输出,其输入频率应在 4~64MHz。

PSoC6 包含一个锁频环,位于 CLK_PATH0 上。锁频环能够产生 24~100MHz 范围内的时钟输出,其输入频率应在 0.001~100MHz,同时还必须至少小于 CCO 频率的 2/5。

锁相环和锁频环的存在为系统的其余模块产生更高的时钟频率。

9.3 睡眠和看门狗

PSoC6 具有多种工作模式,不同功耗的工作模式支持的设备不同。PSoC6 在睡眠状态下提供低功耗操作,涉及 32kHz 时钟、睡眠电路等,一般由中断或复位唤醒。看门狗定时器可以在睡眠状态工作,涉及 ILO 或 WCO 时钟、复位原因(Reset Cause)寄存器等。

9.3.1　PSoC6 工作模式

PSoC6 可以在多种模式下工作，这些模式可以降低应用程序中的平均功耗。PSoC6 支持的工作模式按降低功耗的顺序排列如下：系统低功耗（System Low Power，LP），系统超低功耗（System Ultra Low Power，ULP），CPU 活动，CPU 睡眠，CPU 深度睡眠，系统深度睡眠，系统休眠。

CPU 活动、睡眠和深度睡眠是 ARM CPU 指令集架构（Instruction Set Architecture，ISA）支持的标准 ARM 定义的功率模式。系统低功耗 LP、系统超低功耗 ULP、系统深度睡眠和系统休眠模式是 PSoC6 支持的额外低功耗模式。休眠模式是 PSoC6 MCU 的最低功耗模式，从休眠模式被唤醒时，CPU 和所有外设都进行复位操作。

1. CPU 功率模式

CPU 活动、睡眠和深度睡眠模式是 Cortex-M4 和 Cortex-M0＋CPU 支持的 ARM 定义的标准功率模式。所有 ARM CPU 功率模式都可以在系统低功耗 LP 和系统超低功耗 ULP 功率模式下使用。CPU 功率模式对每个 CPU 的影响不同。

1）CPU 活动模式

在此模式下，CPU 执行代码，且所有的逻辑元件和内存系统都是上电的。根据应用程序的需求和电源需求，由硬件设置决定是否启动或禁用特定的外设和电源。所有的外设都可以在 CPU 活动模式下使用。当设备复位或唤醒时，设备进入 CPU 活动模式。

2）CPU 睡眠模式

在 CPU 睡眠模式下，CPU 时钟被关闭，CPU 停止执行代码。需要注意的是，在 PSoC6 MCU 中，Cortex-M4 和 Cortex-M0＋都独立支持 CPU 睡眠模式。所有在活动模式下可用的外设在睡眠模式下也可用。任何被 CPU 屏蔽的外设中断都会将 CPU 唤醒到活动模式，且只有屏蔽了中断的 CPU 才会唤醒。

3）CPU 深度睡眠模式

CPU 深度睡眠模式下，CPU 请求设备进入系统深度睡眠模式。当设备准备好后，进入深度睡眠模式。若 PSoC6 有两个 CPU，则两个 CPU 都必须独立进入 CPU 深度睡眠，然后系统才会过渡到系统深度睡眠。

2. 系统模式

系统功率模式影响整个 PSoC6，可能与 CPU 功率模式相结合。

1）系统低功耗模式

系统低功耗 LP 模式是 PSoC6 复位后的默认工作模式，可提供最优的系统性能。在此模式下，所有资源都可以在它们的最大功率级别和速度下运行，CPU 可以在 CPU 功率模式中的任意 CPU 模式下运行。

2）系统超低功耗模式

系统超低功耗 ULP 模式与 LP 模式类似，通过性能折衷来实现更低的系统电流。为了降低功耗，该模式下需要降低 CPU 工作电压以降低工作电流，另外需要降低工作时钟频率并限制高频时钟源的使用。ULP 模式下不支持写 Flash 操作，CPU 可以在 CPU 功率模式中的任意 CPU 模式下运行。

3）系统深度睡眠模式

在系统深度睡眠模式下,所有高频时钟源关闭。因此高频外设无法在系统的深度睡眠模式下使用。然而,不超过 32kHz 的低频时钟源和低功率的模拟和数字外设可以继续运行,且可作为唤醒源。此外,不需要时钟或从外部接口(如 I²C 或 SPI)接收时钟的外设可以继续运行。PSoC6 提供了一个选项来配置静态随机存取存储器(Static Random-Access Memory,SRAM)的数量,使其在深度睡眠模式中被保留。

Cortex-M0＋和 Cortex-M4 都可以独立进入 CPU 深度睡眠模式。但只有当两个 CPU 都处于 CPU 深度睡眠状态时,整个设备才进入系统深度睡眠模式。在 CPU 唤醒时,被唤醒的 CPU 进入 CPU 活动模式,另一个 CPU 保持 CPU 深度睡眠模式。在唤醒时,系统将根据进入系统深度睡眠之前的模式返回到 LP 或 ULP 模式。两个 CPU 可以从同一个唤醒源同时唤醒到 CPU 活动模式。

4）系统休眠模式

系统休眠模式是当外部电源仍然存在且外部复位(External Reset,XRES)解除有效状态时,器件的最低功耗模式。它适用于处于休眠状态的应用程序。在此模式下,LP/ULP 模式调节器和深度睡眠调节器均关闭,GPIO 状态自动冻结。通过专用唤醒引脚和低功耗比较器输出进行唤醒。休眠模式下的低功耗比较器需要由外部电压唤醒。内部基准电压在休眠模式下不可用。来自备份域的 RTC 警报或看门狗定时器中断可以生成休眠唤醒信号,PSoC6 在唤醒时复位。

3. 唤醒

中断或复位事件能使系统从睡眠状态被唤醒。多达 33 个中断可以将 PSoC6 从深度睡眠模式唤醒。备用域中的 RTC 提供了一个选项,可以将 PSoC6 从任何功耗模式唤醒。几种唤醒的情况如表 9.1 所示。

表 9.1　PSoC6 唤醒转换

初 始 状 态	最 终 状 态	种　　类	触 发 器	系 统 行 为
CPU 睡眠	CPU 活动	内部/外部	被 CPU 屏蔽的任何外设中断	(1) CPU 的时钟不用门控时钟(即由门电路对时钟源信号进行处理得到的时钟) (2) 外围中断由 CPU 启动 (3) 设备保持在当前系统 LP 或 ULP 电源模式
系统深度睡眠	系统低功耗或超低功耗,CPU 活动	内部/外部	任何深度睡眠中断	(1) 启用有源电压调节器 (2) 系统不保留深度睡眠状态下存留的数据和设置,复位被解除有效状态 (3) 开启高频时钟 (4) CPU 退出低功耗模式并启动中断 (5) 返回之前的系统 LP 或 ULP 电源模式

续表

初始状态	最终状态	种 类	触发器	系统行为
系统休眠	系统低功耗，CPU 活动	外部	唤醒引脚，RTC 警报，WDT 中断，低功耗比较器输出	(1) 器件复位，并完成复位到主动上电转换 (2) (可选)读取 PWR_HIBERNATE 和 PWR_HIB_DATA 寄存器的 TOKEN 位[7:0]，从休眠唤醒特定的应用 (3) (可选)读取已冻结的 I/O 输出，并将 I/O 输出设置为读取值，设置 I/O 驱动模式 (4) 通过清除 PWR_HIBERNATE 寄存器的 FREEZE 位[17]来解冻 I/O 单元

9.3.2 看门狗定时器

看门狗定时器（Watchdog Timer，WDT）是一种硬件定时器，可在出现软件执行路径意外时自动复位器件。如果启用了看门狗定时器 WDT，则必须在软件中定期维护该定时器，以避免发生不必要的复位，因为定时器超时将产生设备复位。此外，在低功耗模式下，WDT 还可以用作中断源或唤醒源。

PSoC6 包括一个自由运行 WDT 和两个多计数器看门狗定时器（Multi-Counter WDT，MCWDT）。WDT 中包含一个 16 位计数器。每个 MCWDT 中包含两个 16 位计数器和一个 32 位计数器。看门狗系统总共有 7 个计数器：5 个 16 位计数器和 2 个 32 位计数器。所有 16 位计数器都可以产生看门狗复位。所有 7 个计数器都可以在匹配事件时产生中断。

1. 16 位自由运行 WDT

16 位自由运行 WDT 的输入时钟源为内部低速振荡器 ILO。如果在可配置的时间间隔内未提供看门狗定时器服务，则生成看门狗复位。系统低功耗 LP、系统超低功耗 ULP、系统深度睡眠和系统休眠模式下，WDT 生成周期性中断和唤醒。

2. MCWDT

MCWDT 的输入时钟源可以为内部低速振荡器 ILO、时钟晶体振荡器 WCO、精密内部低速振荡器 PILO。如果在可配置的时间间隔内未提供看门狗定时器服务，则生成看门狗复位。系统低功耗 LP、系统超低功耗 ULP 和系统深度睡眠模式下，MCWDT 生成周期性中断和唤醒。一个 MCWDT 包含两个 16 位和一个 32 位独立计数器，可配置为单个 64 位或 48 位计数器，或两个 32 位级联计数器。

9.4 复位

PSoC6 支持各种源的系统复位，保证上电期间无错误操作，并允许设备根据用户提供的外部硬件或内部软件复位信号复位。

复位事件是异步的，当系统复位启动后，所有寄存器都恢复到默认状态。

9.4.1 复位方式

PSoC6 有如下几种复位方式,但这几种方式都不能对备份系统进行复位,只有所有电源都从备份系统中移除时,备份系统才会被复位,又被称为"冷启动"。备份系统是 PSoC6 中一个有备份电源、备份寄存器以及实时时钟 RTC 的系统,备份电源与主电源相互独立,只要备份电源 V_BACKUP 存在,备份寄存器的内容就可以保留。

1. 上电复位(Power On Reset,POR)

该复位状态发生在设备上电过程中。POR 保持设备复位,直到 V_{DDD} 达到设备数据表中指定的阈值电压。上电复位在实验板上电时被自动激活。

POR 复位没有对应的复位原因状态位,但可以通过任何其他复位源是否被使用来部分推断。如果未检测到其他复位事件,则复位是由 POR、BOR(Brownout Reset)或 XRES 引起的。

2. 掉电复位(Brownout Reset,BOR)

掉电复位需要监控芯片数字电源 V_{DDD},如果 V_{DDD} 低于器件数据表中规定的最小工作电压,则产生复位。

BOR 复位没有对应的复位原因状态位,但在某些情况下可以检测到它们。在某些 BOR 复位中,V_{DDD} 将低于数据表规定的最小工作电压,但仍高于最小保持电压,可以通过该特征进行复位方式判断。

3. 看门狗复位(Watchdog Reset,WRES)

看门狗定时器超时引起看门狗复位。看门狗复位默认方式为关闭。

发生看门狗复位时,RES_CAUSE 寄存器的 RESET_WDT 位或 RESET_MCWDT0 到 RESET_MCWDT3 状态位被设置为与初值不同的定值,该设置保持,直到被软件清除或发生 POR、XRES 或 BOR 复位。所有其他复位方式都不改变该状态位。

4. 软件复位(Software Reset,SRES)

软件启动的复位是一种允许 CPU 请求复位的机制。Cortex-M0＋和 Cortex-M4 应用程序中断和复位控制寄存器(分别为 CM0_AIRCR 和 CM4_AIRCR)可以通过将"1"写入相应寄存器的 SYSRESETREQ 位来请求复位。需要注意的是,在设置 SYSRESETREQ 位之前,应将值 0x5FA 写入 AIRCR 寄存器的 VECTKEY 字段,否则将无法进行写入操作。

在软件复位发生时,RES_CAUSE 寄存器的 RESET_SOFT 状态位被设置为与初值不同的定值,该设置保持,直到被软件清除或发生 POR、XRES 或 BOR 复位。所有其他复位方式都不改变该状态位。

5. 外部复位(External Reset,XRES)

外部复位是由外部信号触发的复位,该信号为有效时会立即导致系统复位。XRES 引脚为低电平有效。该引脚在器件内部被拉至逻辑"1"。只要引脚输入为"0",XRES 引脚就会将器件保持在复位状态。当引脚被释放,即变为逻辑"1"时,器件将进入正常启动序列。XRES 在所有电源模式下都可用,但不能重置备份系统。

XRES 复位没有对应的复位原因状态位,但可以通过任何其他复位源是否被使用来部分推断。如果未检测到其他复位事件，则复位是由 POR、BOD 或 XRES 引起的。

6. 逻辑保护故障复位（Logic Protection Fault Reset）

逻辑保护故障复位出现在检测到违规行为时发生的复位。一般在执行特权代码到达调试断点时发生。

在逻辑保护故障复位发生时，RES_CAUSE 寄存器的 RESET_ACT_FAULT 或 RESET_DPSLP_FAULT 位被设置为与初值不同的定值，该设置保持，直到被固件清除或发生 POR、XRES 或 BOD 复位。所有其他复位方式都不改变该状态位。

7. 时钟监控逻辑复位

时钟监控逻辑复位发生在高频时钟或晶体时钟丢失以及高频时钟错误时。

晶体时钟丢失的情况下，时钟监控逻辑复位将 RES_CAUSE 寄存器的 RESET_CSV_WCO_LOSS 位设置为与初值不同的定值。RESET_CSV_HF_LOSS 是 RES_CAUSE2 寄存器中的一个 16 位字段，可用于识别由高频时钟丢失引起的时钟监控逻辑复位。同样，RESET_CSV_HF_FREQ 字段可用于识别由高频时钟的频率误差引起的时钟监控逻辑复位。

8. 休眠唤醒复位

当系统从休眠模式切换到其他模式时，会发生休眠唤醒复位。

TOKEN 是 PWR_HIBERNATE 寄存器中的一个 8 位字段，在休眠唤醒复位方式下可以被保留。可以通过该字段来区分休眠唤醒和一般复位事件。

9.4.2　复位引脚 XRES 的使用

PSoC6 MCU 为外部复位提供一个 XRES 引脚，该引脚为低电平有效。如图 9.9 所示，必须通过外接 4.7kΩ 电阻将 XRES 引脚上拉到 V_{DDD}，以确保 XRES 引脚在电路设计中不空载，从而保证设备的正常运行。还可以将一个电容（通常为 $0.1\mu F$）连接到 XRES 引脚，以滤除干扰信号，增强复位信号的抗噪性。此外，如果 PSoC6 由外部主机控制，XRES 引脚可以直接由该主机驱动。

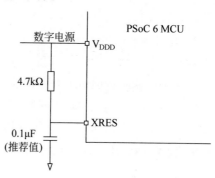

图 9.9　XRES 引脚连接

9.4.3　复位的影响

上电和复位期间，各模块被强制为禁用状态，以禁止给任何输入供电，避免引脚启用时的过电流现象出现。当闪存写入时（大概 16ms），设备不应该被复位，否则闪存写入将被中断。

习题

9.1　PSoC6BLE 系列支持的工作电压范围是什么？

9.2　PSoC6 的时钟系统可以分为哪几个部分？

9.3　PSoC6 支持的工作模式有哪几种？

9.4　PSoC6 的复位方式有哪几种？

第10章

PSoC6数字和模拟资源

除内核和系统资源外,PSoC6 还包含数字资源和模拟资源,其中数字资源又分为可编程数字资源和固定功能数字资源。

10.1 可编程数字资源

PSoC6 拥有大量可编程数字资源,包括通用数字模块、串行存储器接口、SmartI/O 等。本章主要介绍 PSoC 63 系列可编程数字资源的结构和功能。

10.1.1 通用数字模块 UDB

通用数字模块(Universal Digital Blocks,UDB)是可编程逻辑模块,提供类似于复杂可编程逻辑器件(Complex Programmable Logic Device,CPLD)和现场可编程逻辑门阵列(Field Programmable Gate Array,FPGA)模块的功能。PSoC 63 具有 12 个 UDB 模块。UDB模块可以组成多种数字电路,如定时器、计数器、脉冲宽度调制器 PWM、伪随机序列(Pseudo-Random Sequence,PRS)发生器。UDB 还可以实现数字计算,如循环冗余校验(Cyclic Redundancy Check,CRC)、移位寄存器以及组合逻辑电路和时序逻辑电路。

单个 UDB 内部结构如图 10.1 所示,每个 UDB 有两个可编程逻辑器(Programmable Logic Device,PLD),一个 8 位单周期算术逻辑单元(Arithmetic and Logic Unit,ALU),被称为"数据通路(Datapath)",一个状态与控制(Status and Control)模块,一个时钟与复位控制(Clock and Reset Control)模块。每个 PLD 具有 12 个输入,8 个乘积项和 4 个宏单元输出,其中每个乘积项由与(AND)阵列和或(OR)阵列组成的 AND-OR 构成。状态与控制模块实现 CPU 与 UDB 之间的交互与同步。时钟与复位控制模块为 UDB 中各单元提供时钟信号和复位信号。

UDB 还提供交换式数字系统互联(Digital System Interconnect,DSI)结构,允许将来自外设和端口的信号输入到 UDB 并通过 UDB 进行通信和控制。

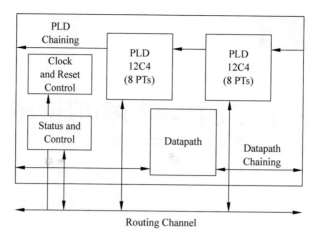

图 10.1　通用数字模块结构

10.1.2　串行存储器接口 SMIF

PSoC 63 的串行存储器接口（Serial Memory Interface，SMIF）通过 SPI 与外部存储器芯片通信。SMIF 模块能够连接不同类型的最多四个存储器，主要作用是设置外部存储器，并使用硬件将其映射到 PSoC6 的内部存储器空间。该操作在芯片内执行（Execute-In-Place，XIP）模式下进行，该模式允许 PSoC6 中的总线主机直接与 SMIF 交互，从而实现对外部存储器位置的访问。

10.1.3　SmartI/O

PSoC 63 有两个 SmartI/O 模块，该模块可以对芯片输出给 GPIO 的信号和外部输入到芯片的信号进行布尔运算。对信号的布尔运算可以是同步运算，也可以是异步运算。该模块可以在系统深度睡眠模式和系统休眠模式下工作。

10.2　固定功能数字资源

PSoC 63 芯片具有的固定功能数字资源包括定时器/计数器/PWM TCPWM（Timer，Counter，and PWM）模块和串行通信模块。本章主要介绍固定功能数字资源的原理和功能。

10.2.1　定时器/计数器/PWM 模块 TCPWM

PSoC 63 具有 32 个可编程 TCPWM 模块。每个 TCPWM 使用 32 位计数器，可以配置一个定时器、计数器、脉宽调制器 PWM 或正交解码器。该模块可用于测量输入信号的周期和脉冲宽度、查找特定事件发生的次数、产生 PWM 信号、解码正交信号。

每个计数器模块包含一个捕获寄存器、一个周期寄存器和一个比较寄存器。捕获寄存器用于捕获事件发生时计数器的计数值以便获得事件的时间长度；周期寄存器用于存储计数器的周期值；比较寄存器用于产生 PWM 占空比，当比较寄存器的值大于指定数值时，

PWM 的输出为有效,否则为无效,由此产生指定占空比的信号。

10.2.2　串行通信模块 SCB

串行通信模块(Serial Communications Block,SCB)支持三种串行通信协议:串行外设接口(SPI)、通用异步收发器(UART)和内部集成电路(I^2C)。SCB 的触发器的输出可以连接到 DMA,部分功能仅在系统深度睡眠模式下工作,如在不受到 CPU 干预下进行 SPI 从机和 I^2C 从机操作。

三种串行通信协议简要说明如下,详细说明参见第 3 章。

1. SPI

SPI 协议是一种同步串行接口协议。设备以主机模式或从机模式运行。由主机启动数据传输。SCB 支持 SPI 单主机多从机的拓扑结构,使用单独的从设备选择线支持多个从设备。使用 25MHz 时钟源作为 SPI 时钟。

2. UART

UART 协议是一种异步串行接口协议。UART 通信通常是点对点的。UART 接口由两个信号组成:TX 发送输出和 RX 接收输入。另外,在 UART 中使用两个边带信号来实现流量控制,流量控制只适用于 TX 发送输出。清除发送(Clear to Send,CTS)信号是发送方的输入信号,当发送方接收到该信号为有效时,表明接收方已准备好接收。准备发送(Ready to Send,RTS)信号是接收方的输出信号,当该信号为有效时,表示接收方已准备好接收数据。

SCB 中的 UART 通信的数据传速率可以达到 8Mbps,并提供先入先出 FIFO 缓冲区以降低 CPU 的时钟延迟。该模块支持本地互联网络(Local Interconnect Network,LIN)协议、红外数据通信协议(Infrared Data Association,IrDA)和智能卡(Smartcard)ISO7816 协议,上述协议都是 UART 协议的衍生协议。还支持常见的 UART 功能,如奇偶校验、中断检测和数据帧检测。

3. I^2C

I^2C 协议是一种同步串行接口协议。在 SCB 模块中支持 I^2C 多主机多从机的拓扑结构。SCB 中的 I^2C 通信的数据传速率可以达到 1Mbps,并提供先入先出 FIFO 缓冲区以降低 CPU 的时钟延迟。

I^2C 协议还支持 EZI^2C,在存储器中创建缓冲区地址范围,通过地址访问内存缓冲区,减少对存储器中的阵列进行读取和写入。SCB 支持一个 256 字节的 FIFO 用于接收和发送。

10.3　模拟资源

模拟系统是 PSoC6 独具特色的一部分,主要用于实现模拟或模数混合用户模块。本章将介绍 PSoC 63 的可编程模拟模块,包括低功耗比较器、连续时间模块、逐次逼近寄存器模数转换器 SAR ADC、数模转换器。

10.3.1　低功耗比较器

PSoC 63 具有一对低功耗比较器。在低功耗模式下，比较器的电流消耗小于 300nA，也可以在深度睡眠和休眠模式下工作。在需要降低功耗的设计中，当芯片进入低功耗模式（深度睡眠和休眠模式）时，虽然大部分模拟资源将被禁用，但可以使用低功耗比较器来监控模拟输入，并产生可唤醒系统的中断。比较器的输出通常会与系统时钟进行同步，以避免亚稳态，但在休眠模式下不需要进行同步，因为比较器输出可以作为一个唤醒触发信号。

10.3.2　连续时间模块

连续时间模块（Continuous Time Block mini，CTBm）由两个运算放大器组成，它们的输入和输出连接到固定引脚，并具有三个功耗模式和一个比较器模式。该模块可以作为逐次逼近型模数转换器（SAR ADC）输入的前置放大器，还可以作为数模转换器（Digital to Analog Converter，DAC）输出的后置放大器。两个运算放大器的同相输入端可以连接到任意端口进行输入。该模块可以在深度睡眠模式下工作，以减小功耗，但不能在休眠模式下工作。

10.3.3　逐次逼近型模数转换器

PSoC 63 具有一个 12 位逐次逼近型模数转换器 SAR ADC，可在 18MHz 的最大时钟速率下运行，在该频率下进行一次 12 位数据转换至少需要 18 个时钟周期。由于需要高速时钟，因此 SAR ADC 不能在深度睡眠和休眠模式下工作。

SAR ADC 工作电压范围为 $1.71 \sim 3.6$V。该模块的内部参考电压有三种：V_{DDA}、$V_{DDA}/2$ 和 AREF（Analog Reference），其中 AREF 一般为 1.2V，可以通过连接引脚用 V_{REF} 进行替代。

SAR ADC 的采样保持（Sample and Hold，S/H）子模块是可编程的，可以对高阻抗信号进行更长时间的保持，使得信号稳定。在选择了合适的参考电压且噪声较小时，系统性能可以达到总谐波失真为 65dB，且达到 12 位精度。

SAR ADC 通过输入多路复用器连接到一组固定的引脚，该多路复用器自动循环扫描选定的通道，无论是单个通道还是多个通道上，总采样带宽始终等于 1Msps。每个通道的结果都被保留在缓冲区，因此只有在完成所有通道的扫描后才可能触发中断。此外，可以设置一对范围寄存器来检测超过最小值至最大值的范围的输入，并启动中断。该设置可以快速检测超出范围的值，无需等待自动循环扫描完成。SAR ADC 还可以通过模拟多路复用器总线（Analog Multiplexer Bus，AMUXBUS）连接到大部分其他 GPIO 引脚。

10.3.4　数模转换器

PSoC 63 具有一个 12 位连续时间 DAC（Digital to Analog Converter），也称 Continuous Time DAC（CTDAC），其初始化建立时间为 $2\mu s$，一般可以在小于 $5\mu s$ 内稳定。该 12 位 DAC 提供连续时间输出，无须外部采样保持电路。DAC 控制接口中提供了一个通过 CPU 和 DMA 控制 DAC 输出的选项，可以由 DMA 控制器驱动以产生指定波形。

习题

10.1 PSoC6 的可编程数字资源有哪些？各有何功能或者用途？

10.2 PSoC6 的固定功能数字资源有哪些？各有何功能或者用途？

10.3 PSoC6 的模拟资源有哪些？各有何功能或者用途？

10.4 PSoC6 的串行通信模块支持哪几种串行通信协议？

第 11 章

PSoC6其他资源

本章介绍第 9 章和第 10 章未介绍的 PSoC6 的其他资源,包括可编程 GPIO、CapSense、E-INK、BLE、音频子系统以及 eFuse,在此作为补充,供读者参考。

11.1 可编程 GPIO

I/O 系统在 PSoC6 CPU 内核、内部其他模块和外部设备之间提供接口。PSoC 63 系列具有多达 78 个可编程 GPIO 引脚。可以将 GPIO 配置为 CapSense 引脚、模拟输入/输出或数字输入/输出。PSoC 63 GPIO 支持八种驱动模式,具有不同的驱动强度和转换速率。

GPIO 的八种驱动模式包括模拟输入模式(输入输出缓冲区禁用),仅输入模式,弱上拉和强下拉模式,强上拉和弱下拉模式,开漏和强下拉模式,开漏和强上拉模式,强上拉和强下拉模式以及弱上拉和弱下拉模式。其中,"弱"表示上拉或下拉电阻较大,抗噪声能力弱,"强"表示上拉或下拉电阻较小,抗噪声能力强,"开漏"表示漏极开路。

输入可以选择为 CMOS(Complementary Metal Oxide Semiconductor)或 LVTTL(Low Voltage Transistor-Transistor Logic)两种不同的工艺标准。在系统处于休眠模式下,锁定 GPIO,保持 I/O 状态不变。

可以选择不同的电压转换速率(Slew Rate,又称压摆率)对电压关于时间的噪声进行抑制,从而减小电磁干扰。在上电和复位期间,GPIO 模块被禁用,以免在引脚上造成过电流现象。每个引脚可以产生一个中断,且每个端口都有一个与之关联的中断请求(Interrupt Request,IRQ)。

各引脚通过设置连接到被称为端口的逻辑实体,每个端口最多可以连接 8 个引脚。引脚上驱动的值和引脚的输入状态分别存储在数据输出和引脚状态寄存器中。

端口 1 的引脚可以进行过压容限(Over Voltage-Tolerant,OVT)操作,该引脚的输入电压可能大于 V_{DDD}。OVT 引脚通常与 I^2C 一起使用,允许在关闭芯片电源的情况下,保持与运行的 I^2C 总线的物理连接,从而不影响通信。一种被称为高速 I/O 矩阵(High-Speed I/O Matrix,HSIMO)的多路复用网络,可以实现连接到 I/O 引脚的模块和模拟信号之间的多路复用。GPIO 引脚,包括 OVT 引脚上拉不能高于 3.6V。

11.2　CapSense

CapSense 系统可以测量电极的自电容或一对电极之间的互电容。除了电容感应之外，CapSense 系统还可以用作 ADC，以测量任何支持 CapSense 功能的 GPIO 引脚上的电压。

PSoC6 的 CapSense 触摸感应方法包括自电容感应 CSD(CapSense Sigma Delta)、互电容感应 CSX(CapSense Cross-point)。CSD 和 CSX 触摸感应方法使得该模块在性能上提供业界一流的信噪比(SNR)、高触摸灵敏度、低功耗运行和抗电磁干扰性。关于 CapSense 模块的原理详见第 3 章。

11.3　E-INK

PSoC6 实验套件中包括 CY8CKIT-028-EPD E-INK 显示屏扩展板，其正面如图 4.5 所示，背面如图 11.1 所示，集成了一块 E-INK 显示屏、运动传感器、热敏电阻、PDM 麦克风等外设。

E-INK 显示屏大小为 2.7 英寸，色彩为单色，分辨率为 264×176。在没有电源的情况下，E-INK 显示屏将保留上一次的显示内容。

运动传感器内部集成了 3 轴加速度传感器和 3 轴陀螺仪传感器，分别测量三个加速度轴上的加速度以及围绕轴的旋转角速度，可以用于计算步数，实现模拟计步器。

扩展板上具有一颗热敏电阻，可以作为温度传感器检测环境温度，还可以用于构成显示器的温度补偿电路。

PDM 麦克风将语音输入转换为脉冲密度调制(Pulse Density Modulation，PDM)数字信号。

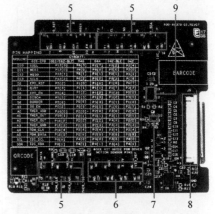

图 11.1　CY8CKIT-028-EPD E-INK
扩展板外观

扩展板上具有兼容 Arduino 的 I/O 接头(J1、J2、J3 和 J4，即图 11.1 中编号 5 和 6 所指位置)。J1 端口与电源子系统连接，J2 端口与 PSoC6 的 GPIO 连接。

扩展板上有一个 E-INK 显示屏的电源控制负载开关(图 11.1 中编号 7 所指位置)，由电路板控制，可以切换 E-INK 的电源。E-INK 显示屏连接器(J5，即图 11.1 中编号 8 所指位置)用于连接 E-INK 显示屏和显示屏护罩上面的子电路。

扩展板上的 I/O 电压转换器(U2，即图 11.1 中编号 9 所指位置)为 E-INK 显示器提供恒定的 3.3V 电压端口，允许扩展板在 1.8~3.3V 之间的任何电压下运行。

11.4　BLE

PSoC 63 将包含物理层(PHY)和链路层(Link Layer，LL)引擎的蓝牙智能子系统与嵌入式安全引擎结合在一起。蓝牙低功耗子系统(Bluetooth Low Energy Subsystem，BLESS)实现了符合蓝牙 5.0 规范的蓝牙链路层和物理层，且该子系统能够执行蓝牙 4.2 规范允许的多个同步过程。物理层由数字物理层和射频收发器组成，RF 收发器在 2.4GHz ISM 频段上以 2Mbps 的速率发送和接收高斯频移键控(Gaussian Frequency Shift Keying，GFSK)数据包，符合蓝牙 LE(Low Energy)规范 5.0。

如图 11.2 所示，BLESS 主要包括以下几个模块。

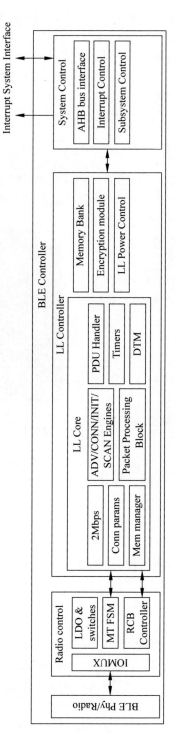

图 11.2　BLE 子系统结构图

（1）链路层控制器模块（LL Controller）：该模块实现不同的蓝牙 LE 状态（广播 Advertiser，扫描 Scanner，发起连接 Initiator，连接 Connection）转换的状态机；设置主机和从机两种不同角色；实现数据传输的关键功能，如包装成帧/解除帧，循环冗余校验 CRC 生成/检查，加密/解密，包传输等。

（2）系统控制模块（System Control）：该模块由先进高性能总线 AHB 接口逻辑、中断控制逻辑（Interrupt Control）和子系统控制器（Subsystem Control）组成，子系统控制器控制 BLE 子系统的时钟、复位和电源模式。

（3）射频控制器模块（Radio Control）：该模块包含模式转换有限状态机（Finite State Machine，FSM），控制射频和物理层（PHY）的低压差线性稳压器（Low Dropout Regulator，LDO），以及电源开关。关于 BLE 模块的原理详见第 3 章。

11.5　音频子系统

PSoC 63 具有一个由 I^2S 模块和两个 PDM 通道组成的音频子系统。PDM 通道用于连接数字麦克风。

PDM 处理通道提供固定偏差校正，且可以在 384kHz～3.072MHz 范围内的时钟源下工作，并以高达 48ksps 的音频采样率产生 16～24 位字长的数据。

当传输 8～32 位字时，I^2S 接口支持主从模式，字时钟速率最高可达 192ksps。

11.6　eFuse

一次性可编程（One-Time-Programmable，OTP）存储模块 eFuse 用于编程安全相关的设置，也可以用来存储应用程序设置。

eFuse 阵列的容量为 1024 位，其中 512 位供系统使用，例如芯片 ID、设备 ID、初始修整设置、设备生命周期和安全设置，上述数据一般为系统默认。其余位可用于存储一次性密钥信息、哈希值等自定义内容，可用于访问加密闪存。

每个 eFuse 都是单独编程的，一旦 eFuse 被编程，其状态就不能改变。熔丝位是在一个特定的地址上可以读到熔丝状态的一个位，当 eFuse 被编程后，保险丝被熔断，熔丝位数值发生变化。对 eFuse 进行编程时，V_{DDIO0} 必须为 2.5V（误差为 ±5%），电流为 14mA。

习题

11.1　PSoC 63 系列最多有多少个可编程 GPIO 引脚？

11.2　GPIO 可配置为哪些方式？

11.3　GPIO 支持几种驱动模式？

11.4　CapSense 触摸感应方法包括哪两种？

参 考 文 献

[1] Infineon. PSoC 6 MCU：CY8C6xx8，CY8C6xxA Architecture Technical Reference Manual（TRM），Document Number：002-24529 Rev. * F. 2020-7-3.

[2] Infineon. AN221774-Getting Started with PSoC 6 MCU，Document Number：002-21774 Rev. * D. 2019-2-19.

[3] Infineon. PSoC 6 MCU：CY8C6xx5 Architecture Technical Reference Manual（TRM），Document Number：002-27293 Rev. * C. 2020-7-3.

[4] Infineon. PSoC 6 MCU：CY8C61x6，CY8C61x7 Architecture Technical Reference Manual（TRM），Document Number：002-23587 Rev. * C. 2020-7-3.

[5] Infineon. PSoC 6 MCU：PSoC 62 数据手册，文档编号：002-19893. Rev. * B. 2018-11-21.

[6] Infineon. PSoC 6 MCU：PSoC 63 BLE 数据手册，文档编号：002-19892. Rev. * B. 2018-12-13.

[7] Infineon. CY8CKIT-062-BLE PSoC 6 BLE Pioneer Kit Guide，Document Number：002-17040 Rev. * K. 2020-2-5.

[8] Infineon. AN210781-带有蓝牙低功耗（BLE）连接的 PSoC 6 MCU 入门，文档编号：002-24354. Rev. ** . 2018-7-2.

[9] Infineon. PSoC 6 MCU with BLE：CY8C63x6，CY8C63x7 Architecture Technical Reference Manual（TRM），Document Number：002-18176 Rev. * J. 2020-7-3.

[10] Cypress. Clock（时钟），Document Number：001-90285 Rev. * C. 2018-3-21.

[11] Infineon. PSoC 6 MCU：CY8C63x6，CY8C63x7 Datasheet，Document Number：002-18787 Rev. * P. 2021-12-14.

[12] Infineon. PSoC Creator User Guide，Document Number：001-93417 Rev. * M. 2020-10-19.

[13] Infineon. PSoC Creator 4. 2 Release Notes，Document Number 002-19340 Rev. * E. 2018-2-13.

[14] Infineon. PSoC 4 and PSoC 6 MCU CapSense Design Guide，Document Number：001-85951 Rev. * Z. 2020-10-8.

[15] Infineon. AN215656- PSoC 6 MCU Dual-CPU System Design，Document Number：002-15656 Rev. * H. 2020-8-26.

[16] Infineon. AN218241- PSoC 6 MCU Hardware Design Considerations，Document Number：002-18241 Rev. * G. 2020-3-27.

[17] Infineon. PSoC Creator Component Datasheet Bluetooth Low Energy（BLE_PDL），Document Number：002-29159 Rev. ** . 2019-12-9.

[18] 谷雨文档中心. BLE 低功耗蓝牙技术详解. 2020-1-10.

[19] Bluetooth SIG Proprietary. Bluetooth Core Specification，Version 5. 0. 2016-12-6.

[20] Infineon. PSoC Creator Component Datasheet PSoC 6 Capacitive Sensing（CapSense），Document Number：002-25785 Rev. ** . 2018-12-3.

[21] Texas Instruments Incorporated. CC26x0 SimpleLink Bluetooth low energy Software Stack 2. 2. x Developer's Guide，Literature Number：SWRU393E Rev. E. 2010-10 Revised 2018-3.

[22] Infineon. CE220060- PSoC 6 MCU Watchdog Timer，Document Number：002-20060 Rev. * C. 2019-2-1.

[23] Infineon. CY8CKIT-062-BLE PSoC 6 BLE Pioneer 套件指南，文档编号：002-29069 Rev. * A. 2021-1-18.

［24］ Infineon. PSoC 6 MCU：CY8C63x6，CY8C63x7 Datasheet，Document Number：002-18787 Rev. * O. 2021-6-30.

［25］ Infineon. PSoC Creator Component Datasheet I2C(SCB_I2C_PDL)，Document Number：002-19375 Rev. * B，2017-12-6.

［26］ Jonathan Valdez，Jared Becker. Texas Instruments Incorporated. Understanding the I2C Bus，SLVA704. 2015-6.

［27］ Richard Barry. Mastering the FreeRTOS Real Time Kernel A Hands-On Tutorial Guide. 2016.

索 引

A

B

C

72. FPGA(Field Programmable Gate Array)现场可编程门阵列
73. FPU(Floating Point Unit)浮点单元
74. FreeRTOS(Free Real Time Operating System)免费实时操作系统
75. FSM(Finite State Machine)有限状态机

G

76. GAP(Generic Access Profile)通用访问协议
77. GATT(Generic Attribute Profile)通用属性协议
78. GFSK(Gaussian Frequency Shift Keying)高斯频移键控
79. GPIO(General Purpose Input/Output)通用输入/输出
80. Ground Hatch 接地口
81. GSR(Global Signal Reference)全局信号参考

H

82. HCI(Host Controller Interface)主机控制接口
83. High Speed Mode 高速模式
84. HSIMO(High-Speed I/O Matrix)高速 I/O 矩阵

I

85. IDAC(Current Digital to Analog Converter)电流-数模转换器
86. IDE(Integrated Development Environment)集成开发环境
87. I^2C(Inter-Integrated Circuit)内部集成电路
88. ILO(Internal Low-speed Oscillator)内部低速振荡器
89. IMO(Internal Main Oscillator)内部主振荡器
90. Initial drive state 初始驱动状态
91. Interrupt 中断
92. I/O(Input and Output)输入输出
93. IPC(Inter-Processor Communication)处理器间通信
94. IrDA(Infrared Data Association)红外数据通信协议
95. IRQ(Interrupt Request)中断请求
96. ISA(Instruction Set Architecture)指令集架构
97. ISR(Interrupt Service Routine)中断服务程序
98. ispPAC(In-System Programmable Analog Circuit)在系统可编程模拟器件

L

99. LED(Light Emitting Diode)发光二极管
100. LFCLK(Low Frequency Clock)低频时钟
101. LIN(Local Interconnect Network)本地互联网络
102. LinearSlider 线性滑块
103. LL(Link Layer)链路层
104. L2CAP(Logical Link Control Adaptation Protocol)链路逻辑控制和适配协议
105. Local Name 本地名称
106. Logic Protection Fault Reset 逻辑保护故障复位
107. LP(System Low Power)系统低功耗

144. PSA(Platform Security Architecture)平台安全架构
145. PSoC(Programmable System on Chip)可编程片上系统
146. PWM(Pulse Width Modulation)脉冲宽度调制

R

147. RAM(Random Access Memory)随机存储器
148. Raw Count 原始计数
149. Reset Cause 复位原因
150. Resistive Pull Up 电阻上拉
151. RF(Radio Frequency)transceiver blocks 射频收发模块
152. RGB LED(Red-Geen-Blue LED)彩色 LED 灯
153. ROM(Read Only Memory)只读存储器
154. RSSI(Received Signal Strength Indicator)接收信号强度指示
155. RTS(Ready To Send)准备发送
156. RTC(Real Time Clock)实时时钟
157. RX Data Width 接收数据宽度
158. RX FIFO(First Input First Output)接收缓冲区

S

159. SAR(Successive Approximation Register)逐次逼近寄存器模数转换器
160. SAR ADC(Successive Approximation Register ADC)逐次逼近寄存器型模数转换器
161. SARSEQ(SAR Sequencer controller)定序器控制器
162. Scan_ADC(Scanning SAR ADC)扫描逐次逼近寄存器型模数转换器
163. SCB(Serial Communications Block)串行通信模块
164. SCL(Serial Clock Line)串行时钟线
165. SCLK(Serial Clock)串行时钟
166. SD(Secure Digital)安全数字
167. SDA(Serial Data Line)串行数据线
168. SDHC(Secure Digital Host Controller)安全数字主机控制器
169. SDIO(Secure Digital Input Output)安全数字输入/输出
170. Secure boot with hardware hash-based authentication 硬件哈希安全启动认证
171. Secure Image 安全镜像
172. Server 服务端
173. Service 服务
174. S/H(Sample and Hold)采样保持
175. SIMO(Single Input Multiple Output)单输入多输出
176. Slave Latency 从机延迟
177. Slew Rate 电压转换速率,又称压摆率
178. Smartcard 智能卡
179. SMIF(Serial Memory Interface)串行存储器接口
180. SMP(Security Manager Platform)安全管理平台
181. SMPU(Shared Memory Protection Units)共享内存保护单元
182. SOF(Start-of-Frame)帧的起始
183. SPE(Secure Processing Environment)安全处理环境
184. SPI(Serial Peripheral Interface)串行外围设备接口